資料探勘原理與技術

Data Mining 、AI、Algorithm

張云濤　龔玲 ◎編著　胡凱智 ◎校訂

五南圖書出版公司 印行

前言

隨著電腦應用的普及，尤其是三十年來資料庫技術的廣泛使用，以及近十年來網際網路應用的不斷深入，業務資料量急劇增長。事實上，每兩、三年資料量就會加倍。不幸的是，根據最近的調查，93%以上的資料在進入業務系統以後，從未得到使用。

在資訊爆炸的年代，更多的資訊意味著更多的競爭。隨著全球化競爭的加劇，企業比任何時候都需要更快更好地做出決策。在某種程度上，資料就是企業最寶貴的資源；資訊的決策能力就是企業的核心競爭力。然而對於任何組織或個人來說，大量未能利用的資料並不是財富，而是沉重的負擔。

面對大量的資料，我們往往無所適從，無法發現資料中存在的關係和規則，無法根據現有的資料去預測未來的發展趨勢，導致「我們淹沒在資料的海洋中，卻缺乏知識」的現象。我們希望運用資料探勘技術，從這些資料當中探勘出知識來。大量資料的背後隱藏了很多具有決策意義的資訊，透過對大量資料的分析，來發現資料之間的潛在聯繫，為人們提供自動決策支援。資料探勘，顧名思義就是從大量的資料中探勘出有用的資訊，即從大量的、不完全的、有雜訊的、模糊的、隨機的實際應用資料中，發現隱含的、規律性的、人們事先未知的，但又是潛在有用的，並且最終可理解的資訊與知識的非平凡過程。

資料探勘是一門綜合學科，融合了資料庫、人工智慧、機器學習、統計學等多個領域的理論和技術。資料探勘利用各種分析工具在大量資料中發現模型和資料間關係的過程，使用這些模型和關係可以進行預測，它能幫助決策者尋找資料間潛在的關聯，發現被忽略的因素，因而被認為是解決當今所面臨的資料爆炸，且資訊貧乏問題的一種有效方法。

資料探勘將資料轉化為知識，是資料管理、資訊處理領域研究、開發和應用的最活躍的分支之一。本書詳細地論述了資料探勘領域的基本概念、基本原理和基本方法，內容包括資料探勘領域的經典理論和趨勢發展。全書共分 14 章，並含有 1 個附錄，完整地介紹了資料探勘的概念和過程、資料預先處理技術；深入地敘述了各種資料探勘技術，包括關聯規則、決策樹、群聚分析、基於樣例的學習、貝葉斯學習、粗糙集、神經網路、遺傳演算法、統計分析；並討論了資料探勘的典型應用，例如：分類、文件和 Web 探勘，以及資料探勘的應用和發展趨勢；並在第 14 章中指出了一個具體的商業智慧解決方案實例。藉由本書的學習，讀者可以對資料探勘的整體結構、概念、原理、技術和發展有深入的瞭解和認識。

本書作者多年來從事相關領域的理論研究和軟體實務，並在最近兩年為研究生講授了資料探勘課程，本書正是基於這些理念而出版的。在作者的研究工作及本書的撰寫過程中，許多專家提出了中肯的建議和熱誠的幫助，在此表示衷心的感謝。

資料探勘是一個迅速發展的研究領域，不斷有新內容、新方法、新技術等湧現，書中的不當之處在所難免，敬請專家和讀者朋友指正。您的任何建議和批評都是我們極為寶貴的財富。

目　錄

緒　論

在本章中，我們將討論什麼是資料探勘，為何要進行資料探勘，以及資料探勘和其他相關技術的比較分析。

1.1 什麼是資料探勘

資料探勘，顧名思義就是從大量的資料中探勘出有用的資訊，即從大量的、不完全的、有雜訊的、模糊的、隨機的實際應用資料中，發現隱含的、規律性的、人們事先未知的，但又是潛在有用的，並且最終可理解的資訊與知識的非平凡過程。事先未知的資訊是指該資訊是預先未曾預料到的，或稱新穎性。新穎性要求發現的模式應該是從前未知的，該資訊是預先未曾預料到的。資料探勘就是要發現那些不能靠直覺發現的資訊或知識，甚至是違背直覺的資訊或知識。探勘出的資訊越是出乎意料，就可能越有價值。所探勘的知識之類型包括模型、規律、規則、模式、約束等。潛在有用性是指發現的知識將來有實際效用，即這些資訊或知識對於所討論的業務或研究領域是有效的、有實用價值和可實現的。常識性的結論或已被人們掌握的事實或無法實現的推測，都是沒有意義的。最終可理解性要求發現的模式能被用戶理解，目前它主要表現在簡潔性上。發現的知識要可接受、可理解、可運用，最好能用自然語言表達所發現的結果。非平凡通常是指資料探勘過程不是線性的，在探勘過程中有反覆，有迴圈，所探勘的知識往往不易經由簡單的分析就能夠得到，這些知識可能隱含在表面現象的內部，需要經過大量資料的比較分析，應用一些專門處理大資料量的資料探勘工具。

當然，資料探勘並沒有一個完全統一的精確定義，在不同的文獻或應用領域也有一些其他的定義，如 Zekulin 定義資料探勘是一個從大型資料庫中提取以前未知的、可理解的、可執行的資訊，並用它來進行關鍵的商業決策的過程；Ferruzza 定義資料探勘是用在知識發現過程中，來辨識存在於資料中的未知關係和模式的一些方法；Jonn 則定義資料探勘是發現資料中有益模式的過程；Parsaye 則認為資料探勘是我們為那些未知的資訊模式而研究大型資料集的一個決策支援過程。這些定義主要從資料探勘的商業應用出發，從此角度看，資料探勘的主要特點是對商業資料庫中的大量事務資料進行抽取、轉化、分析和模式化處理，從中提取商業決策的關鍵知識，即從資料庫中自動發現相關商業模式。

資料探勘是一個利用各種分析工具在大量資料中發現模型和資料間關係的過程，使用這些模型和關係可以進行預測，它幫助決策者尋找資料間潛在的關聯，發現被忽略的因素，因而被認為是解決當今時代所面臨的資料爆炸，且資訊貧乏問題的一種有效方法。資料探勘通常也稱為 KDD（Knowledge Discovery in Database）——資料庫中的知識發現。精確地說，在 KDD 中進行知識學習的階段稱為資料探勘。資料探勘是 KDD 中一個非常重要的處理步驟，但人們通常不加區別地使用這兩個術語。

資料探勘是一門綜合學科，融合了資料庫、人工智慧、機器學習、統計學等多個領域的理論和技術。資料庫、人工智慧和數理統計是資料探勘研究的三根強大的技術支柱。資料探勘的方法和數學工具包括統計學、決策樹、神經網路、模糊邏輯、線性規劃等。

1.2 為何進行資料探勘

資料庫系統經過數十年的發展，已經保存了大量的日常業務資料。隨著資料庫和各類資訊系統應用的不斷深入，資料量的日積月累，每年都要累積大量的資料，並呈增量發展趨勢，大量資訊是當今資訊社會的特徵，是我們的寶貴財富，然而面對大量資料，我們往往無所適從，無法發現資料中存在的關係和規則，無法根據現有的資料預測未來的發展趨勢，導致「我們淹沒在資料的海洋中，卻缺乏知識」的現象。

人們開始考慮：「如何才能不被資訊淹沒，而且從中及時發現有用的知識，提高資訊利用率？」我們希望運用資料探勘技術從這些資料當中探勘出知識來。大量資料的背後隱藏了很多具有決策意義的資訊，透過對大量資料的分析，發現資料之間的潛在關聯，為人們提供自動決策支援。

資料探勘技術是人們長期對資料庫技術進行研究和開發的結果。資料庫技術最初用於關聯事務處理，即實現對大量資料的統一儲存，並提供對資料的查詢、新增、刪除等事務性操作。隨著大量歷史資料的累積，人們不滿足只是簡單地查詢和修改資料，而是希望能夠發現資料之間的潛在關係，因此，對資料庫技術提出了新的要求，隨著一些相關學科和研究領域的日漸成熟，以及現實世界中商業競爭的壓力日漸殘酷，企業急切地希望藉由快速處理這些資料進一步獲得有利於企業發展的決策依據，而是否能夠最大限度地使用資訊資源來管理和影響企業決策流程，將決定企業是否能擁有最大程度的競爭優勢，資料探勘技術於是出現了，並得到快速的應用。

資料探勘可以應用在各個不同的領域。資料探勘工具能夠對將來的趨勢和行為進行預測，進而支持人們的決策，如銀行可以使用資料探勘發現有價值的客戶，保險公司和證券公司可以使用資料探勘來檢測詐欺行為。

資料探勘自動在大量資料中尋找預測性資訊，因此，以往需要領域專家和分析人員進行大量人工分析的問題，如今可以直接由資料本身迅速得出基於知識的決策。

1.3 資料探勘和統計分析的關係

資料探勘是揭示存在於資料裏的模式及資料間關係的學科，它強調對大量資料的處理及資料和知識之間的潛在關係。統計學是一門關於資料的蒐集、整理、分析和推理的科學。資料探勘和統計分析之間有明顯的關聯性，統計學和資料探勘有著相似的目標——發現資料間隱藏的關係，但也存在一些不同之處：

1. 應用的技術不同

用統計學的觀點，資料探勘任務可以看成是透過電腦對大量的複雜資料的自動探索性分析。但是資料探勘技術不僅涉及統計學原理，而且包括資料庫管理、人工智慧、機器學習、模式識別，以及資料視覺化等學問。

2. 驅動因數不同

資料探勘是發現驅動或稱資料驅動，從資料中發現知識；而傳統的統計學則為假設驅動或稱人為驅動，通常由分析人員提出假設，然後使用統計技術分析資料，進而驗證或推翻假設。

3. 處理的物件不同

統計學以分析連續性和線性關係為主，資料探勘則將連續性和非連續性、線性和非線性關係融為一體，在大量資料和眾多變數中尋找潛在的模式和關係。

4. 資料規模不同

傳統的統計分析主要侷限於小樣本，而資料探勘則以處理大量資料、複雜資料為目標。

5. 風格不同

統計學和數學有著緊密的關係，但它們是不相同的。統計學比較強調在理論方

面，在某種程度上顯得比較「保守」，而資料探勘則是由商業需求而產生出來的，從一開始就以解決商業需求為主要目標，比較強調解決問題，因此風格比較「激進」。

資料探勘不是為了替代傳統的統計分析技術。相反地，它是統計分析方法學的延伸和擴展。資料探勘不僅可以使用統計分析方法，而且可以使用其他一些技術，如神經網路、支援向量機、決策樹等。

1.4 資料探勘與資料倉儲的關係

根據資料倉儲概念提出者 William Inmon 的定義，資料倉儲是管理人員決策中，注重主題的、整合的、非易失的，並隨時間變化的資料集合。注重主題是指資料倉儲中的資料是按照一定的主題組織而成的，所謂主題，是指用戶使用資料倉儲進行決策時所關心的主要內容。整合是指資料倉儲中的資料是在對原有分散的資料來源進行資料抽取、清洗的基礎上經過系統加工、匯總和整理得到的，消除了原本資料中的不一致性，以保證資料倉儲內的資訊是一致的全域資訊。非易失性是指資料倉儲中存放的通常是歷史資料，修改和刪除操作很少，通常只進行定期的新增、重新整理。與傳統的資料庫相比，資料倉儲通常著重在資料分析處理。

資料探勘是從大量的資料中發現有意義的模式。因為大量的資料通常保存在資料倉儲中，因此，有人將資料倉儲和資料探勘的關係比喻為一個大廚師燒菜，開始需要選擇原料，然後，將各種原料加工完畢，分門別類地放在廚房中，這時候，廚房就像資料倉儲。廚師根據這些原料做出菜餚，就像資料探勘得出有意義的知識一樣。

資料倉儲的發展是促進資料探勘發展的原因之一，資料倉儲中的資料通常已經過資料清洗、資料變換、資料整合等資料預先處理操作，資料的完整性和一致性會比較好，因此，資料倉儲中的資料與其他來源的資料相比，資料品質更高。高品質的資料是資料探勘成功的前提條件。因此，資料倉儲有助於資料探勘。

然而，資料倉儲並不是資料探勘的先決條件，資料探勘不一定需要建立在資料倉儲的基礎上，資料探勘系統的大量資料並不一定來自於資料倉儲。資料探勘可直接從非資料倉儲化的資料來源中探勘資訊。但是如果將資料探勘和資料倉儲合併使用，則可以簡化資料探勘過程的某些步驟，從而提高資料探勘的效率。並且因為資料倉儲的資料來自於整個企業，保證了資料探勘中資料來源的廣泛性和完整性。資料倉儲和資料探勘的主要目的都是對人類或機器的決策提供品質的保障。資料探勘技術是資料倉儲應用中比較重要也是相對獨立的部分。

1.5 資料探勘系統和其他系統的比較

資料探勘技術的發展是一個逐漸演變的過程。資料探勘技術的發展是基於其他相關領域的技術發展，包括資料庫、統計、人工智慧和機器學習等，但是資料探勘技術和這些相關研究領域的技術又有一些顯著的差異。

1.5.1 資料探勘系統與專家系統的比較

專家系統是人工智慧領域的一個分支，類似科學推理，探索問題解答的途徑。Eward Feigenbaum 將專家系統定義為：一種具有智慧的電腦程式，它運用知識和推理來解決只有專家才能解決的複雜問題。即專家系統是一種具有專家決策能力的電腦系統。專家系統通常包括三個核心部分：即知識庫、推理機和使用者介面；一個工作記憶區；兩個工具即解釋工具和知識擷取工具。典型的系統結構如圖 1-1 所示。

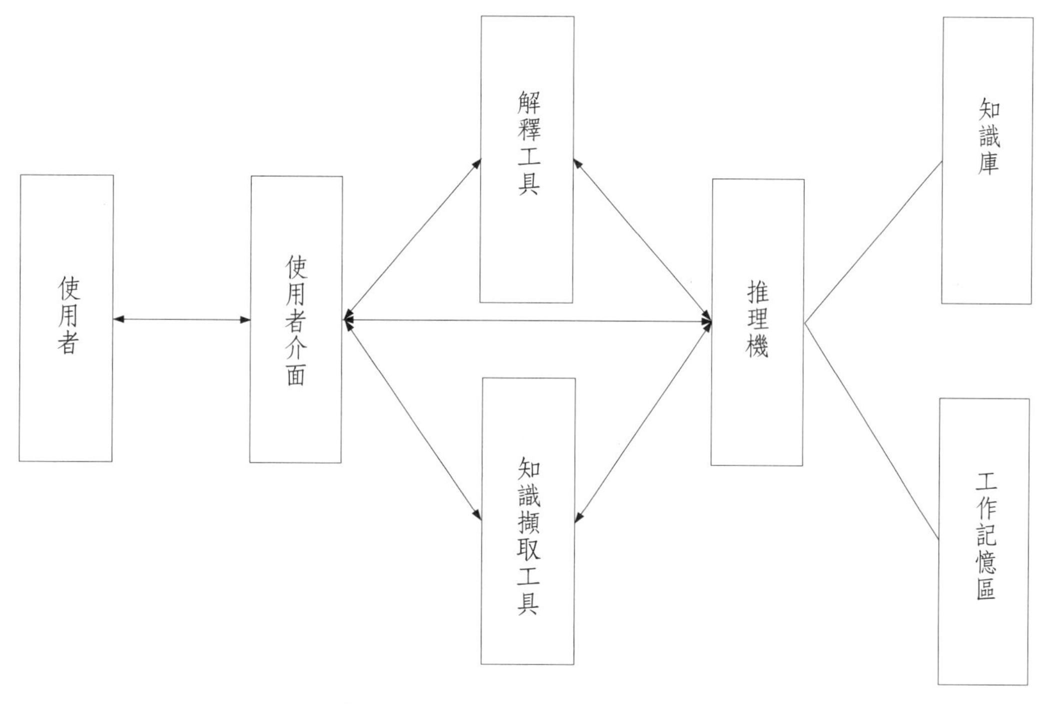

圖 1-1　典型的專家系統結構

使用者和專家系統透過使用者介面進行資訊交換。解釋工具處理與使用者之間的交換過程、問題的推理過程和系統目前的狀態等等。解釋工具讓使用者瞭解系統目前正在做什麼、為什麼這麼做、做得如何等等。知識擷取工具擷取專家系統所需的背景知識。全域資料庫也稱工作記憶區，存放規則所使用的事實以及專家系統產生的中間資訊等。推理機選用知識的依據，也是解釋工具獲得推理路徑的來源。推理機是實施問題求解的核心執行機構，它依據工作記憶區中的當前問題狀態和相關資訊，按一定的調度控制策略決定哪些規則滿足目標，並授予規則優先順序，然後執行最高優先順序規則進行推理。知識庫含有推理機推理所需要的知識，將之有系統的表達或模組化。知識在專家系統中通常表示成規則的形式，如 IF…THEN 規則。專家系統利用各種資訊、邏輯關係和規則來解決各種問題。專家系統將規則輸入到系統中，系統則使用這些規則來解決某些問題。

資料探勘系統與專家系統有許多不同之處。首先，系統處理的物件不同。資料探勘系統和專家系統都與人工智慧、知識處理緊密相關，但專家系統需要大量的知識，並且這些知識通常是規律性的知識，否則系統將沒有實用性，而資料探勘系統則是基於資料的事實性知識，發現隱藏在資料中的知識。

其次，系統處理的方法不同。資料探勘系統和專家系統既能處理數值型資料，又能處理非數值型資料，但專家系統的演算法主要基於規則和推理，以演繹處理居多，而資料探勘系統的演算法主要基於資料的歸納。

再者，系統的主要任務不同。建造專家系統的主要任務是知識的形式化和知識庫的構造。資料探勘系統的主要任務則是通過關聯分析、分類、群聚分析、預測和偏差檢測等發現資料間的關係，以及發現資料中的模式。

另外，系統回答的問題不同。專家系統適用於診斷性問題和指令性問題。診斷性問題是指需要回答「發生了什麼事」的問題，相當於決策的情報階段。指令性問題是指需要回答「我該做什麼」的問題，相當於決策的選擇階段。資料探勘系統適用於發現隱藏的問題或隱藏的關係，通常需要回答「這些資料或事實說明了什麼」或「為什麼會產生這種現象」。

概括地說，專家系統利用知識解決問題，資料探勘系統發現知識解決問題，但專家系統和資料探勘系統兩者不僅需要 IT 領域的專家，而且更需要有應用領域的專家參與。

1.5.2 資料探勘和 OLAP 的比較

OLAP（線上分析處理）是在線上資料分析基礎上，發展起來的一種共用多維資訊的快速分析技術。OLAP 處理主要通過多維的互動方式對資料進行分析、查詢和產生報表。OLAP 互動式操作有很多種，主要包括對多維資料的切片和切塊、鑽取、旋轉等，以便於使用者從不同角度查詢和分析相關資料。

OLAP 是驗證型分析，用戶首先建立一個假設，然後用 OLAP 來驗證這個假設是否正確。例如：大型超市希望發現什麼措施可以提高營業額，則可以假設促銷活動有助於銷售，然後通過 OLAP 來驗證這個假設。也就是說，通過 OLAP 可以證實或推翻假設，以得到最終的分析結果。

OLAP 分析過程在本質上是一個演繹推理的過程。而資料探勘是一種探勘性的分析工具，它主要是利用各種分析方法主動去探勘大量資料中蘊含的規律，資料探勘在本質上是一個歸納的過程。資料探勘不是用於驗證某個假定模式的正確性，而是基於歷史資料主動發現有用的模式。

資料探勘和 OLAP 這兩種分析工具本身是相輔相成的，資料探勘和 OLAP 具有一定的互補性。因為 OLAP 可以幫助人們提出假設，也可以驗證資料探勘預測出的結果；資料探勘能夠探勘出一個結論，但這個結論正確與否，可以用 OLAP 去驗證。

1.6 資料探勘系統的分類

由於應用領域的不同，資料探勘系統所探勘的資料的類型也不同，如結構化資料、超文件（hypertext）資料、多媒體資料、空間資料等，從而導致了不同的資料探勘系統。按照不同的分類標準，可以對資料探勘系統進行不同的分類：

1. 按資料探勘系統的應用種類的不同而分

(1)通用的資料探勘系統

通用的資料探勘系統不區分應用的具體場合，採用通用的探勘演算法，處理常見的資料類型，通常提供多種探勘模式。探勘內容、探勘所需的資料通常都由使用者根據自己的需求來選擇。顯然地，通用的資料探勘系統需要使用通用性資料探勘工具，

IBM 公司的智慧探勘工具（Intelligent Miner）是通用性資料探勘工具的代表。

⑵**特定領域的資料探勘系統**

特定領域的資料探勘系統則針對某個特定領域的問題提供解決方案。在設計演算法的時候，就必須充分考慮到資料、需求的特殊性，並做最佳化。特定領域的資料探勘系統目標特性比較強，往往採用特殊的演算法，可以處理特殊類型的資料，實現特定的目標，發現的知識可靠度也比較高。但其缺點是只能用於某一領域或應用，適用性比較狹窄。

2. 按照所處理的資料類型而分

⑴**結構化資料探勘系統**

結構化資料探勘系統，也就是人們平常所說的資料探勘系統，一般而言，它都是使用關聯性資料庫，所處理的資料具有嚴格的結構。

⑵**半結構化、非結構化資料探勘系統**

半結構化、非結構化資料探勘系統所處理的資料通常具有複雜的結構，如空間資料探勘系統、文件探勘分析系統、Web 探勘分析系統等等。

3. 按照所探勘的規則類型而分

⑴關聯規則探勘系統。

⑵特徵規則探勘系統。

⑶分類規則探勘系統。

⑷判別規則探勘系統。

⑸聚合規則探勘系統。

⑹進化規則探勘系統。

⑺誤差分析規則探勘系統。

4. 按照所發現的知識的抽象層次而分

⑴一般性知識探勘系統。

⑵原始層知識探勘系統。

⑶多層知識探勘系統。

5. 按照所採用的資料探勘技術而分

⑴自訂的知識探勘系統。
⑵驗證驅動探勘系統。
⑶發現驅動探勘系統。
⑷互動式資料探勘系統。

6. 按照所處理的資料的類型而分

⑴關聯性資料探勘系統。
⑵面向物件資料探勘系統。
⑶空間資料探勘系統。
⑷時域資料探勘系統。
⑸文件資料探勘系統。
⑹多媒體資料探勘系統。
⑺ Web 資料探勘系統。

CHAPTER 2

資料探勘過程

資料探勘是一段反覆的過程，通常包含多個相互聯繫的步驟，如定義和分析主題、資料預先處理過程、選取演算法、提取規則、評價和解釋結果、將模式構成知識，最後是應用。並且隨著應用需求和資料基礎的不同，資料探勘處理的步驟可能也會有所不同。通常，資料探勘基本步驟包括：

⑴問題定義

⑵建立資料探勘模型

⑶分析資料

⑷準備資料

①資料選擇

②資料轉換

⑸建立模型

⑹評價模型

⑺執行以下動作

①資料探勘

②資料解釋

2.1 問題的定義與主題分析

進行資料探勘，首先必須分析應用領域，包括應用中的各種知識和應用目標、瞭解問題的定義以及相關領域的有關情況、熟悉背景知識、弄清楚使用者的需求。如果缺少了背景知識，就不能很明確地定義出我們要解決的問題是什麼，也就不能準備優良的資料，因此也就很難正確地解釋所得到的結果。清晰地定義出業務問題，認清資料探勘的目的是資料探勘重要的一個步驟。在開始要真正做資料探勘之前，最先要做的，也是最重要的，就是瞭解使用者的資料和業務問題。精確地定義所要解決的問題是資料探勘成功的關鍵要素之一。要想充分發揮資料探勘的價值，必須對使用者的目標有一個清晰明確的定義，有效的問題定義，應該還要包含一個針對資料探勘的結果進行衡量的標準。

在確定使用者的需求後，應該對現有資源進行評估，例如：既有的歷史資料之類的，確定是否能夠通過資料探勘技術來解決使用者的需求，然後才進一步去確定資料探勘的目標和制定資料探勘計畫。

資料是資料探勘工作成敗的基礎，因此，分析主題的任務包括對資料進行進一步的瞭解，例如：確定資料探勘所需要的具體資料、對資料進行描述、檢查資料的品質等等。

理解相應的問題領域是設法發現任何有用資訊的前提。資料探勘不會在缺乏指導的情況下自動地發現知識。資料探勘永遠不會替代有經驗的商業分析師或管理人員所能做的事情。資料探勘需要有一個明確的主題目標，該主題目標決定了此後資料探勘的各種操作。資料探勘的主題目標在資料探勘過程中是可修正的，但其基本原則內容要保持穩定。在資料探勘過程中，面對不同的使用者，制定了不同的主題。主題是一個在較高層次中將資料歸類的標準，而每一個主題對應著一個宏觀的分析領域，也就是不同的主題按照一定的標準整合，將原始資料結構進行從應用層面轉到主題層面上。

2.2 準備資料

資料探勘所處理的資料集不僅包含大量的資料，而且可能存在大量的雜訊資料、重複資料、稀疏資料或不完整資料等等。解決資料的品質問題是資料探勘的基礎；充分利用有用的資料，清除沒有用的資料是資料探勘技術的基礎。

資料準備包含兩方面：一是從多個資料來源中整合出資料探勘所需要的資料，保證資料的綜合性、可用性、資料的品質和資料的時效性，這有可能要用到資料倉儲的概念和技術；另一方面，就是如何從現有資料中衍生出所需要的資料，這主要取決於資料探勘者的分析經驗和工具的方便性。

資料準備包括資料萃取、清理、轉換和載入（ECTL），具體包含資料的清洗（或稱清理）、整合、選擇、變換、規則，以及資料的品質分析等步驟。

2.2.1 資料清理

資料清理是在資料中消除錯誤和不一致的特性，並解決物件在識別上的過程。資料清理主要在處理NULL值、雜訊資料及不一致資料等等。資料的不一致性會降低資料探勘結果的可信度。資料清理可以去除雜訊或不相關的資料，並處理缺失的資料欄位。

資料清理主要是處理多個資料來源中資料的不規則性、多重意義、重複和不完整等問題，針對有問題的資料進行相應的清理操作，例如：關於「高薪水」和「低收入」的涵義在不同的資料集中可能有不同的定義，在一個資料集中「高薪水」的人在另一個資料集中則可能不是，因此，所探勘的資料必須有一致性的涵義。

資料清理首先需要將資料內容進行標準化，即相同意義的值應該具有統一的形式。例如：員工的出生地在不同的資料來源中可能分別使用「台北」、「北」、「台北市」、「北市」、「Taipei」等表示台北市出生的員工，因此，應將這類的值統一表示。在不同的資料來源中，相同類型的資訊可能表現成不同的格式，例如：電話號碼通常定義成字元型態資料，但是在有些資料來源中可能把它定義為數值型態的資料，因此應該做標準化的動作。

資料清理還必須確認資料的一致性，如員工的聯絡資訊在地址的值為「台北台灣大學」，而在相應的郵遞區號應該為「110」，這樣所記錄的資料就不一致，因為台北台灣大學的郵遞區號為 106。在這個例子中，假設存在一個標準的地址和郵遞區號的對應表，這樣的話就可以更正記錄中的郵遞區號了。當然，這需要結合一定的業務規則，因為也有可能郵遞區號是正確的，而地址卻不正確。在這個例子中，假設這筆記錄的其他欄位，例如：聯絡電話的欄位是台北的號碼，而因為其他多個屬性暗示著聯絡位址應該是台北，則很有可能是郵遞區號錯誤；否則，如果聯絡電話和郵遞區號不衝突，則也有可能是地址錯誤。

手工來確認資料的一致性所花的時間和金錢等的開銷都很大，只適用於小規模的資料，對於大量資料通常需要自動化的資料清理過程。資料錯誤的自動清理主要包括以下三個步驟：

(1)定義並偵測錯誤類型。
(2)搜尋並查出錯誤實例。
(3)更正所發現的錯誤。

對於NULL值比例比較小的資料集合，刪除這些NULL值的資料記錄不失為一種有效的方法。然而當NULL值達到一定的比例時，如果採用直接刪除方法將大大減少資料量，因此可能會遺失大量的資訊。因此，NULL 值也是資料清理的一項重要內容，有一些不同的補齊 NULL 值的方法，如下所示：

- **平均值替換方法**：計算資料中有空缺的欄位平均值，並用平均值來替換 NULL 值。
- **專家經驗法**：業務領域專家可以制定相對應的領域規則，然後根據這些規則來推測可能的值。
- Cold Deck **猜測方式**：根據以往的分析所得到的資料來取代 NULL 值。
- **迴歸分析法**：利用迴歸分析方法來分析NULL值屬性和其他屬性的關係，從而推測 NULL 值的可能性。
- **資料探勘法**：使用資料探勘技術，通過已有的資料集合來預測NULL值的可能性。

2.2.2 資料合併

資料探勘需要對資料進行合併，也就是將多個資料來源中的資料合併成一個統一的資料集合中。資料合併會將多個資料來源中的資料進行合併處理，解決語義上的模糊性並整合成一致的資料集合。資料合併包含三個議題：

1. 模式合併

模式合併從多個不同類型的資料庫、資料檔案或遺留系統提取並合併資料，解決語義上的模糊性，統一不同格式的資料，消除多餘、重複存放的資料。因此，模式合併涉及實體識別，即如何表示不同資料庫中的欄位是同一個實體，如何將不同資訊來源中的實體匹配起來進行模式合併，通常必須借助於資料庫或資料倉儲的資料來進行模式識別，幫助避免模式合併中的錯誤。此外，資料可能來自多個系統，因而會有不同類型資料的轉換問題和資料類型的選擇問題。

2. 多餘性資料

資料合併往往導致資料多餘，如果同一欄位多次出現、同一欄位命名不一致等等。對於欄位之間的多餘性可以用相關分析檢測出，然後將其刪除。

3. 檢測並處理資料衝突問題

由於不同的表示方式、比例、編碼等問題，現實世界中的同一個體，在不同資料來源中的欄位值可能不同。這種資料語義上的不同是資料合併的最大難處。

2.2.3 資料選擇

資料探勘通常並不需要使用到全部所擁有的資料，有些資料物件和資料屬性對建立模型獲得模式是沒有影響的，這些資料的加入會大大影響探勘效率，甚至還可能導致探勘結果的偏差。因此，有效地選擇資料是很有必要的。資料選擇有時也稱為資料取樣或資料簡化。

資料選擇是建立在分析流程和資料本身內容的基礎上，尋找依賴於發現目標的表達資料的有用特徵，以降低資料規模，在保持資料原貌的前提下，盡力地精簡資料量。透過資料選擇可以突顯出資料的規律性和潛在特性。

在縮減資料規模的同時，資料選擇應力求完整，需要覆蓋原有目標所涉及的相關資料。資料選擇過程將搜索所有與業務物件有關的內部和外部資訊，並從中選擇出適用於資料探勘的資料。資料選擇包括屬性的選擇和資料抽樣，也就是在選擇：

- **資料欄位**：也稱「欄位」或「行」。

・**記錄**：也稱「列」，就是一筆資料。

針對特定的資料採勘應用，並不是資料中的所有欄位都有用，無用的欄位對資料採勘是有害的。因為不相關的資料一方面會增加採勘計算的時間開銷和空間開銷，另一方面可能導致錯誤的結果。

選擇記錄與選擇資料欄位類似，一方面是考慮到計算開銷的問題，另一方面選擇高品質有代表性的記錄進行採勘，通常會取得更好的採勘結果。

資料選擇在相關領域和專家知識的指導下，辨別出需要進行分析的資料集合，縮小採勘範圍，避免盲目搜索，提高資料採勘的效率和品質。

2.2.4 資料變換

資料變換包括以下內容：

1. 資料分群

將屬性（如數量型資料）分成若干區間。

2. 建立新變數

很多情況下，需要從原始資料中生成一些新的變數作為預測變數。

3. 轉換變數

例如：將學生的考試成績由百分比對應成五分制。

4. 分解資料

依據業務需求對資料項目進行分解。如將郵件地址資訊分解為國家、省／縣（市）、城市、郵遞區號、街道和門牌號碼等。

5. 格式變換

規定資料格式如定義時間、數值、字元等資料的格式。

將資料進行分群，有許多不同的方法：

1. 等寬方法

等寬方法將資料的取值範圍按等距離劃分成若干區間，然後依據資料本身落在哪個區間，就把它對應到相應的數值。

使用等寬方法，可能將相鄰近的資料分開，並且可能建立出不存在資料的區間。

2. 等深方法

等深方法按資料的個數將資料劃分為不同的群組，各群組的資料個數近似相同，等深方法劃分的區間（群組）可能沒有實際意義，並且有可能會把相差很遠的資料放在同一群組中。

等深方法比較簡單、直接，但是有兩個很明顯的缺點：

⑴很難有效地顯示出資料的實際分布情況。

⑵劃分邊界方式過於強硬。

3. 等資料語義距離

等資料語義距離按資料的語義距離將資料劃分為不同的群組。例如：把人按照「兒童」、「青少年」、「中年」和「老年」劃分為若干群組，而不是用等寬方法按照年齡的大小劃分為[0, 20)、[20, 40)、[40, 60)。例如：按照年齡將人員排序，然後再按照人數的多寡分成人數相等的群組，這就是等深方法。

很明顯，基於資料語義距離的劃分方式，不僅考慮到整個範圍內資料分布的稠密性，也考慮到各群組內資料的接近性。等資料語義距離方法可以產生更有語義意義的離散化，但如何合理地衡量語義距離以及定義語義和資料間的對應關係則比較困難。

2.2.5 資料濃縮

資料濃縮是去辨別出所需要探勘的資料集合，縮小處理的範圍，是基於資料選擇的基礎上，對資料做進一步的簡化動作。資料濃縮又稱資料縮減或資料歸納，資料濃縮就是將初始資料集合轉換到某種更加緊湊的形式而又不丟失有意義的語義資訊的過程。

資料濃縮技術可以用來縮減資料集合，它可以保持原有資料的完整性，但資料量比原有資料小得多。與非濃縮資料相比，在濃縮的資料上進行探勘，所需的時間和記

憶體資源會更少，探勘過程將更有效，並產生相同或幾乎相同的分析結果。

資料選擇是用來選擇合適的資料來源、資料記錄和資料欄位等，而資料濃縮通常包括更複雜的資料處理，列出如下：

1. 資料聚集

資料聚集採用資料倉儲中的切換、旋轉和投影技術，對原始資料進行抽象和聚集的動作。資料聚集技術可用來聚集資料中現有欄位的數值，或對資料欄位進行統計。例如：將月薪→年薪、月產量→季產量或年產量按照地區加以匯總等等。這種根據探勘處理的業務需求來對資料進行聚集，不僅大大減少了資料量，而且加快了資料探勘的處理過程，資料探勘系統可以直接在適當的資料上進行探勘，不需要額外的資料預先處理過程。資料聚集可以在不同的程度上進行聚集，如輕度匯總或高度匯總等。

2. 維度縮減

維度縮減就是選擇資料中的屬性。維度縮減的主要方法為篩選法。篩選法根據一定的評價標準在屬性集上選擇區分能力強的屬性子集。從基數為 N 的原屬性中選擇出基數為 $M \leq N$ 的屬性集的選擇標準通常是：儘可能使所有決策類中的例子在 M 維屬性空間中的機率分布與它們在原 N 維屬性空間中的機率分布相同。

根據資料和探勘目標之間的關係，資料集的屬性可分為三類：(1)相關屬性；(2)多餘屬性；(3)不相關屬性。相關屬性和探勘目標有著直接或間接的關係，資料探勘所發現的知識就是從相關屬性的資料中獲取的。多餘屬性與探勘目標相關，但是多餘屬性不能為探勘目標提供任何新的資訊。在大部分的情形下，多餘屬性是指資料集中類似的屬性，或是這個屬性可以根據其他屬性來推導和計算出來。而不相關屬性是指這個屬性和探勘目標沒有任何關係。維度縮減就是去發現屬性集中和探勘目標相關的屬性集，剔除多餘屬性和不相關屬性。

刪除不相關屬性的操作就是去除對於發現資訊的動作沒有任何貢獻或貢獻率極低的屬性。同樣地，刪除多餘屬性就是對屬性進行主成分分析或因數分析，尋找屬性之間的依賴關係，把相近的屬性進行綜合歸納處理。

維度縮減的實質是相關屬性的選擇，而相關屬性集的可能情況是原屬性的子集合，共 $\sum_{i=1}^{n} C_n^i = 2^n - 1$ 種可能，其中 n 為原屬性集中屬性的個數。如何在這巨大的搜索空間中發現最優良或合適的相關屬性集是維度縮減的關鍵技術，因此，許多學者先後提出了許多方法和演算法，其中零維特徵法和全維特徵法是最簡單也是最早提出的方法。零維特徵法也稱逐步向前選擇法，逐步地選擇原屬性集中最好的屬性，將其加入到相關屬性子集中，並從原屬性集中刪除選出的屬性，然後再對原屬性集剩下的子集再進行選擇，直至發現所有的相關屬性。全維特徵法則剛好相反，全維特徵法也稱逐步向後刪除法，該方法從整個屬性集開始，每次刪除一個多餘屬性或不相關屬性，直至沒有多餘的屬性可刪除。

維度縮減不僅減少了資料探勘的資料量，提高了規則的生成效率，而且由於屬性的縮減，簡化了所要生成的規則，增強了生成規則的可理解性。

3. 屬性值歸納

屬性值歸納包括兩方面，即離散化連續性屬性數值和合併符號性屬性值。離散化連續值屬性就是在屬性的值域範圍內，根據某種評價標準，設定若干個劃分點，用這些劃分點將屬性的值域劃分為若干個子區間，然後用特定的符號或整數值代表每個子區間。連續值屬性的離散化的形式化定義如下：

對於某個連續值屬性 a 的值域 V_a，選擇一個分割點集合 $C_a=\{C_1^a, C_2^a, L, C_r^a\}$，在 a 的連續取值空間$[\min f(a), \max f(a)]$上形成區間集合 $\Delta_a=\{P_1^a, P_2^a, \cdots, P_{r+1}^a\}$，其中：

$$P_l^a=\begin{cases}[\min f(a), c_l^a] & l=1\\ [c_{l-1}^a, c_l^a] & l=2, 3, \cdots, r\\ [c_r^a, \max f(a)] & l=r+1\end{cases}$$

這裡定義映射為 $g_a=V_a \to V_a'=\{1, 2, \cdots, r+1\}$。

離散化連續值屬性可以簡化原始資料，但是如果分割點選擇不當，將會丟失原始資料集中的有用資訊。而合併符號型屬性，主要是檢驗兩個相鄰屬性值之間對於決策屬性的獨立性，然後判斷是否應該合併這兩個屬性。

屬性值歸納是去選擇替代的、較小的資料表示形式，而達到減少了資料量的目的。屬性值的歸納技術可以有兩種方法。第一種方法是使用一個模型來評估資料，只需存放參數，而不需要存放實際資料，例如：線性迴歸和多元迴歸。

第二種方法是對屬性值進行變換，如採用直方圖或群聚分析方法。群聚分析方法是將屬性值視為物件，並對屬性值進行群聚分析，使得在同一個群聚中的物件都很「類似」，而與其他群聚中的物件「不類似」，在資料歸納時，用資料的群聚分類來代替實際資料。

4. 資料壓縮

對應用資料做編碼或變換動作，得到原來資料的歸納或壓縮表示。資料壓縮分為無失真壓縮和失真壓縮。如果壓縮資料之後而不丟失任何資訊，則所使用的資料壓縮技術是無失真的，否則該技術是會失真的。目前使用比較普遍的資料壓縮方法如小波變換和主成分分析都是失真壓縮方法，對於稀疏或傾斜資料有很好的壓縮結果。傾斜度是用來衡量一個資料分布是否具有單一而且很長的末端。如果一個分布的漫長末端是伸向數值較大方向的，則稱其為右傾斜，反之，則稱為左傾斜。

5. 資料抽樣

資料抽樣是用資料的某部分樣本來表示大型的資料集合。它主要利用統計學中的抽樣方法，如簡單隨機抽樣、等距抽樣、分層抽樣等。

2.2.6 資料品質分析

資料探勘結果品質的好壞有兩個影響因素：一是所採用的資料探勘技術的有效性，二是用於探勘的資料的品質和資料量。如果選擇了錯誤的資料或不適當的屬性，或對資料進行了不適當的變換，則不能取得好的探勘結果。

資料探勘的效果和資料品質之間有著緊密的關係，所謂「垃圾入，垃圾出」，即資料的品質越好，則探勘的結果就越精確，反之，則不可能取得好的探勘結果。研究資料的品質，為進一步的分析做準備，並根據資料情況確定將要進行的探勘操作的類型。資料品質的涵義包含四個方面，即：

- 資料的正確性。
- 資料的一致性。
- 資料的完整性。
- 資料的可靠性。

我們需要保證資料值的正確性和一致性，因為原始資料中可能包含了不正確的值，例如：人的年齡為負數。當利用多個不同的資料來源來整合資料時，就必須注意不同來源之間資料的一致性。在資料生成、處理和管理的許多階段中，都可能會引發錯誤，例如：

- **資料登錄和獲得的過程中發生錯誤**：最常見同時也是最難處理的是資料登錄的錯誤，如拼寫錯誤、輸入多餘的字的錯誤。沒有規範資料來源的設計也將可能引入錯誤，如資料的完整性和一致性問題。
- **資料合併所發生出來的錯誤**：在多個資料來源合併時，很可能會引入大量的錯誤，特別在原本資料不完整、沒有規範的情況下。常見的有以下幾類問題：
  - -度量衡問題：不同的資料來源中，類似資料可能使用不同的度量衡，如重量，在有些資料中使用「公斤」為單位，而在有些資料中使用「公克」為單位，當對資料進行合併時，如對此不做處理，將造成整個資料的無效。
  - -命名衝突問題：不同的資料來源資料合併可能帶來命名上的問題，例如：屬性的同名異義或同義異名，因此將造成資料的不一致和失真。
  - -資料精準度問題：同類資料在多資料來源中可能有不同的精準度，將它們簡單合併時，將降低整個系統集的精準度。
  - -匯總問題：多個資料來源有可能分別按不同的層次和不同的時間段進行匯總，因此可能將造成資料的多餘和不一致。
- **資料傳輸過程所引入的錯誤**：資料品質對資料探勘的結果非常重要，低品質的資料必然不可能會有好的探勘結果。資料品質評估就是要確定資料的哪些性質最終會影響資料探勘的品質。

2.3 建立模型

在問題有了進一步明確而且資料結構和內容都做了進一步調整的基礎上，就可以形成知識的模型。對歷史資料建立一個預測模型，然後再用另外一些資料對這個模型進行測試。這一步是資料探勘的核心環節，一個好的模型沒必要與已有資料 100%地相符，但模型對未來的資料應有較好的預測。建立模型是一個反覆的過程，需要仔細考察不同的模型以判斷哪個模型對所需解決的問題最有用。

2.3.1 模型是什麼

資料探勘的目的是依據其所示的涵義去生成對於決策有用的知識，也就是建立一個現實世界的模型。模型是對客觀事物的一種抽象描述，人們通過模型來理解和處理複雜問題，它使得複雜資料更容易被理解。其中數學模型可以用數學公式來表示，也可以用演算法來描述。資料處理模型一般用資料處理過程來說明。模型是模式和資料之間相關性的形式化描述。概括地說，模型是整個資料集的全域性描述。

資料探勘中建立模型的過程，實際上就是利用已知的資料和知識建立一種模型，這種模型可以有效地描述已知的資料和知識，希望該模型能有效地應用到未知的資料或相似情況中。也就是說，建立模型能把一些專業經驗、一般規律或普遍情況變成一種分析模型。一旦模型建好之後，就可以把它應用到那些情形相似而結果卻未知的判斷中。

我們可以根據使用者的需求，為不同行業的使用者建立各種行業的業務分析模型，例如：電信行業的呼叫行為分析模型、詐欺模型；金融行業的客戶信用模型；證券行業的客戶資產模型、交易行為模型；零售行業的客戶消費習慣模型等。

探勘資料的過程就是按照人們設計的「模型」對資料進行處理、分析、預測的過程，它是人的經驗、分析過程在電腦中的實現。模型法通過歷史資料預測未來，它的有效性的前提條件件隱藏著三個假設：

- 過去是將來的好的預測資料。
- 資料是可利用的。
- 資料包含我們想要的預測資訊。

在資料探勘中，可以使用許多不同的模型，如後面章節講述的關聯規則模型、決策樹模型、神經網路模型、粗糙集模型、數理統計模型（如迴歸模型）、時間序列分析模型。針對同一模型，可以使用不同的演算法進行資料探勘。

決策樹模型本質上是一個分類模型，它將一個事件或物件歸類。在使用上，既可以用此模型分析已有的資料，也可以用它來預測未來的資料。迴歸是利用具有已知值的變數來預測其他變數的值。時間序列是用變數過去的值來預測未來的值。與迴歸一樣，也是用已知的值來預測未來的值，但區別是變數所處時間的不同。

所謂聚類模型、決策樹模型等只是從模型的某一側面對模型進行的分類。嚴格地說，模型有兩個相關的因素：(1)模型的功能，如分類、關聯分析、聚類、迴歸等；(2)模型的表示形式，如線性和非線性函數、決策樹和規則等。

2.3.2 模型的精確度

使用模型出現錯誤的數目與總數之間的比，稱為錯誤率。相同地，正確的數目與總數的比稱為準確率。對迴歸模型來說，可以用變異數來描述模型的準確程度。

如果要訓練和測試資料探勘模型則至少需要把資料分成兩個部分：一個用於模型訓練，另一個用於模型測試。如果不進行測試，那麼模型的準確性就無法度量。模型準確性的測試分為兩類：

- **封閉測試**：訓練模型的訓練集資料即為測試模型的測試集資料。封閉測試顯然無法驗證模型的推廣能力，即對未知資料的準確度，但封閉測試可以測試模型的穩定度。
- **開放測試**：開放測試的測試模型的測試資料和訓練模型的訓練資料不同，即測試模型的資料是模型先前未見的資料。開放測試可以正確地度量模型的準確性。

模型的精確度越高，代表可用性就越強，就越有利於做出正確的決策。精確度將取決於方法的設計和歷史資料量及使用者的期望值。通常在具體應用中，模型不可能精確地表示整個資料集，因此在使用訓練資料建立模型時，請不要片面追求封閉測試的正確率，否則可能造成過度匹配現象（也稱過度學習）。例如：假設學校對學生資訊進行探勘，希望發現成績優異的學生的形成原因，假設在探勘的資料集中，所有的成績優異的學生的身高都低於 1.75 公尺，如果據此建立模型，認為所有成績優異的學生身高都應低於 1.75 公尺，則此模型在訓練資料集上的精確度為 100%，然而以此來預測未見的測試資料，則可能精確度很差。也就是說，過度匹配將會影響模型的推廣能力。對於不是樣本資料中的輸入也能得出合適的輸出，這種性質稱為推廣能力，或稱做泛化能力。

2.3.3 模型的驗證

建立模型的最後一步是驗證模型。在建立模型後，我們不直接利用這個模型做出決策或採取行動，而是先對模型做測試和驗證，這是一種較好的做法。模型建立好之後，必須先評價其結果，解釋其價值。在實際應用中，模型的準確率會隨著應用資料的不同發生變化。

詹姆斯·鮑爾（James M. Bower）曾說過：「對一個模型的最好的檢驗取決於它的設計者能否回答這些問題：現在你知道了哪些原本不知道的東西？你如何證明它是否是對的？」模型的驗證可以有不同的方式：

- 簡單驗證。
- 交叉驗證。
- 自舉法驗證。

簡單驗證是最基本的測試方法。將原始資料集劃分為兩部分：訓練資料和測試資料。訓練資料用於建立模型，測試資料則用於測試模型。在劃分資料集分成時，需要保證選擇的隨機性，這樣才能使分開的各部分資料的性質是一致的。測試資料占總資料的比例可以各不相同，在實際應用中，比例通常在 5%到 1/3 之間。驗證模型時，使用該模型來預測測試集中的資料。出現錯誤的預測與預測總數之間的比，稱為錯誤率。正確的預測與總數的比，是準確率。

如果原始資料量較小，不適合直接將資料集進行劃分，則可以使用交叉驗證。首先將原始資料隨機等分為兩部分，然後用一部分做訓練集，另一部分做測試集計算錯誤率，然後將兩部分資料交換再重複一次，得到另一個錯誤率，最後再用所有的資料建立一個模型，把上面得到的兩個錯誤率進行平均，作為最後用所有資料建立的模型的錯誤率。實際應用中較常用的演算法是 n-維交叉驗證。先將資料隨機分成不相交的 n 份，例如：將資料分成 10 份，將其中一份用做模型測試，使用其他 9 份建立模型，然後把這個用 90%的資料建立起來的模型用原先的一份測試資料做測試。這個過程對每一份資料都重複進行一次，得到 10 個不同的錯誤率。最後把所有資料放在一起建立一個模型，模型的錯誤率為上面 10 個錯誤率的平均。自舉法是另一種評估模型錯誤率的技術，在資料量很小時尤其適用，使用所有的資料建立模型。

2.4 模式評估

模式評估將發現的知識依照使用者能瞭解的方式呈現，根據需要對資料探勘過程中的某些處理階段進行最佳化，直到滿足要求為止。

2.4.1 模式是什麼

模式通常作為資料集的某些局部特徵的描述，因此可以將模式看做是一個受詞，如果資料集中出現了該模式的那些物件就回傳 True，否則回傳 False。選取模式就是挑選演算法、確定參數並加以實施的過程，是資料探勘的核心步驟。輸出的東西稱為模式，其實只是對資料間關係的一種描述，對模式的解釋和評價形成知識。資料探勘的目的就是通過發現令人感興趣的模式來幫助人們理解大量的原始資料。模式定義如下：

給定一個事實（資料）集 F、一個語言 L 及一些可信度 C 的標準，一個模式 S 就是 L 中的一個敘述，S 以可信度來描述 F 的一個子集 F_s 中的關係，並使得 S 要能對 F_s 中所有的事實做簡單枚舉。

對於應用來說，事實集 F 通常都是特別巨大的，而發現的結果只有在統計學的意義上是有效的，使用者目的在於尋找有意義的資料知識，而不一定要考慮所有的資料。因此，所謂令人感興趣的模式也就隨著應用需求的不同而有所不同。資料探勘模式通常分為以下兩類：

- **描述性模式**：描述性模式是描述資料中的模式，或者根據資料的相似性把資料分組。例如：重複多次地拋擲硬幣，正面向上的機率為 50%，背面向上的機率也為 50%，這就是描述性模式。
- **預測性模式**：預測性模式是建立在已知條件的基礎上，用來預測一些現象或數值。預測性模式是可以根據資料項目的值而精確指出某種結果的模式。

在資料探勘分析中，常用的模式有以下幾種：

- **分類模式**：分類模式是發現每一資料與既有類別間映射函數的過程，能夠把資料對應到某個既定的分類上，從而可以應用在資料預測。
- **迴歸模式**：迴歸模式與分類模式類似，只是差別在於分類模式的預測值是離散的，迴歸模式的預測值是連續的。
- **群聚模式**：群聚模式把資料劃分到不同的分類中，類別之間的差別距離儘可能地放大，而類別內部的差別距離儘可能縮小。與分類模式不同，進行群聚前並不知道所要群聚的分類特徵。
- **關聯模式**：關聯模式是資料項目之間的關聯規則。
- **序列模式**：與關聯模式類似，只是這裏將資料之間的關聯性事件依照發生的順序聯繫起來。
- **時間序列模式**：時間序列模式根據資料中時間變化的趨勢來預測將來的數值。與序列模式相比，時間序列模式不僅需要知道事件發生的順序，而且需要確定事件發生的時間。

資料探勘發現的模式應該要是新的、有用的以及可理解的。因此，需要去解釋用來發現的模式，去掉多餘的或沒有應用價值的模式，轉換成某個有用的、利於使用者理解的模式。

2.4.2 探勘結果的評價和驗證

資料探勘得到的模式有可能是沒有實際意義或沒有實用價值的，也有可能無法準確反映出資料的真實意義，甚至在某些情況下是與事實相反的，因此需要對資料探勘的結果進行評估，確定資料探勘是否有偏差，探勘結果是否正確，確定哪些是有效、有用的模式，是否滿足使用者的需求。

評估的方法有一種是直接使用原先建立的探勘資料庫中的資料來進行檢驗，也可以另找新的測試資料來進行檢驗，另一種辦法是使用實際運行環境中的當前資料來進行檢驗。

檢驗的目的是對整個資料探勘過程的前面步驟進行評估，確定下一步應該怎麼辦，是要發布模型，還是要對資料探勘過程進行進一步的調整，例如：重新選取資料、採用新的資料變換方法、設定新的參數值、產生新的模型，或是換一種演算法等等。

模式的價值建立在對資料分析者的興趣程度和未知度的基礎上，然而模式的興趣程度和未知度又和資料分析者的背景知識有著很大的關係，讓某人覺得很新鮮的模式可能對另一人則是早已知道的知識。

用來表示模式興趣度的計算式中，有一個很簡單而且已經被廣泛接受的式子，是去計算某事件的條件機率和依據模式的產生而獲得的條件機率間的距離度量。例如：模式：

IF A THEN B 的機率為 p

上述模式即可表示為條件機率 $p(B|A)$。對於該類模式興趣度經常使用的一個度量是 J-度量（J-measure），其定義為：

$$J(A \Rightarrow B) = p(A)\left[p(A|B)\log\frac{p(B|A)}{p(B)} + (1 - p(B|A)\log\frac{1 - p(B|A)}{1 - p(B)}\right]$$

其中 $p(A)$ 和 $p(B)$ 分別表示事件 A 和事件 B 發生的機率。J-度量計算公式可以用來計算那些在只知道機率 $p(B)$ 和知道條件機率 $p(B|A)$（對應為所發現的模式）的情況下，對於知識 B 的差異。

在 J-度量計算公式中，右邊第一項 $p(A)$ 表示規則適用的廣度，也即模式的覆蓋面。模式的適用性也是評價模式價值的一部分。很明顯，當 $p(A)$ 值越大時，模式的適應性越廣，則模式的價值也越大。

2.5 資料視覺化和知識管理

人類的眼睛和大腦具有強大的結構探測能力，因此，資料視覺化是一項重要的資料探勘技術。資料探勘的目的就是為了發現知識、利用知識，因此在某種程度上可以說，如果沒有有效的知識管理，資料探勘將毫無價值。

2.5.1 視覺化表示

隨著電腦軟體和硬體技術的發展，20 世紀 80 年代後期發展了一個新的研究領域——計算視覺化。資料視覺化技術指的是運用電腦圖形學和圖像處理技術，將資料轉換為圖形或圖像顯示出來，並進行交互處理的理論、方法和技術。D. A. Keim 定義資料探勘視覺化是去尋找和分析資料以找到潛在的有用資訊的過程。其中，「可視轉換」是指將某些不可見的或抽象的事物表示成為看得見的圖形或圖像等；「視覺化」是指使用電腦創建可視圖形或圖像等，從而幫助理解大量的複雜資料。

資料視覺化將各種分析結果轉化為有組織結構表示的視覺信號集合，如空間幾何形狀、顏色、亮度等，並以豐富的圖形、表格甚至動畫等直接、形象化地表現出來，便於使用者觀察和分析資料。目前常用的視覺化繪製方法有：幾何法、彩色法、多媒體法和光學法。

幾何法用折線、曲線等幾何線條表示數值的大小和規律性。這種方法的優點是直接、準確，但反映的資訊有侷限性。色彩法是用色彩或灰度來描述不同區域的數值的方法。由於人們對色彩的接受能力很強，根據人的視覺系統對彩色色度的感覺和亮度的敏感程度不同來描述資料特性，這種方法的主要優點是：直接、形象化。多媒體法通過圖形、圖像、聲音、動畫、視訊等多種媒體共同表示資料探勘的過程和結果。光學法將資料集映射到一個具有透明性、散射性或自發光性的系統，通過該系統在一定的光照環境下，呈現各種不同的亮斑、顏色等照明特性，反映資料的整體資訊和內部資訊。

資料探勘需要使用者參與指導探勘過程，因此使用者和資料探勘工具之間必須互動。資料探勘過程中的視覺化方法，讓使用者能夠理解知識發現的過程，也便於在知識發現的過程中進行人機互動。資料探勘的視覺化包括以下內容：

- **資料的視覺化**：將資料的不同粒度或不同的抽象級別用多種視覺化方式進行描述。對被探勘的原始資料的視覺化有助於確定合適的模型進行資料探勘處理。
- **資料探勘結果的視覺化**：將資料探勘後得到的知識和結果用視覺化形式表示出來。知識表達、解釋和評估的視覺化有助於理解所獲得的知識並檢驗知識的真偽和實用性。
- **資料探勘過程的視覺化**：用視覺化形式描述各種探勘過程，使用者通過視覺化方式瞭解探勘資料的來源、資料的抽取過程、具體的探勘計算和推理過程等。

正如同空間物理學家 Wolff 指出的：視覺化不應是一種科學分析過程的最終結果，應當是分析過程本身。視覺化技術必須融入到資料探勘的每一個步驟：從資料選擇、資料預先處理、資料探勘到分析評估，使使用者可以直接地看到資料處理的全部過程，監測並控制資料探勘的整個過程。資料探勘過程的視覺化不僅有助於資料探勘結果的表示，而且有助於資料探勘本身的實施。

資料探勘視覺化的問題在於模型可能有很多維度或變數，但是我們只能在二維的螢幕或紙上表示。因此，視覺化工具必須用比較巧妙的方法在二維空間內展示 n 維空間的資料，例如：把資料庫中的多維資料變成多種圖形，對於不同維度的組合，生成不同的圖形顯示。此外，對於被探勘的資料和探勘的結果可以進行不同級別和不同粒度上的顯示。目前流行的視覺化技術有以下幾種：

- **面向圖元技術**：面向圖元技術的基本思想是將每個資料值映射到一個有色的圖元上，並將屬於某個屬性的資料值表示在一個獨立的視窗中。
- **幾何投影技術**：幾何投影技術的目的是在多維資料集中找到「有意義」的投影，是一種平行座標軸視覺化技術，該技術使用相互平行而且等距的座標軸將多維空間映射成兩維顯示。
- **基於圖示技術**：基於圖示技術將一個多級資料項目映射成一個圖示，是一種條狀圖技術。在該技術中，用兩個維度來進行座標顯示，而剩下的維度則被映射成條狀圖示的角度或條狀圖示的長度。
- **層次技術**：層次技術對多維空間進行細分，然後以一種層次的形式表示這些子空間。

視覺化資料分析技術拓寬了傳統的圖表功能，讓使用者更直接地查看資料探勘的結果，這對揭示資料的狀況、內在本質及規律性具有很大的作用。視覺化技術將人的觀察力和智慧融入知識發現系統，可以提高使用者對資料和所發現的知識的理解，改善系統的探勘速度和深度，從而有利於獲取有用的新知識。

2.5.2 知識管理

資料探勘的目的是為了應用，因此我們需要將資料探勘中發現的知識整合到業務系統中，即使它是利用資料探勘得到的知識，也需要進行分析，在採取任何行動之前一定要經過分析，否則可能不能收到預期的效果。例如：在超市架上的擺放策略上，按照發現的關聯規則把相關性很強的物品放在一起，反而可能會使整個超市的銷售量下降。因為顧客如果可以很容易地找到他要買的商品，可能就不會再買那些本來不在購買計畫上的商品。

對於資料探勘系統生成並已通過驗證和確認的知識，必須進行有效的管理，以便知識的共用和利用，這也是資料探勘的目的，然而從不同的角度對知識管理會有不同的理解。管理學大師 Daniel E. O'Leary 從實現知識管理過程的角度對知識管理給出下列定義：

知識管理是將組織可得到的各種來源的資訊轉化為知識，並將知識與人聯繫起來的過程。知識管理系統是實現知識管理的平台，負責完成資訊到知識的轉化、知識的組織與分發。

在確認資料探勘的結果後，必須將所得到的知識合併到業務資訊系統的組織結構中去，並在業務系統中進一步驗證這些知識，在知識合併的過程中，可能需要用預先、可信的知識檢查和解決知識中可能的矛盾。

將知識合併到業務系統後，還需要對這些知識進行日常的監測和維護。企業可獲取的知識是多方位的，但並不是所有的知識都能夠或應該獲取。由於知識的時效性和不確定性，許多時候更多的資訊並不能帶來競爭優勢。知識管理系統需要根據企業的需求提供對知識及其使用的測量和評價，鑑定哪些是企業所需要的知識，建立由應用到知識的回饋。

關聯規則

若兩個或多個變數的取值之間存在某種規律性，就稱為關聯（Association）。關聯規則是尋找在同一個事件中出現的不同項的相關性，比如在一次購買活動中所購買不同商品的相關性。關聯分析，即利用關聯規則進行資料探勘。

關聯規則是形式如下的一種規則，「在購買電腦的顧客中，有30%的人也同時購買了印表機」。從大量的商務事務記錄中發現潛在的關聯關係，可以幫助人們做出正確的商務決策。

3.1 概述

在資料探勘研究領域，對於關聯分析的研究發展比較深入，人們提出了多種關聯規則的探勘演算法，如 APRIORI、FP-增長演算法等。關聯分析的目的是探勘隱藏在資料間的相互關係，自動探測以前未發現的、隱藏著的模式。

3.1.1 啤酒和尿布問題

反映一個事件和其他事件之間依賴或關聯的知識。如果兩項或多項屬性之間存在關聯，那麼其中一項的屬性值就可以依據其他屬性值進行預測。在商業應用中採用關聯分析最典型的例子，就是一家連鎖店通過資料探勘發現了小孩尿布和啤酒之間有著內在的聯繫，即「啤酒與尿布」的故事。在美國，一些年輕的父親下班後經常要到超市去買嬰兒尿布，超市也因此發現了一個規律，在購買嬰兒尿布的年輕父親中，有 30%～40%的人同時要買一些啤酒。超市隨後調整了貨架的擺放，把尿布和啤酒放在一起，明顯增加了銷售額。

此類關聯分析在零售業如超市等得到廣泛應用，企業可以獲得注目產品間的關聯，或者產品類別和購買這些類別的產品的顧客的統計資訊之間的關聯規則。因此，關聯分析又稱購物籃分析，在銷售配貨、商店商品的陳列設計、超市購物路線設計、產品定價和促銷等方面得到廣泛應用。

3.1.2 基本概念

資料庫中，關聯規則的探勘形式可定義為：

設 $I=\{i_1, i_2, \cdots, i_m\}$ 是所有專案的集合，即資料庫中的所有欄位；D 是所有事件的集合，即資料庫；每個事件 T 是一些專案的集合，T 包含在 I 中，每個事件可以用唯一的識別字 TID 來表示。設 X 為某些專案的集合，如果 $X \subseteq T$，則稱事件 T 包含 X。則關聯規則表示為：

$$_{(X\subset T)}X \Rightarrow {}_{(Y\subset T)}Y \tag{3.1}$$

其中，$X \subset I$，$Y \subset I$，$X \cap Y = \phi$。

關聯模型主要描述了一組資料專案的密切度或關係。關聯可分為簡單關聯、時序關聯、因果關聯。關係或規則總是用一些最小可信度級別來描述的。可信度級別度量了關聯規則的強度。按關聯規則中所處理的值的類型分類，關聯規則可分為布林關聯規則和量化關聯規則。

3.2 關聯規則

關聯規則（Association Rule）的探勘可以發現大量資料中資料項目集之間有趣的關聯。關聯規則可記為$A \Rightarrow B$，A稱為前提或左半部，B稱為後續或右半部。如關聯規則「買釘書機的人同時會買釘書針」，左半部是「買釘書機」，右半部是「買釘書針」。更具普遍性地，則可表示關聯規則為：

$$A_1 \wedge A_2 \wedge \cdots \wedge A_n \Rightarrow B_1 \wedge B_2 \wedge \cdots \wedge B_m \quad (3.2)$$

3.2.1 概念分層

概念描述就是對某類型物件的內涵進行描述，並概括這類型物件的有關特徵。概念描述分為特徵性描述和區別性描述。特徵性描述用來描述某類型的物件，描述出該物件的特有的特徵，利用這種特徵描述能夠將該類型物件和所有其他類型的物件做區別。區別性描述著重在描述該類型物件與其他物件互相區別的屬性。某個類型的特徵性描述只涉及該類型物件中所有物件的共同點。產生區別性描述的方法有很多，例如：決策樹、遺傳演算法等。

概念可以分層。資料通常包含原始概念層上的詳細資訊。若將一個資料集合歸納成高概念層次的資料探勘技術，就被稱為概念分層。資料的屬性按照分類方式來進行抽象，形成概念層次的結構，例如：時間單位年、季、月、週和日等，另外，例如：物品、商品、電器、電視機、彩色電視機形成的概念層次。概念層次的形式定義如下：

一個概念層次H是一個偏序集（$h, \prec$），其中h是一個有限的概念集，$\prec$是h上的一個偏序。

概念層次由於能夠以層次的形式和偏序的關係來組織資料和概念，能夠用易於理解的高層概念來表示資料庫中資料之間的關係。分類的層次關係構成了由下往上的一般化（或稱做概化，就是 Generalization）和由上往下的特殊化（或稱做特化，就是 Specification）。資料概化就是提取資料集合中使用者指定的資料集合的一般特性。資料分類的層次是表示背景知識的有效方法，基於概化項的關聯規則表示，通常易於理解和使用。不僅在關聯規則中應用到概念分層方法，概念分層方法在其他資料分析技術（例如：決策樹等）中都有相關的應用。

概念層次結構通常使用概念樹來表示，概念樹是根據概念所延伸的包含關係來定義的。樹的節點表示概念，樹枝表示偏序，由父節點到子節點的關係為偏序。概念樹一般由領域專家來提供，它將各個層次的概念按照由一般（General）到特殊（Specific）的順序來排列，在模式級明顯地說明屬性的部分順序或全部順序，從而獲得概念的分層；另一種方法是只說明屬性集，但不說明它們的偏序，由系統根據每個屬性的不同值的個數產生屬性順序，自動構造有意義的概念分層。基於概念樹的人工定義和自動生成這兩種方法之間還有另一種方法，就是半自動生成，亦即綜合這兩種方法。

在概念樹中，高層次的概念包含低層次的概念，低層次概念可以看做是高層次概念的取值，用高層次的概念代替低層次概念的過程，叫做概念的提升。所有知識都可以在不同的概念層次上被發現，用概念提升的方法可以大大濃縮資料庫中的記錄，對多個屬性欄位的概念樹進行提升，可以得到高度概括的規則。隨著概念層次的提升，從微觀到中觀、再到宏觀，以滿足不同用戶不同層次決策的需要。在實際應用中，往往會出現一個屬性值或概念屬於多個高層概念的情況，在這種情況下，則需要使用泛樹結構來表示相對應的概念層次。

概念分層將資料庫中的相關資料由低層次概念抽象到高層次概念，主要有資料立方體和面向屬性兩種方法。

面向屬性法經由提升概念，來實現對某一屬性概念的泛化，在泛化概念的基礎上，通過歸納技術獲取知識。基於概念樹的資料預先處理方法是一種歸納方法，是資料庫中合併的處理過程，其基本思路如下：首先，一個較具體的屬性值會被在概念樹中該屬性的父概念所代替。然後對相同元素進行合併，構成更宏觀的元素（稱為宏觀元素），並計算宏觀元素所覆蓋的元素數目（權重），如果生成的巨集元素數目仍然很大，那麼用概念樹中該屬性的父概念來代替或者根據另一個屬性來提升概念樹，最後生成覆蓋面更廣、數量更少的宏觀元素組合。

普通的面向屬性方法在歸納屬性的選擇上有一定的盲點。在歸納的過程中，當可以選擇的可歸納屬性有多個以上時，通常會隨機選取任何一個來進行歸納。事實上，不同的屬性歸納順序獲得的結果知識可能是不同的，根據資訊理論最大熵的概念，應該選用一個資訊丟失會最小的歸約次序。

資料立方體的定義為：一個 n 維資料立方體 $C[A_1, A_2, \cdots, A_n]$就是一個 n 維資料庫，其中：

⑴$A_1, A_2, \cdots, A_n$是維數。

⑵每一維 A_i和 A_j都表示關係的一個屬性，共有$|A_i|+1$ 行，$|A_i|$是 A_i維中不同值的個數，前$|A_i|$行是資料行，A_i的每一個不同值占一個行，最後一行就是總合（sum），用於存放上面所有行上計數列（count）的總和。

⑶資料單元 $C\,[a_{1,i_1}, a_{2,i_2}, \cdots, a_{n,i_n}]$存放那些已泛化關係元素的個數 count，即 $r(A_1 = a_{1,i_1}, A_2 = a_{2,i_2}, \cdots, A_n = a_{n,i_n}, \text{count})$。

⑷ sum 單元 $C[\text{sum}, a_{2,i_2}, \cdots, a_{n,i_n}]$中的 sum 常用*或關鍵字 all 表示，$\text{sum}_1$ 表示從第 2 列到第 n 列中具有相同值的泛化元素的 count 的總合，$r(*, A_2 = a_{2,i_2}, \cdots, A_n = a_{n,i_n}, \text{sum}_1)$。

⑸概念上，把資料立方體當作按照不同種類單元劃分的多維空間。n-維空間是由所有資料單元組成（列中沒有*），$(n-1)$-維空間由列中帶有一個*的所有單元組成，依次類推，1-維空間由列中帶有（$n-1$）個*號的單元組成，即$r(*, *, A_n = a_{n,i_n}, \text{sum}_{n-1})$；最後，0-維空間由 n 個*號的一個單元組成，就是$r(*, *, \cdots, *, \text{sum}_n)$。的定義所說的，可以根據泛化關係建構出資料立方體。

資料探勘中，發現涉及高層次概念的模式，比低層次概念的模式多出許多優點：首先，高層次規則能提供資料更清晰的概括性描述。一般來說，資料探勘系統以低層次形式的資訊產生資料庫的概要描述，高層次規則可認為是低層次規則的概括描述。當可能會產生許多形式和內容相似的低層次規則時，高層次規則的提取就特別有用。其次，高層次提取的規則數量少於低層次的資料探勘，假定使用相似的搜索策略。低層次概念一般化（Generalization）成高層次概念，從而可以得到較少的規則，同樣地，內容和形式相似的低層次規則將被單個高層次規則所代替。最後，這些發現可在不同層次上泛化及對某個屬性的抽象，多層次泛化的資料可以探勘出更有意義的結果，揭示更一般的概念。

3.2.2 興趣度

有時並不知道資料庫中資料的關聯關係，即使知道也是不確定的，因此關聯分析產生的規則有可信度。而且，我們希望這些規則是有用的，而不是一種偶然現象，因此對於規則的普遍性也需要有一個確切的度量。如果某集合滿足一定的可信度，同時也具有一定普遍性的規則，就可讓人對這規則產生興趣，通常使用支持度和可信度這兩個術語表示規則的興趣度。

支持度（support）s 表示事務在規則中出現的頻率。關聯規則 $X \Rightarrow Y$ 的支持度 s 定義為：

$$s_{X \Rightarrow Y} = \frac{|T(X \cup Y)|}{|T|} \tag{3.3}$$

其中，$|T(X \cup Y)|$資料集中包含 $X \cup Y$ 的事務數；$|T|$表示資料集中的事務總數。

可信度（confidence）c 表示關聯規則 $X \Rightarrow Y$ 的強度，可定義為：

$$c_{X \Rightarrow Y} = \frac{|T(X \cup Y)|}{|T(X)|} \tag{3.4}$$

其中，$|T(X \cup Y)|$資料集中包含 $X \cup Y$ 的事務數；$|T(X)|$表示資料集中包含 X 的事務數。

關聯規則 $X \Rightarrow Y$ 的可信度 $c_{X \Rightarrow Y}$，表示在 X 給定的情況下關於 Y 的條件機率，即：

$$c_{X \Rightarrow Y} = p(Y|X) \tag{3.5}$$

3.2.3 資料庫中關聯規則的發現

關聯規則的探勘就是去發現符合使用者指定的最小支持度和最小可信度的關聯規則。如果可信度值太低，就是代表規則的可信程度差；如果支持度太低，就代表規則不具有一般性。對於這類規則，資料探勘將其稱為「不感興趣的」，資料探勘的目的在於找出那些可信的並且有代表性的規則。最小支持度 $_{min}s$ 和最小可信度 $_{min}c$ 指定了支持度和可信度的閾值。它們分別規定了關聯規則成立必須達到的可信度與支持率，即：

$$X \Rightarrow Y \Leftrightarrow (s_{(X \Rightarrow Y)} \geq {}_{min}s) \wedge (c_{(X \Rightarrow Y)} \geq {}_{min}c) \quad (3.6)$$

關聯規則發現任務是：給定一個事務資料庫 D，求出所有滿足最小支持度 $_{min}s$ 和最小可信度 $_{min}c$ 的關聯規則。這種問題可以分解為兩個子問題：(1)求出 D 中滿足最小支持度 $_{min}s$ 的所有項目集；(2)檢測滿足最小支持度的專案集合是否滿足最小可信度，並產生相對應的關聯規則。

雖然，關聯規則有支持度和可信度等興趣度指標的度量，但關聯規則可能既包含因果關聯關係，又包含隨機關聯關係，甚至是負相關關係。例如：超市通過關聯規則探勘發現購買牛奶的顧客 40%為男性，即發現關聯規則：

Gender (male)⇒Buy (milk)

如超市顧客中，男性的性別比例占 40%，則該規則似乎只是隨機關聯規則，不能帶來任何新的知識。

又例如：假設某市場調查機構通過關聯規則探勘發現台北市學習優異的中學生早晨 60%吃粥，於是得出這樣的關聯規則：

吃（粥）→成績（優異）

但也許實際情況是台北 70%的學生早晨吃粥，則吃粥和成績優異之間呈負相關。

通過上述的例子可以看到，判斷關聯規則的真正意義不能只憑支持度和可信度考量，而應全面考察整個資料集。因此，後來就提出了一些其他方法，如卡方統計或相關分析。這些方法的核心思想是測量資料項目間的相關性。卡方統計 χ^2 計算公式如下：

$$\chi^2(A, B) = \frac{[p(A)*p(B) - p(A \cup B)]^2}{P(A)*P(B)} \quad (3.7)$$

若卡方統計$\chi^2(A, B)$為零，則說明資料項目 A 和資料項目 B 之間不存在依賴關係，即資料項目 A 和資料項目 B 相互獨立，否則說明資料項目間是相互依賴的。相關度計算則更明確地表明這種依賴關係是相互成長還是相互制約。相關度計算公式如下：

$$\operatorname{corr}(A, B) = \frac{p(A \cup B)}{p(A)^* p(B)} \quad (3.8)$$

corr(A, B)等於 1，則說明資料項目 A 與資料項目 B 相互獨立；若 corr(A, B)大於 1，則說明資料項目 A 與資料項目 B 間正相關；若 corr(A, B)小於 1，則說明資料項目 A 與資料項目 B 間負相關。

3.3 關聯規則學習的 Apriori 演算法

最為著名的關聯規則建立方法是 R. Agrawal 提出的 Apriori 演算法。關聯規則的建立可分為兩步驟：第一步是選擇識別所有的頻繁專案集合，要求頻繁專案集合的支持率不能低於使用者設定的最低值；第二步是從頻繁項目集合中建立可信度不能低於使用者設定的最低值的規則。識別或發現所有頻繁專案集合是關聯規則建立演算法的核心，也是計算量最大的部分。

若資料集合中的屬性都是布林值（Boolean），則此資料集合中探勘的關聯規則都是布林關聯規則。Apriori 演算法是探勘布林關聯規則的典型演算法。布林關聯規則探勘演算法是最典型的一種關聯規則探勘演算法，許多其他的關聯規則探勘演算法都基於布林關聯規則探勘演算法，而且許多其他屬性資料的關聯關係探勘都可以轉化為布林關聯規則探勘。例如：表 3-1 是一張關於人員年齡和收入資訊的資料表，期望探勘出年齡和收入間的關聯關係。

在表 3-1 中，探勘某一個具體的年齡和一個具體的收入間的關聯關係，由於屬性取值的多樣性，通常很難滿足最小支持度和最小可信度等興趣度閾值指標，而且就如關聯規則 Age(42)⇒Salary(4513)之類的表達，顯然是沒有多大意義的，更多的情況是我們會去期望發現年齡區段和收入範圍間的關係。因此，可將數量屬性的值劃分成若干區間，按照區間的劃分將一個數量屬性分解為若干個布林屬性，如將年齡按區間[20, 29)、[30, 39)、[40, 49)、[50, 59)，收入按區間[1000, 2000)、[2000, 3000)、[3000, 4000)、[4000, 5000)等進行劃分，因此表 3-1 可轉換為具有布林屬性值的表 3-2 所示。

表 3-1　人員年齡和收入資訊表

TID	年齡（Age）	收入（Salary）
1	35	3200
2	43	4600
3	56	3700
4	24	2100
⋮	⋮	⋮
n	47	4300

表 3-2　轉換後的布林屬性值表

TID	年齡 [20, 29)	年齡 [30, 39)	年齡 [40, 49)	年齡 [50, 59)	收入 [1000, 2000)	收入 [2000, 3000)	收入 [3000, 3000)	收入 [4000, 4000)
1	0	1	0	0	0	0	1	0
2	0	0	1	0	0	0	0	1
3	0	0	0	1	0	0	1	0
4	1	0	0	0	1	0	0	0
⋮	⋮	⋮	⋮	⋮	⋮	⋮	⋮	⋮
n	0	0	1	0	0	0	0	1

表 3-2 中，屬性值都是布林值，因此可以使用布林關聯規則探勘演算法進行探勘。

3.3.1 使用候選項集找頻繁項集

探勘關聯規則首先需要發現資料集合中所有大於、等於使用者指定的最小支持度的專案集合。具有最小支持度的項目集合稱為頻繁項目集或頻繁項集。例如：包含資料項目 A 的事務數占總事務數的比例大於最小支持度，則稱 $\{A\}$ 為頻繁項集，即

$$\frac{|T(A)|}{|T|} \geq {}_{\min}S \qquad (3.9)$$

同樣地，如果包含資料項目 A 和 B 的事務數占總事務數的比例大於最小支持度，則稱 $\{A, B\}$ 為頻繁項集。通常稱 A 為 1-項集，$\{A, B\}$ 為 2-項集，因為 A 包含一個資料項目，$\{A, B\}$ 中包含兩個資料項目，又因為 A 和 $\{A, B\}$ 是頻繁項集，所以 A 和 $\{A, B\}$ 又分別稱頻繁 1-項集和頻繁 2-項集。具有 k 個資料項目的 k-項集的集合記為 C_k。如果頻繁

項集中包含k個資料項目，則稱該頻繁項集為頻繁k-項集，記為L_k。

因為具有n個資料項目的不同的項集數為$C_n^1+C_n^2+\cdots C_n^n=2^n-1$，而且資料探勘處理的資料經常是大量資料，因此對所有的項集進行支持度的計算是沒有效率的、不現實的。Apriori演算法利用頻繁$(k-1)$-項集尋找頻繁k-項集，大大提高了頻繁集的發現效率。

如果c是一個頻繁項集，則c的任意一個非空子集（subset）也是頻繁項集。反之，若c項集的任一非空子集不是頻繁項集，則c不是頻繁項集。頻繁項集的這種性質稱為 Apriori 性質，該性質屬於反單調性。所謂反單調性，是指如果一個集合不能通過測試，則它的所有超集合（superset）都不能通過相同的測試。利用 Apriori 性質在發現頻繁k-項集時，可以避免生成大量的不必要的k-項集。

3.3.2 由頻繁項集產生關聯規則

對每一個頻繁項集F，計算F的所有非空子集F'，可得：

$$\begin{aligned} c_{F'\Rightarrow(F-F')} &= \frac{|T(F')|}{|T(F)|} \\ &= \frac{|T(F')|}{|T|} \Big/ \frac{|T(F)|}{|T|} \\ &= \frac{s(F')}{s(F)} \end{aligned} \qquad (3.10)$$

如果$c_{F'\Rightarrow(F-F')}$大於或等於使用者定義的最小可信度，則可生成關聯規則：

$$F'\Rightarrow(F-F') \qquad (3.11)$$

3.4 探勘關聯規則的多策略方法

3.4.1 多層關聯規則

由於多維資料空間資料的稀疏性，較低層次資料項目間的關聯關係通常很難滿足使用者預設的支持度閾值。即使資料項目間的關聯關係滿足支持度和可信度閾值，但在較低概念層中很難發現真正有用的關聯規則。例如：「青島啤酒」和「幫寶適尿布」之間的關聯規則，可能對指導促銷活動沒有什麼具體意義，但在較高的概念層中探勘出的關聯規則，則很有可能具有真正的現實意義，如啤酒和尿布之間的關聯關係。這種涉及多個概念層的關聯規則稱為多層關聯規則，相對應的探勘演算法則稱為多層關聯規則的探勘演算法。

概念分層用在對資料進行聚合的動作上。一個概念分層定義一個映射序列，它將低層概念映射到上一層概念，是模式中屬性的全序或偏序排列。

從前面章節所述可知，探勘關聯規則的演算法的工作主要集中在如何有效地發現資料頻繁項集。而發現多層關聯規則的頻繁項，則是一個更複雜的任務。因為在多層關聯規則的探勘中，資料項目間的關係不僅僅是簡單的並置關係，而是形成一個有向無環圖集。例如：學校超市試圖探勘顧客身分和所購買飲料間的關聯關係。顧客身分和飲料都存在概念層次結構，如圖 3-1 和圖 3-2 所示。

假設 $I=\{i_1, i_2,\cdots, i_m\}$ 是一個資料項目集，S 是作用在 I 上的一個有向非迴圈圖，S 的一個邊表示隸屬關係，用 S 表示一個分類集。在 S 中有一條邊從 p 到 c，稱 p 為 c 的父節點（Parent），c 為 p 的子節點（Child）。在 S 的傳遞閉包中有一條邊從 $\tilde{x}\rightarrow x$，稱 $\tilde{x}$ 為 x 的祖先，x 為 $\tilde{x}$ 的子孫。D 是一個事務集，每條事務 T 對應一個資料項目集，即 $T\subseteq I$。多層關聯規則是形如 $X\Rightarrow Y$ 的蘊含式，其中 $X\subset I$，$Y\subset I$，$X\cap Y=\phi$ 且在 Y 中不存在是 X 中資料項目的祖先的資料項目。事務集 D 中的規則 $X\Rightarrow Y$ 由可信度 c 和支持度 s 來約束。

在 Y 中不存在 X 中資料項目的祖先的原因是：形式如 $x\Rightarrow\tilde{x}$ 的規則具有 100%的可信度，因而是多餘的。在多層關聯規則 $X\Rightarrow Y$ 中，X 和 Y 含有的資料項目可以來自下圖中的任何概念層。

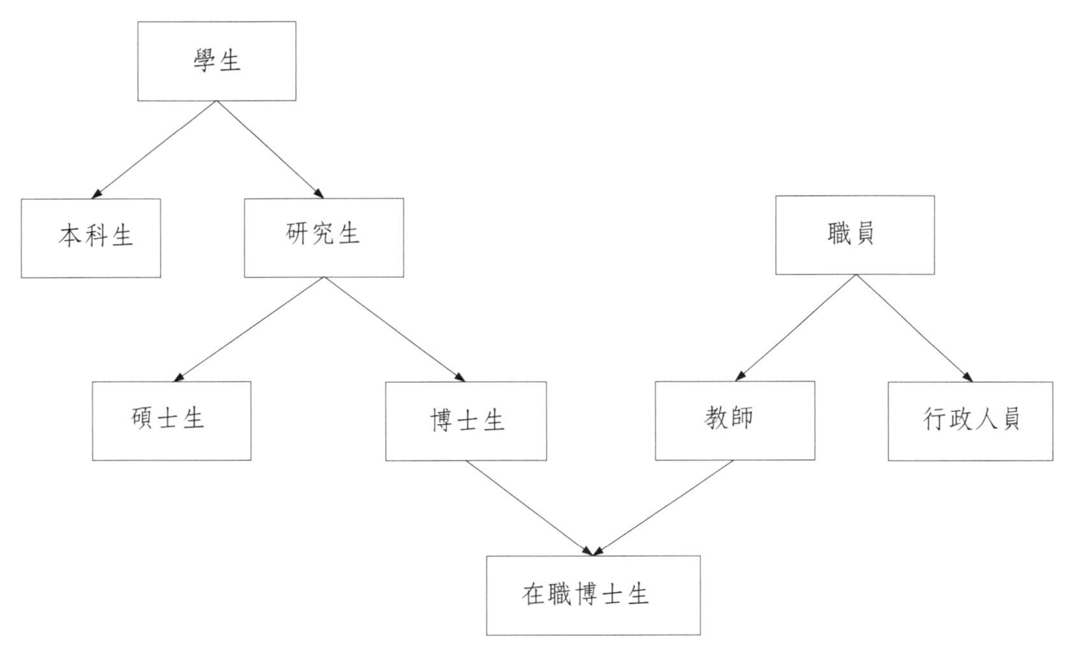

圖 3-1　人員概念層次範例

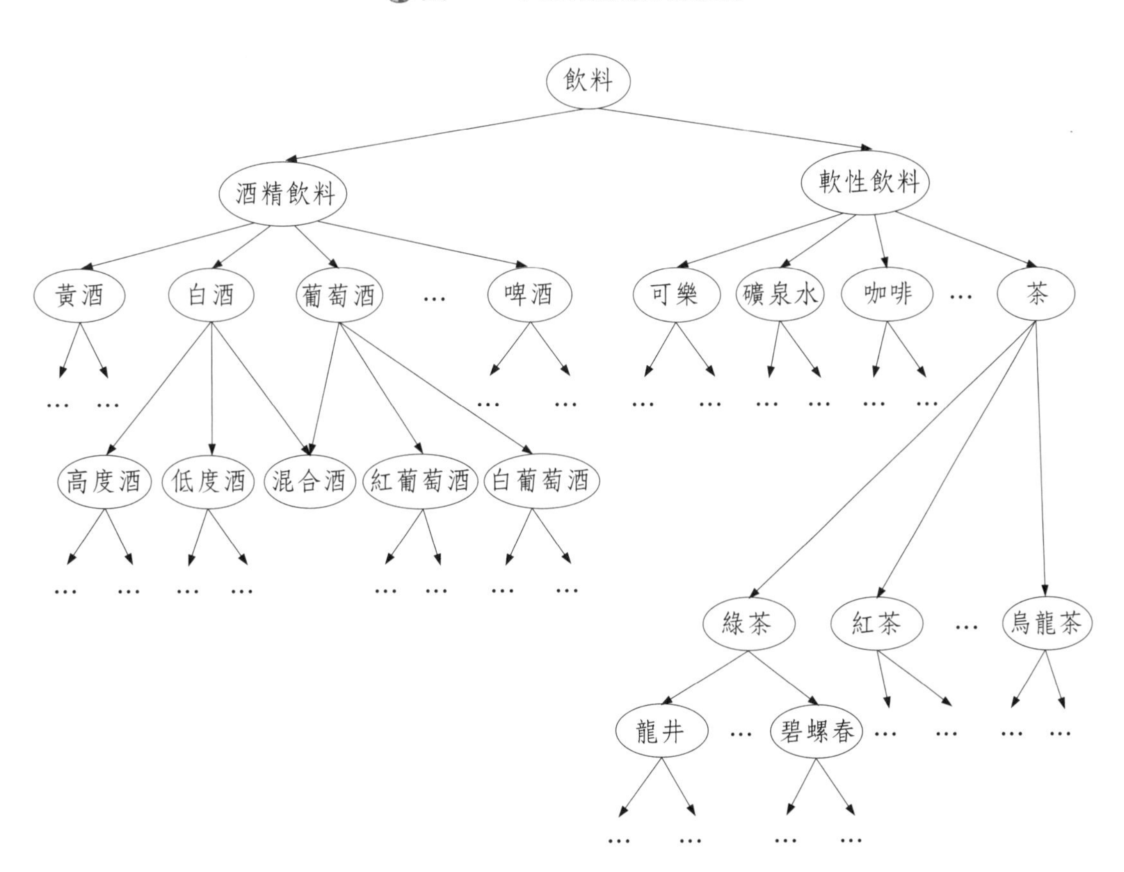

圖 3-2　飲料概念層次範例

在既定的多層概念上，探勘多層關聯規則演算法有別於基本的關聯規則探勘演算法。在資料集合中含有一個資料項目的交易數，一般而言不等於含有該資料項目的子節點的交易數之和，因為在一條交易中有可能同時含有該資料項目的幾個子節點。這樣一來，在多層概念中就不能直接從由資料項目為葉節點產生的規則導出有關處於較高層的資料項目的規則。

概念分層可以用來歸納資料，透過這種簡化儘管細節丟失了，但簡化後的資料更有意義、更容易理解，並且所需的空間比原資料少。對於數值屬性，由於資料的可能取值範圍的多樣性和資料值的頻繁更新，都說明了概念分層是困難的。數值屬性的概念分層可以根據資料的分布、分析，自動地建立，如用分箱、直方圖分析、聚類分析、基於熵的離散化和自然劃分分段等技術生成數值概念分層。

3.4.2 多維關聯規則

涉及兩個或兩個以上的動詞（維度）的關聯規則，稱為多維關聯規則。在資料倉儲中的記錄、儲存可能是多維的。例如：超市購物客戶的資訊可能包括身分、性別、收入、所購物品等。可將記錄中的每個屬性或資料倉儲的每個維度看做一個動詞，如資料探勘中發現的：

identity（*X*,「年輕的爸爸」）∧ buy（*X*,「尿布」）→buy（*X*,「啤酒」）

該規則中，包含兩個動詞 identity 和 buy（購買），所以是一個多維關聯規則。

CHAPTER 4

決策樹

4.1 什麼是決策樹

決策樹（Decision Tree）也稱為判定樹。在決策樹方法中，首先從實例集合中建立決策樹，這是一種有指導的學習方法。該方法會先根據訓練集合的資料形成決策樹。如果該樹不能對所有物件給出正確的分類，那麼就選擇一些例外加到訓練集合的資料中，重複這樣的過程一直到形成正確的決策集合為止。決策樹代表著決策集合的樹形結構。最終結果是一棵樹，葉節點（Leave node）是分類名，中間節點是帶有分支的屬性，該分支對應該屬性的某一可能值。

4.2 決策樹的原理

決策樹建立方法首先會對資料進行處理，利用歸納演算法生成可讀的規則和決策樹，然後使用決策對新資料進行分析。本質上，決策樹是通過一系列的規則來對資料進行分類的過程。

4.2.1 歸納學習

歸納演算法是決策樹技術中發現資料的模式和規則的核心。歸納是從特殊（Specification）到一般（Generalization）的過程。歸納推理從若干個事實的特徵、特性或屬性中，通過比較、總結、概括而得出一個規律性的結論。歸納推理會試圖從物件的一部分或整體的特定觀察中得到一個完備且正確的描述，就是從特殊事實得出普遍規律性的結論。歸納對於認識的發展與完善具有重要的意義，人類知識的增長主要來自於歸納學習。

歸納學習的過程就是尋找一般化描述（歸納斷言）的過程。這種一般化描述能夠解釋給定的輸入資料，並可以用來預測新的資料。歸納學習由於依賴於經驗資料，因此又稱做經驗學習。歸納學習存在一個基本假設：任一假設如果能在夠大的訓練樣本集合中儘量地逼近目標函數，則它也能在未知樣本中儘量地逼近目標函數。這個假設是歸納學習的有效性的前提條件。

歸納過程就是在描述空間中進行搜索的過程。歸納可分為由下而上、由上而下和雙向搜索三種方式。由下而上的方法一次處理一個輸入物件，將描述逐步達到一般化，直到最終的一般化描述。由上而下的方法則對可能的一般化描述集合進行搜索，試圖找到一些滿足一定要求的最佳描述。

由於屬性間存在相關性和多項性，生成的決策樹會有子樹複製的問題。複製現象導致決策樹不易理解，同時還導致碎片問題，當樹的規模很大的時候，會造成資料集合的劃分越來越小，造成預測能力變差。解決子樹複製和碎片問題的方法主要是採取特徵構造。特徵構造一般計算複雜度較高，為了降低特徵構造的代價，必須先選取重要的特徵（或去除不相關的特徵）形成最開始的相關特徵集合，然後在這個特徵集合的基礎上建構新的複雜特徵（初始相關特徵的各種組合）。

4.2.2 決策樹的表示

決策樹的基本組成部分有：決策節點、分支和葉節點。決策樹中最上面的節點稱為根節點（Root），是整個決策樹的開始。每個分支是一個新的決策節點，或者是樹的葉節點。每一個決策節點代表一個問題或決策，通常對應於等待分類物件中的屬性。每一個葉節點代表一種可能的分類結果。在沿著決策樹從上到下的過程中，在每個節點都會遇到一個測試，對每個節點上不同問題的測試結果將會導致不同的分支，最後會到達一個葉節點。這個過程就是利用決策樹進行分類的過程，利用若干個變數來判斷所屬的類別。

4.2.3 決策樹學習

利用資訊理論中的資訊增益理論尋找資料集中具有最大訊息量的欄位，建立決策樹的一個節點，再根據欄位的不同取值建立樹的分支，在每個分支子集中重複建構樹的下層節點和分支的過程，即可建立決策樹。

Hunt 提出的概念學習系統 CLS 是一種早期的決策樹學習演算法，它是許多決策樹學習演算法的基礎。CLS 演算法的基本想法是：從一棵空的決策樹開始，選擇某一屬性（分類屬性）作為測試屬性，該測試屬性對應決策樹中的決策節點，根據該屬性的值的不同，可將訓練樣本分成相對應的子集合，如果該子集合為空，或該子集合中的樣本屬於同一個分類，則該子集合就是葉節點，否則該子集合對應成決策樹的內部節點，就是測試節點，然後再選擇一個新的分類屬性對該子集合進行劃分，直到所有的子集合都為空或屬於同一個分類為止。

例如：假設有一組人，眼睛和頭髮的顏色及所屬的人種情況如表 4-1 所示。

表 4-1　一組人

人員	眼睛顏色	頭髮顏色	所屬人種
1	黑色	黑色	黃種人
2	藍色	金色	白種人
3	灰色	金色	白種人
4	藍色	紅色	白種人
5	灰色	紅色	白種人
6	黑色	金色	混血兒
7	灰色	黑色	混血兒
8	藍色	黑色	混血兒

如果要對上述一組人按照人種進行分類，人員屬性包括眼睛顏色、頭髮顏色和所屬人種，分別記為：A = {眼睛顏色，頭髮顏色，所屬人種}，其中 A_3 = {所屬人種}為分類結果屬性，分類屬性值集，也就是分類結果 R = {黃種人，白種人，混血人種}，測試屬性為{眼睛顏色，頭髮顏色}。

假設首先選擇{眼睛顏色}作為測試屬性，因為眼睛顏色屬性值 V_{A1}={黑色，藍色，灰色}，所以從該節點拉出三個分支，如圖 4-1 所示。

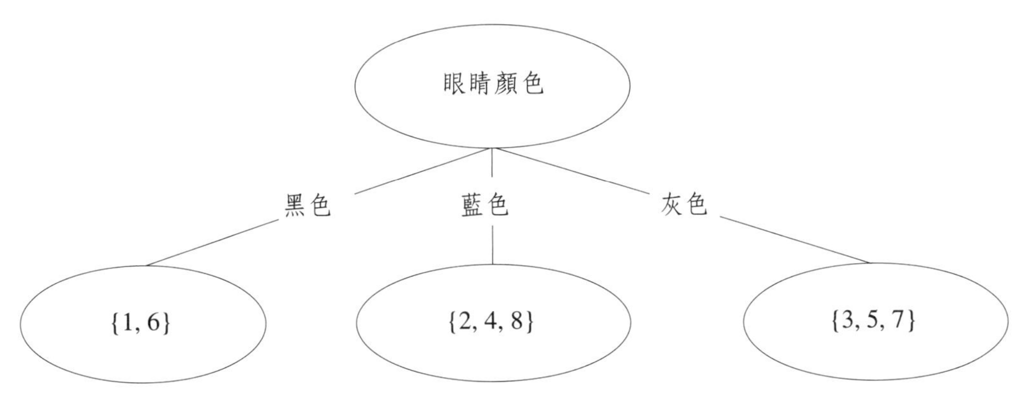

圖 4-1　選擇眼睛顏色作為決策屬性

這三個分支將樣本集分成三個子集{1，6}、{2，4，8}和{3，5，7}。因為這三個子集中的元素都不屬於同一個結果分類，因此它們都不是葉節點，所以需要繼續劃分，也就是需要添加新的測試節點。然後對這三個子集繼續添加新的測試節點{頭髮顏色}，因為頭髮顏色的屬性值 V_{A2} = {黑色，金色，紅色}，因此從子集中可以拉出新的三個分支，如圖 4-2 所示。

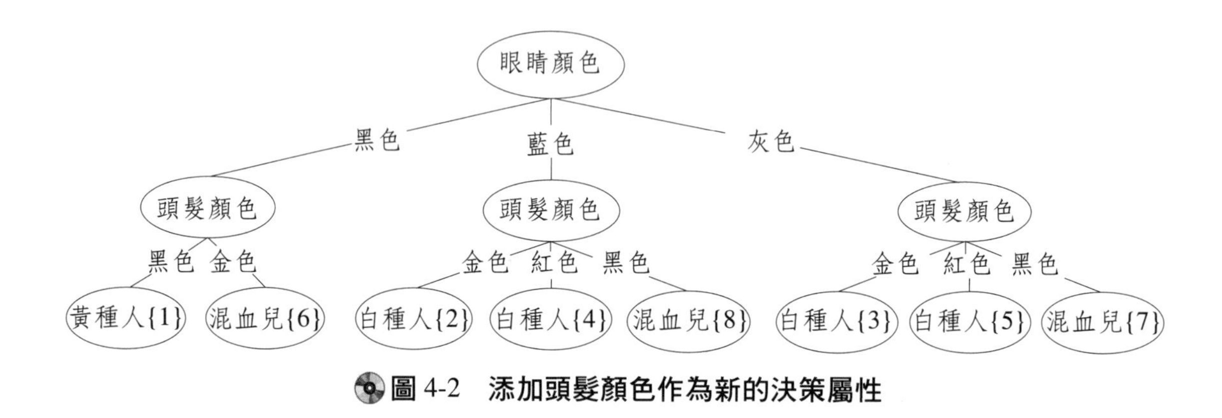

圖 4-2　添加頭髮顏色作為新的決策屬性

藉由增加節點逐步求精，直到生成一棵能正確分類訓練樣本的決策樹為止，學習演算法 CLS 可描述如下：

⑴生成一棵空決策樹和一張訓練樣本屬性表→
⑵若訓練樣本集 T 中的所有樣本都屬於同一類，則建立節點 T，並終止學習演算法；否則→
⑶根據某種策略從訓練樣本屬性表中選擇屬性 A 作為測試屬性，並建立測試節點 A→
⑷若 A 的取值為 $v_1, v_2, \cdots, v_m$，則根據 A 的取值的不同，將 T 劃分為 m 個子集 $T_1, T_2, \cdots, T_m$→
⑸從訓練樣本屬性表中刪除屬性 A→
⑹轉步驟⑵，對每一子集遞迴使用 CLS。

只要訓練樣本是可分的，也就是所有屬性完全相同的物件是屬於同一類，則演算法CLS是可結束的。因為在極端情況下，將所有屬性（不含分類結果屬性）都作為分類屬性，顯然最終所有的子集都會屬於同一個分類。

4.2.4 ID3 演算法

在CLS演算法步驟(3)中，根據某種策略從訓練樣本屬性表中選擇屬性 A 作為測試屬性，但CLS演算法並沒有規定採用何種測試屬性。然而，測試屬性集的組成以及測試屬性的先後都對決策樹的學習有著舉足輕重的影響，這裡舉一個特別的例子。

假設學校要調查學生的膳食結構和缺鈣情況的關係，所得到的調查資料如表 4-2 所示，其中 1 表示主要膳食包含食物，0 表示主要膳食不包含該食物。

表 4-2　學生膳食結構和缺鈣情況調查表

學生	雞肉	豬肉	牛肉	羊肉	魚肉	雞蛋	青菜	番茄	牛奶	健康狀況
1	0	1	1	0	1	0	1	0	1	不缺鈣
2	0	0	0	0	1	1	1	1	1	不缺鈣
3	1	1	1	1	1	0	1	0	0	缺鈣
4	1	1	0	0	1	1	0	0	1	不缺鈣
5	1	0	0	1	1	1	0	0	0	缺鈣
6	1	1	1	0	0	1	0	1	0	缺鈣
7	0	1	0	0	0	1	1	1	1	不缺鈣
8	0	1	0	0	1	1	1	1	1	缺鈣
9	0	1	0	0	0	1	1	1	1	不缺鈣
10	1	0	1	1	1	1	0	1	1	不缺鈣

對於不同的測試屬性及其先後順序將會生成不同的決策樹，試舉兩種進行對比，如圖 4-3 和圖 4-4 所示。

在上例中，顯然所產生的兩種決策樹的複雜性和分類意義相差很大。由此可見，在決策樹學習演算法中，測試屬性的選擇是一個重要的議題。Quinlan 設計的 ID3 方法是國際上最有影響和最為典型的決策樹學習方法。在 ID3 方法中，Quinlan 使用資訊增益度量的方式來選擇測試屬性。

當我們獲取資訊時，將不確定的內容轉為確定的內容，因此資訊伴隨著不確定性。從直覺上來講，機率小的事件比機率大的事件含有更多的訊息，如果某事「聞所未聞」或「百年不遇」，則肯定比「習以為常」的事藏有更多資訊，但如何測量這種資訊量的大小呢？根據Shannon於 1948 年提出的資訊理論，事件 a_i 的資訊量 $I(a_i)$可用

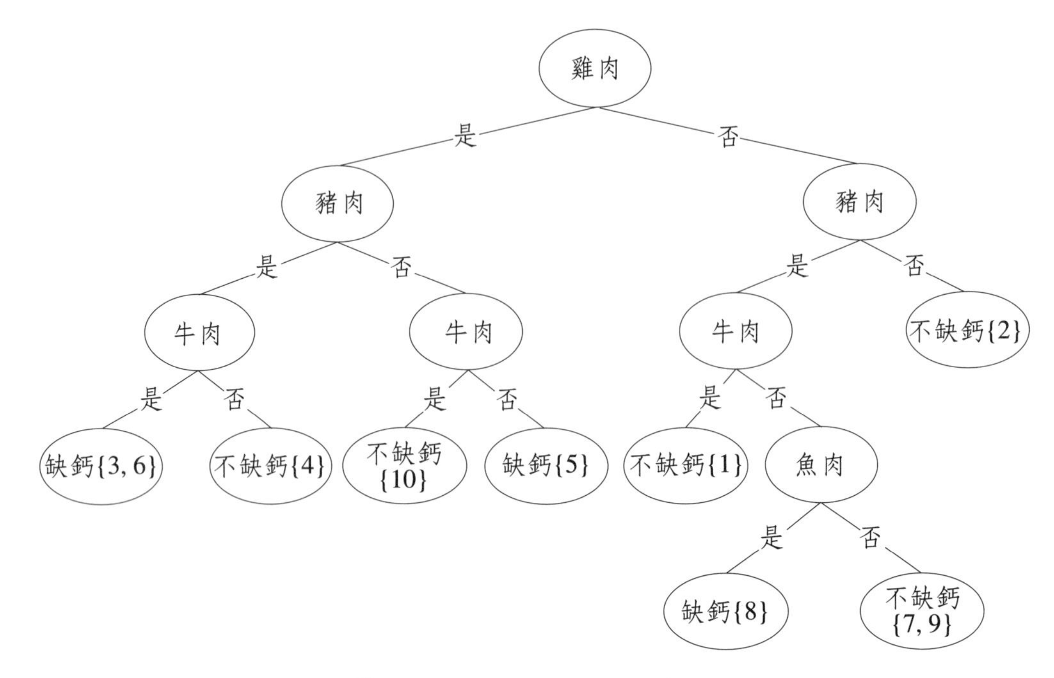

圖 4-3　生成的決策樹之一

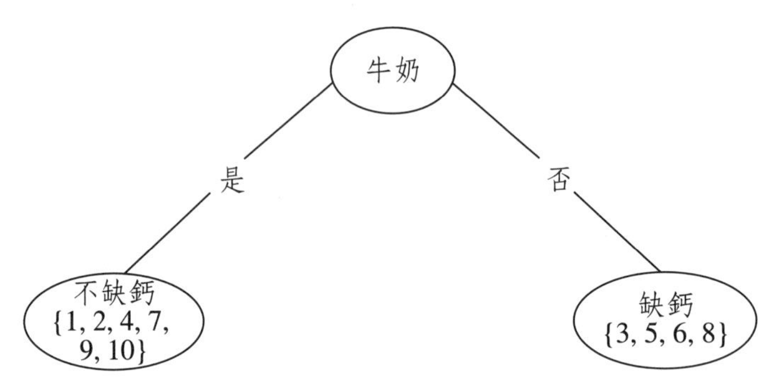

圖 4-4　生成的決策樹之二

以下方式測量：

$$I(a_i)=\log_2 \frac{1}{p(a_i)} \tag{4.1}$$

在上式中，$p(a_i)$表示事件 a_i 發生的機率。

假設有 n 個互不相容的事件 $a_1, a_2, \cdots, a_m$，它們中只有一個發生，則其平均資訊量如下：

$$I(a_1, a_2, \cdots, a_n) = \sum_{i=1}^{n} I(a_i) = \sum_{i=1}^{n} p(a_i)\log_2 \frac{1}{p(a_i)} \quad (4.2)$$

假設 A 是取有限個不同值 $a_1, a_2, \cdots, a_n$ 的變數，則其資訊量可通過其資訊熵度量，A 的資訊熵定義為：

$$E(A) = \sum_{i=1}^{n} p(a_i)\log_b \frac{1}{p(a_i)} \quad (4.3)$$

在上式中，對數底數 b 可為任何正數，不同的取值對應了熵的不同單位，但通常取 $b=2$；並規定當 $p(a_i)=0$， $p(a_i)\log_b \frac{1}{p(a_i)}=0$。

在決策樹分類中，假設 S 是訓練樣本集，$|S|$是訓練樣本數；樣本劃分為 n 個不同的類 $C_1, C_2, \cdots, C_n$，這些分類的大小分別記為$|C_1|, |C_2|, \cdots, |C_n|$，則任意樣本 S 屬於類 C_i 的機率為：

$$p(S_i) = \frac{|C_i|}{|S|} \quad (4.4)$$

根據算式（4.4），一個已知樣本分類的平均資訊熵為：

$$E(S|C_1, C_2, \cdots, C_n) = \sum_{i=1}^{n}\left(\frac{|C_i|}{|S|}\log_2 \frac{|S|}{|C_i|}\right) \quad (4.5)$$

算式（4.4）是取有限個值的隨機變數 A 的資訊熵定義。假設有兩個不是獨立的隨機變數 X 和 Y，X 和 Y 均取有限個值，則已知 $Y=y_j$ 的情況下，可定義 X 的條件熵為：

$$E(X|Y=y_i) = \sum_{i} p(x_i|y_j)\log_2 \frac{1}{p(x_i|y_j)} \quad (4.6)$$

其中，總和是針對 X 的所有取值。

已知 Y，則 X 的平均條件熵定義為：

$$
\begin{aligned}
E(X|Y) &= \sum_j p(y_j) E(X|Y=y_j) \\
&= \sum_j p(y_j) \sum_i (x_i|y_j) \log_2 \frac{1}{p(x_i|y_j)} \\
&= \sum_i \sum_j p(x_i, y_j) \log_2 \frac{1}{p(x_i|y_j)}
\end{aligned} \tag{4.7}
$$

在決策樹分類中，假設 A 是取有限個不同值 $a_1, a_2, \cdots, a_m$ 的屬性，這些值可將訓練樣本集 S 劃分為 m 個子集 $\{S_1, S_2, \cdots, S_m\}$，則應用公式（4.7）可得到經由屬性 A 劃分的決策樹分類的條件熵，為：

$$
E(S|A) = \sum_{j=1}^{m} p(S_j) \sum_{i=1}^{n} p(C_i|S_j) \log_2 \frac{1}{p(C_i|S_j)} \tag{4.8}
$$

其中，$p(S_i) = \frac{|C_i|}{|S|}$，$p(C_i|S_j)$ 為子集 S_j 屬於 C_i 分類的機率，假設 $|S_{ij}|$ 表示子集 S_j 中 C_i 分類的樣本數，則 $p(C_i|S_j) = \frac{|S_{ij}|}{|S|}$。

$E(S|A)$ 一般而言不等於 $E(S)$，樣本分類的熵值發生了變化，就是屬性 A 對於分類提供了資訊，熵的變化量稱為屬性 A 對於分類的資訊增益 Gain(A)，則：

$$
\text{Gain}(A) = E(S) - E(S|A) \geq 0 \tag{4.9}
$$

從上式中可以得知，測試屬性將減少決策樹分類的不確定程度，任何測試屬性對減少分類的不確定性都是有益的，證明如下：

$$
\begin{aligned}
\text{Gain}(A) &= E(S) - E(S|A) \\
&= \sum_i p(C_i) \log_2 \frac{1}{p(C_i)} - \sum_i \sum_j p(C_i, S_j) \log_2 \frac{1}{p(C_i|S_j)} \\
&= \sum_i \left(\sum_j p(C_i, S_j)\right) \log_2 \frac{1}{p(C_i)} - \sum_i \sum_j p(C_i, S_j) \log_2 \frac{1}{p(C_i|S_j)} \\
&= \sum_i \sum_j p(C_i, S_j) \log_2 \frac{p(C_i|S_j)}{p(C_i)} \\
&= \sum_i \sum_j p(C_i, S_j) \log_2 \frac{p(C_i, S_j)}{p(C_i)\, p(S_j)} \geq 0
\end{aligned} \tag{4.10}
$$

Quinlan 把獲得最大資訊增益的屬性選為測試屬性，並在決策樹中建立一個相對應的測試節點，並根據屬性值對樣本集做進一步的劃分。該方法也稱最小熵原理，因為獲得最大資訊增益意味著選擇該屬性後，將使得分類資訊的熵值最小。

Quinlan 提出的分治演算法 ID3 演算法發展了 CLS 演算法，使用最大資訊增益來選擇測試屬性，可以提高分類的效率和品質。而如果一次針對全部訓練樣本，來建立決策樹的演算法通常是低效率的，Quinlan 基於視窗技術進行增量式學習，從而逐步形成完整的決策樹。ID3 的演算法步驟如下：

⑴隨機選擇若干訓練樣本構成視窗。

⑵根據最大資訊增益的原則選擇測試屬性，建立出基於視窗內訓練樣本的決策樹。

⑶在視窗外的訓練樣本中尋找決策樹的反例。

⑷若反例存在，則將其從視窗外訓練集移入視窗內，並繼續執行步驟⑵，否則結束訓練過程，返回所建立的決策樹。

ID3 採用由上而下不回溯的策略，能保證找到一個簡單的決策樹。ID3 的優點是分類和測試速度快，ID3 方法對於越大的資料庫，效果越好。

4.2.5 修剪決策樹

基本的決策樹演算法沒有考慮到雜訊問題，產生出來的決策樹完全符合訓練事件。當形成決策樹的葉節點時，分支準則所處理的物件只是訓練樣本當中極少量的資料，葉節點所呈現的也只是極少數具有特定特徵的資料特點，因而在巨觀上失去了一般代表性。決策樹的建立過程採用從上而下、分而治之的策略。隨著迭代深度的增加，演算法考慮的樣本數不斷減少。這樣雖然能降低演算法的時間複雜度，但也使演算法在較深層次的樣本劃分中，專注於訓練樣本中某個子集的統計資訊，而忽視各類樣本的整體分布情況，造成了對雜訊產生敏感。所以，雖然一棵完整的決策樹能夠非常準確地反映訓練樣本集中資料的特徵，但也因而失去了一般代表性而無法用於對新資料的分類或預測，出現了過度匹配現象。

過度匹配指的是模型由於過度訓練，導致其記住的不是訓練資料的一般特性，而是訓練集的局部特性。如果把這個模型應用到新的測試資料上時，就會導致預測結果不準確。因此一個完整的決策樹建立過程將包含：⑴決策樹的建立；⑵決策樹的修剪。

修剪決策樹是一種克服雜訊的技術，同時它也能使樹得到簡化而變得更容易理解。在建立決策樹時，就已經決定不再對不純的訓練子集進行進一步的劃分的修剪方法叫做預先修剪，在樹完全生成後的修剪策略叫做事後修剪。修剪樹的目的就是刪除那些因為雜訊資料而產生的分支，從而避免決策樹的過度匹配問題。

預先修剪最直接的方法就是事先指定決策樹生長的最大深度，使決策樹不能得到充分生長，但如果樹深度過淺，就會過度限制決策樹的生長，使決策樹的代表性高於一般，同樣也無法實現對新資料的準確分類或預測。預先修剪的另一個方法就是用檢驗技術對樹節點進行檢驗，決定是否允許決策樹的相應分支繼續生長，可事先指定一個最小的允許值。在決策樹生長過程中將不斷檢驗樹節點上的樣本數是否已經小於所允許的最小值。如果小於，就停止分支的繼續生長，否則可以繼續分支。

事後修剪技術允許決策樹在充分生長的基礎上，再根據一定的規則，剪去決策樹中的那些不具有一般代表性的葉節點或分支。事後修剪是一種一邊修剪一邊檢驗的過程，一般規則是：在決策樹不斷修剪的過程中，利用訓練樣本集或檢驗樣本集的資料，檢驗決策子樹對目標變數的預測精準度，並計算出相對應的錯誤串。如果某個葉節點剪去後不會降低在測試集上的準確度或其他測量度的話（不變得更壞），就剪去這個葉節點。

由於預先修剪方法在決策樹生成時可能會喪失一些有用的結論，而這些結論往往在決策樹完全建成以後才會被發現，而且，確定何時終止決策樹生長是個問題，所以目前使用較多的是事後修剪的方法。

4.3 決策樹的應用

4.3.1 規則提取

將決策樹進行廣度優先搜索（Breadth-first search），對每一個葉節點，求出從根節點到該葉節點的路徑。該路徑上所有的節點的劃分條件合併在一起，並且在每個節點生成 IF…THEN 規則，即構成一條分類規則。決策樹的樹狀結構可以生成對應的規則集，n 個節點對應著 n 條規則。

4.3.2 分類

對離散資料的分類就稱為分類（Classification），對數值資料的分類稱為預測（Prediction）。分類要解決的問題是為一個事件或物件歸類，就是預測一個特定的物件屬於哪一分類。分類模型是通過那些已知歷史資料訓練出來的。這裡用於建立模型的資料稱為訓練集，通常是已經掌握的歷史資料。在訓練集中每個物件都賦予一個類別的標記，不同的類別具有不同的標記。分類就是通過分析訓練集中的資料，為每個類別做出準確的描述或建立分析模型或探勘出分類規則，然後用這個分類規則對其他資料物件進行分類。這種訓練有時也稱為有指導的學習或稱有導師的學習。

分類在資料開採中是一項非常重要的任務。分類的目的是學會一個分類函數或分類模型（也稱為分類器），該模型能把資料集中的資料項目映射到既定類別中的某一類。目前已有多種分類模型得到應用，如決策樹模型、線性迴歸模型、基本規則模型和神經網路（Neuro-Network）模型等，其中決策樹模型是一種典型的分類模型。

決策樹是有力的分類工具，如果提供一個屬性集合，決策樹就能根據在屬性集的基礎上做出一系列的決策來將資料分類。

為了提高識別精準度，在設計分類器之前必須先去除兩類多餘的特徵量：⑴與分類目標無關的特徵量；⑵與其他特徵量有較高相關性的特徵量，就是從一組數量為 D 的特徵中選擇出數量為 d（$D>d$）的一組最佳特徵出來，讓分類錯誤率最小。這裡需要解決兩個問題，一是選擇的標準，採用何種類別可分離判據。另一個問題，採用何種方法來解決這一組合最佳化問題。這些問題對應為決策樹中的分類屬性的選擇，決策樹學習演算法通常採用最大熵增益標準作為特徵選擇標準，在應用中具有較好的效果，所以決策樹方法是一種精準度比較高的分類方法。

另外要注意的是，分類的效果一般和資料的特點有關，有的資料雜訊大，有的有缺值，有的分布稀疏，有的欄位或屬性間相關性強，有的屬性是離散的，而有的是連續數值或是混合式的資料。目前普遍認為並不存在某種方法能適合於各種特點的資料。

4.4 決策樹的優缺點

決策樹技術有許多應用領域，尤其在人工智慧的一些領域得到了廣泛的應用。

1. 決策樹方法的優點

⑴可以生成可理解的規則：資料探勘產生的模式的可理解度是判別資料探勘演算法的主要指標之一，和一些資料探勘演算法比較之下，決策樹演算法產生的規則比較容易理解，並且決策樹模型的建立過程也很直觀。

⑵計算量較小。

⑶可以處理連續和集合屬性。

⑷決策樹的輸出包含屬性的排序：生成決策樹時，按照最大資訊增益選擇測試屬性，因此，在決策樹中可以大致判斷屬性的相對重要性。

2. 決策樹方法的缺點

⑴對具有連續值的屬性預測比較困難。

⑵對於順序相關的資料，需要很多預先處理的工作。

⑶當類別太多時，通常將會增加誤差。

⑷分支間的拆分不夠平滑，進行拆分時，不考慮對將來拆分的影響。

⑸空值（Null value）資料處理問題：因為決策樹進行分類預測時，完全基於資料的測試屬性，所以對於測試屬性缺值的資料，決策樹將無法處理。

⑹通常僅根據單個屬性來分類：決策樹方法根據單個屬性對資料進行分類，而在實際的分類系統中，類別的劃分不僅僅與單個屬性有關，往往與一個屬性集有關。因此，將決策樹演算法擴充到考慮多屬性是一個有待研究的課題。

群聚分析

系統群聚分析（Clustering）的基本思維就是根據「物以類聚」的原理，對樣本進行分類。群聚為無導師方式，因為和分類學習相比，分類學習的例子或資料物件有類別標記，而要群聚的例子則沒有標記，需要由群聚學習演算法來自動確定，即把所有樣本作為未知樣本進行群聚。因此，分類（Classifying）問題和群聚（Clustering）問題根本的不同點為：在分類問題中，知道訓練樣例的分類屬性值，而在群聚問題中，需要在訓練樣例中找到這個分類屬性值。採用群聚分析技術，可以把無識別資料物件自動劃分為不同的分類，並且可以不受人的先驗知識的約束和干擾，從而獲取屬於資料集合中原本存在的資訊。

群聚演算法廣泛應用在模式識別、圖像處理、自動控制等領域。群聚方法包括統計方法、機器學習方法、神經網路方法和面向資料庫的方法等。

5.1 概述

5.1.1 什麼是群聚分析

群聚就是把整個資料分成不同的組，並使組與組之間的差距儘可能大，組內資料的差異儘可能小。與分類不同，在開始聚集之前，用戶並不知道要把資料分成幾組，也不知道分組的具體標準，群聚分析時，資料集合的特徵是未知的。群聚根據一定的群聚規則，將具有某種相同特徵的資料聚在一起，也稱為無監督學習。而分類，用戶則知道資料可分為幾類，將要處理的資料按照分類分入不同的類別，也稱為有監督學習。

為了便於後面的討論，首先指出群聚問題的數學描述：

已知資料集合 $V\{v_i | i=1, 2, \cdots, n\}$，其中 v_i 為資料物件，根據資料物件間的相似程度將資料集合分成 k 組，並滿足：

$$\{C_j | j=1, 2, \cdots, k\}$$
$$C_i \subseteq V$$
$$C_i \cap C_j = \varnothing$$
$$\bigcup_{i=1}^{k} C_i = V$$

則該過程稱為群聚，$C_i\,(i=1, 2, \cdots, n\}$稱為簇。

群聚技術主要包括傳統的模式識別方法和數學分類學。群聚基本的方法是定義兩個物件的距離，也可以採用不依賴於距離的方法：首先定義一個最佳化目標，再做最佳化得到某個局部最小值。

20 世紀 80 年代初，Mchalski 提出了概念群聚，其主要觀點是，在群聚時不僅考慮對象之間的距離，還要求劃分出的類別必須具有某種內涵描述。概念群聚用描述物件的一組概念取值複合運算式將資料劃分為不同的類別，而不是基於幾何距離來實現資料物件之間的相似性度量。概念群聚能夠對輸出的不同類別確定其屬性特徵的覆蓋（稱為外延），並對群聚結果給予概念解釋（稱為內涵）。根據對概念屬性泛化和特化處理的程度不同，可以得到概念的多個層次描述。

群聚分析和分類通常是一個可逆的過程。例如：在最初的分析中，可以對資料進行群聚，然後分析人員對獲得的群聚進行分析，獲得各個類別的分類原則，然後使用這些分類規則對資料重新進行分類，以獲得更好的分類結果。如此循環往復，直至獲得滿意的結果。

5.1.2 群聚分析的基本知識

群聚分析中的資料類型主要有兩類：

1. 資料矩陣

資料矩陣其實是一張關係表，每列代表物件的一個屬性，每行表示一個資料物件，具有 m 個屬性的 n 個物件，表示為：

$$\begin{pmatrix} p_{11} & \cdots & p_{1m} \\ \vdots & \ddots & \vdots \\ p_{n1} & \cdots & P_{nm} \end{pmatrix}$$

2. 相異獨矩陣

相異獨矩陣儲存 n 個物件兩兩之間的相異性（或相似性），表現形式是一個 $n\times n$ 維的矩陣，其中的每一個元素 $d(i, j)$ 表示物件 i 和對象 j 之間的相異度。

當採用系統群聚分析方法時，應首先定義樣本間和類與類間的距離。為了準確地對樣本進行群聚，群聚前，樣本的原始資料要進行標準化（Normalization）。不同的群聚演算法對同樣的資料集可能有不同的群聚結果，即使同一演算法，由於初始值和演算法參數選擇的不同，也可能有不同的群聚結果，因此對群聚結果應有合適的評價指標。群聚品質的評價指標有：

- 群聚的類別描述的可理解性和簡潔性。
- 群聚的類別描述和資料物件間的良好的匹配性。
- 群聚的類別間的差異性。

通常使用類別內相異程度來評價一個群聚方法的好壞，群聚價值指數就是用來測量這種相異程度的。假設 $E_j^{(c)}$ 和 $E^{(c)}$ 分別表示 c 個群聚對於特徵 j 和所有特徵的誤差和，則群聚價值指數 $R^{(c+1)}$ 和 $R_j^{(c+1)}$ 可表示如下：

$$R^{(c+1)}=\frac{E^{(c)}-E^{(c+1)}}{E^{(c+1)}}[n-(c+1)] \quad (5.1)$$

$$R_j^{(c+1)}=\frac{E_j^{(c)}-E_j^{(c+1)}}{E_j^{(c+1)}}[n-(c+1)] \quad (5.2)$$

群聚價值指數 $R^{(c+1)}$ 和 $R_j^{(c+1)}$ 表示了對於 n 個樣本的 c 個群聚轉化為 $c+1$ 個群聚時，樣本空間內各群聚的全部誤差的減少量。

5.1.3 群聚方法的分類

人們很早就對群聚進行了各種不同的研究，因此有許多不同的方法和技術。群聚分析通過分析資料庫中的記錄資料，根據一定的分類規則，合理地劃分記錄集合，確定每個記錄所在類別。群聚演算法很多，如 *k*-平均（k-mean）演算法、*k*-中心點演算法、基於凝聚的層次群聚和基於分裂的層次群聚等。採用不同的群聚方法，對於相同的資料集可能有不同的劃分結果。

1. 按照群聚的標準，群聚方法可分為

(1)統計群聚方法

統計群聚方法基於相似性測量。統計群聚分析方法包括系統群聚法、分解法、加入法、動態群聚法、有序樣品群聚、有重疊群聚和模糊群聚等。這種群聚方法是一種基於全域比較的群聚，它需要考察所有的個體才能決定類別的劃分。因此，它要求所有的資料必須事先給定，而不能動態增加新的資料物件。

(2)概念群聚方法

概念群聚方法基於物件具有的概念。這裏的距離不再是統計方法中的幾何距離，而是根據概念的描述來確定的。典型的概念群聚或形成方法有：COBWEB、OLOC和基於列聯表的方法。

2. 按照群聚的物件，群聚方法可分為

⑴數值群聚方法

數值群聚方法所分析的資料的屬性為數值資料，因此可對所處理的資料直接比較大小。

⑵符號值群聚方法

符號值群聚方法所分析的資料的屬性為符號資料，因此對所處理的資料不能直接比較大小。

⑶能同時處理數值資料和符號資料的符號值群聚方法

這類群聚法通常功能強大，但性能往往不能盡如人意。

3. 按照群聚尺度劃分，群聚分析可分為

⑴基於距離的群聚

基於距離的群聚是根據資料之間的距離進行群聚。這種演算法對於雜訊資料和孤立點比較敏感。

⑵基於密度的群聚

基於密度的群聚認為簇是具有相同密度的連通區域。因此密度的群聚需要掃描整個資料集，將資料空間劃分為不同的小方格，並使用小方格的並來近似表示簇。因此基於密度的方法有可能不夠精確，但該方法對於雜訊資料和孤立點不敏感。基於密度的群聚也可以利用空間索引結構，通過計算超球區內的密度進行群聚，但該方法因為要維護複雜的索引結構，因此對於大量資料存在著效率上的問題。

⑶基於連接的群聚

基於連接的群聚將群聚物件映射為圖模型或超圖模型，然後根據改變或者超邊尋找高連通度的節點集合。基於連接的群聚通常能夠較好地反映資料之間的相關程度，但不同的群聚方法導致的群聚效果差異較大。

在本章，我們將詳細討論兩類主要的群聚方法：基於劃分的群聚演算法和基於層次的群聚演算法。

5.2 基於劃分的群聚演算法

給定一個 n 個物件的資料集，基於劃分方法分割資料成 k 個部分，每個部分表示一個類別，並滿足以下條件：

- 每個組至少包含一個物件。
- 每個物件必須屬於且只屬於一個組。

基於劃分的群聚演算法，通常採用兩階段反覆迴圈過程：

- 指定群聚，將樣本歸類到某一個群聚，使得它與這個群聚中心的距離比它與其他群聚中心的距離要近。
- 修改群聚中心，當群聚中的物件發生增減時，需重新計算群聚中心。

當各個群聚中的樣本不再發生變動時，計算終止。

5.2.1 基於劃分的評價函數

群聚問題本質上是一個最佳化問題，也就是通過一種迭代運算使得系統的目標函數達到一個極小值。該目標函數為劃分的評價函數，通常採用距離作為劃分的評價標準，對數值屬性主要採用歐氏距離，而對符號屬性則通常採用 Hamming 距離。

基於劃分的群聚演算法，會把一個評價函數做到最佳化，來把資料集劃分為 k 個部分。當採用群聚內的距離的平方和作為評價函數時，群聚內的所有點就會向群聚中心彙集，因此，採用基於距離的劃分評價函數方法得到的群聚是球形的。

評價函數的屬性對於從資料中發現的群聚類型有著很大的影響。不同的評價函數會優先選擇不同的群聚結構。

5.2.2 k-平均方法

k-平均（k-mean）方法是一種常用的基於劃分的群聚方法，它根據最終分類的個數 k 隨機地選取 k 個初始的群聚中心，不斷地運算，直到達到目標函數的最小值，即得到最終的群聚結果。其中，目標函數通常採用平方誤差準則，即：

$$E = \sum_{i=1}^{k} \sum_{p \in C_i} |p - m_i|^2 \quad (5.3)$$

其中，E 表示所有群聚物件的平方誤差的和，p 是群聚對象，m_i 是 C_i 類別的各群聚物件（樣本）的平均值，即：

$$m_i = \frac{\sum_{p \in C_i} p}{|C_i|} \quad (5.4)$$

其中，$|C_i|$表示 C_i 類別的群聚物件的數目。

因為在每一次處理中，每一個點要計算與各群聚中心的距離，並將距離最近的群聚作為該點所屬的類別，所以 k-平均方法的演算法複雜度為 O（knt），其中 k 表示群聚數，n 表示節點數，t 是處理次數。

k-平均方法是解決群聚問題的一種典型演算法，它是一種爬山式的搜索演算法。這種演算法簡單、快速。然而，k-平均方法對初始值敏感，對於不同的初始值，可能會導致不同的群聚結果。此外，k-平均演算法是基於梯度下降的演算法，由於目標函數局部極小值點的存在，以及演算法的貪心性，因此演算法可能會陷入局部最佳化，而無法達到整體最佳化。

5.2.3 k-中心點方法

k-中心點方法的演算法過程和 k-平均方法的演算法過程相似，唯一不同之處就是群聚中心的計算和表示。k-中心點方法用類別中最靠近中心的一個樣本來代表該類別。k-中心點方法最初隨機選擇 k 個中心點，然後反覆地試圖找出更好的中心點。

k-中心點方法的核心是中心點的選擇。假設群聚 c 原先的中心點是 O_{c_old}，現在改為 O_{c_new}，則根據樣本屬於和其距離最近的群聚的原則，可能調整各樣本所屬的群聚。對於原先群聚 c 中的任意樣本 p_i 可能有兩種情況：

- p_i 和 O_{c_new} 的距離仍然小於和其他各群聚的中心點的距離，因此 p_i 仍屬於群聚 c。
- p_i 和其他某一群聚 r 的中心點的距離最短，則 p_i 將改屬於群聚 r。

同樣地，原先處於 c 類別外的任意樣本 p_j 也可能有兩種情況：

- p_i 仍然和它原先所屬的類別的中心點的距離最近，p_i 則仍將屬於原先所屬的類別。
- 在所有群聚的中心點間，p_i 和 O_{c_new} 的距離最近，則將 p_i 改屬群聚 c。

假如 O_{c_new} 使得距離平方和總和下降，則 p_i 和 O_{c_new} 將會代替 p_i 和 O_{c_old} 成為群聚 c 的新的群聚中心，反之，則代表 O_{c_new} 目前不適合作為群聚 c 的新的群聚中心，就會重新試探其他的點。相比於 k-平均方法，k-中心點演算法對於雜訊資料和異常資料不敏感，但計算量要比 k-平均演算法要大。

5.3 層次群聚

層次的方法是對給定的資料物件集合進行層次的分解。層次群聚的基本思維是將模式樣本按距離準則逐步群聚，直到滿足分類要求為止，其群聚過程可表示為一個二叉層次樹，葉節點表示一個樣本，中間節點表示將資料集分割為兩個不同的類別，或一個類別由它的兩個子類別合併而成。根據層次分解形成的原理，層次的方法可以分為凝聚方法和分裂方法。

在層次群聚方法中，一旦某一個步驟（合併或分裂）完成之後，它就不能被撤銷。這既是優點，不用擔心組合數目的不同選擇，計算代價會較小；同時又是缺點，因為它不能更正錯誤的決定。

5.3.1 凝聚方法

凝聚方法，也是由下往上的方法，一開始將每個物件作為單獨的一個類別，然後相繼地合併相近的物件或組合，將較小的資料物件子集合依據相似程度進行合併，這些小的資料物件子集合逐漸合併成較大的資料物件子集合，直到所有的類合併為一個，或者達到一個終止條件，從而構成一個類的層次。

假設 C_i 和 C_j 是兩個群聚，則兩類別之間的最短距離定義為：

$$D(C_i, C_j) = \min\{d_{p_i, p_j}\} \tag{5.5}$$

其中，$p_i \in C_i$，$p_j \in C_j$，d_{p_i, p_j} 表示樣本 p_i 和 p_j 之間的距離，$D(C_i, C_j)$ 表示 C_i 類別中的所有樣本與 C_j 類中的所有樣本之間的最短距離。凝聚方法可以描述為：

for $i = 1, 2, \cdots, n$，令 $C_i = \{p_i\}$
while 存在一個以上的群聚 do
　　if $D(C_i, C_j)$ then
　　$C_i = C_i \cup C_j$;
　　刪除 C_j；
end;

採用凝聚方法的典型群聚演算法有 BIRCH、CURE、CHAMELON 等。

5.3.2 分裂方法

分裂的方法，也稱為由上而下的方法，一開始將所有的物件置於一個類別中。在處理的每一步驟中，一個類別被分裂為更小的類別，直到每個物件在單獨的一個類別中，或者達到一個終止條件。通常情況下，凝聚方法比分裂方法好。DIANA 則是分裂方法的代表。

5.4 孤立點分析

孤立點（或稱離群資料）是一些與資料的一般行為或資料模型不一致的資料物件，是對差異和極端特例的描述，例如：標準類別外的特例、資料群聚外的離群值等。許多資料探勘演算法試圖使孤立點的影響最小，或者排除它們，這可能會丟失重要的隱藏資訊。這些特例可能有特別的意義，例如：在常規商業行為中發現詐騙行為。所以說，孤立點可能是非常重要的。孤立點探測和分析是一項有趣的資料探勘任務，被稱為孤立點探勘或孤立點分析。

資料探勘所處理的資料中，有時會包括一些異常資料，檢測這些異常（偏差）是很有意義的。偏差包括很多潛在的知識。偏差檢測的基本方法是去尋找觀測結果與各參照值之間有無意義的差別，觀察那些常常是某一個區域的值或多個區域值的總和。參照可以是已知模型的預測，或是外界提供的標準量或另一個觀察。偏差檢測的資料模式有極值點、中斷點、拐點、零點和邊界等不同的偏差物件。

孤立點探測和分析的方法可分為三類：統計方法、基於距離的方法和基於偏離的方法。

5.4.1 基於統計的孤立點檢測

統計方法先假設在訓練集中存在一個機率分布模式，並且用不一致性檢驗來定義和發現孤立點。

不一致性檢驗的應用需要事先知道資料集參數（如常態分布）、分布參數（如平均值、標準差）和孤立點資料的個數。

統計方式發現孤立點主要有兩種方法：

1. 離散步驟

將那些有疑問的資料當做是孤立點資料或正常資料。

2. 連續步驟

將最不可能是孤立點的資料首先進行檢驗，若此資料是孤立點，其他資料當然也是孤立點資料；將最可能是孤立點的資料首先進行檢驗，若此資料不是孤立點，其他資料則也不是孤立點。

該方法的主要缺點是絕大多數檢驗是針對單個屬性的，而許多資料探勘問題要求在多維空間中發現孤立點；統計的方法要求具有關於資料集合參數的知識。

5.4.2 基於距離的孤立點檢測

如果資料集合中物件至少有 p 個部分與物件 o 的距離大於 d，則稱對象 o 是一個帶參數 p 和 d 的基於距離的孤立點。主要的基於距離的方法有以下幾種：

1. Index-based 演算法

已知一個資料集透過建立多維索引結構對點的 d 鄰域進行搜索，假設 M 為孤立點 o 的 d 鄰域的最大取值個數，如果點 o 的 d 鄰域存在 $M+1$ 個鄰近值，那麼點 o 就不是離群資料。

2. Nested-loop 演算法

此演算法避免了索引結構的建立，它把儲存空間分成兩個部分，資料集分成幾個邏輯區塊，依次選擇邏輯區塊進入緩衝空間，提高了 I/O 的效率。

3. Cell-based 演算法

該演算法將資料空間分隔成彼此獨立的細胞單元，每一細胞單元有一定厚度的兩層資料將其包圍。該演算法會在每一個細胞單元中計算孤立點個數，而不是一個個去計算。

5.4.3 基於偏離的孤立點檢測

基於偏離的方法是根據一個資料集中的主要特徵來判定孤立點，與這個主要特徵悖離很大的記錄就被認為是一個孤立點。偏差型知識是對差異和極端特例的描述，揭示事物偏離常規的異常現象，如標準類別外的特例、資料群聚外的離群值等。

CHAPTER 6

基於樣例的學習

6.1 概述

基於樣例（或稱為示例、實例）的學習是指根據過去類似問題的解決方法來處理當前的問題，實質上是一種類比學習方法。類比推理是指，若有一個規律性在 n 個樣例中已經被證實，可推斷它也將在第 $n+1$ 個樣例中被證實的結論。類比推理可分為兩類：屬性類比和結論類比。屬性類比是指，如果有兩種樣例相似，若某類別樣例有某一屬性，則另一類別也將有此屬性。結論類比是指如果兩類別的樣例都有相同的屬性，則其結論也應相同。

基於樣例的學習把歷史的樣例作為過去的經驗來指導當前問題的求解過程。在現實生活中，當人們面臨一個新的、較難解決的問題時，往往會到記憶中搜索相似的例子，用類似的經驗來幫助解決新問題。解決問題所需的知識是以具體樣例的形式，而不是以抽象的規則或模型的形式存在。心理學研究的許多成果已經證實：重複使用過去的樣例進行推理是人類解決問題的一種有力的、廣泛使用的方式。

基於樣例的學習也可處理新問題，就是搜索和修改相似問題並作為一個新的樣例並保存到系統的樣例庫中，以提供系統檢索並作為處理新的問題的樣例，因此該方法具有學習功能，可以處理與既有的知識不一致的新知識。最近鄰（Nearest Neighbor）演算法是基於樣例的學習方法中最常用的匹配搜索演算法。

6.2 *k*-最近鄰演算法

最近鄰（Nearest Neighbor）演算法是一種應用廣泛的非參數分類演算法，可用於線性不可分的多類樣本的識別，它並不要求知道物件的分布函數，因此在語音識別、文件分類等領域有著廣泛的應用。分類有許多不同的演算法，如前面的決策樹方法。決策樹方法透過對訓練資料集的學習建立一個一般的模型，然後利用該模型對新的資料進行分類。這種首先要建立模型的演算法，稱之為急切分類演算法。而基於樣例的演算法是用一個或多個，與要預測的新樣本相似的訓練樣本來顯示分類結果，直到有新的樣本需要進行分類時，才進行分類處理，對於這種演算法，又稱為懶散分類演算法。*k*-最近鄰演算法是一種典型的懶散分類演算法。

6.2.1 基本理念

最近鄰演算法的基本理念是在多維空間中找到與未知樣本最近鄰的 k 個點，並根據這 k 個點的類別來判斷未知樣本的類別。這 k 個點就是未知樣本的 k-最近鄰。所以，如果未知樣本的周圍的樣本點的個數較少，那麼該 k 個點所覆蓋的區域將會很大，反之則小。

用最近鄰方法進行預測的理由是基於假設：近鄰的物件具有相似的預測值。因此，最近鄰演算法易受雜訊資料的影響，尤其是樣本空間中的孤立點的影響。k-最近鄰演算法不僅可以用於分類，而且可以用於對連續值的預測，也就是說，未知樣本的取值決定於和它最近鄰的 k 個樣本的預測值的平均值。此外，最近鄰演算法的基本理念可用於進行群聚。

6.2.2 k-最近鄰演算法

對於二值分類，若已知 N（N 夠大）個訓練樣本，對於一個新的樣本，其 k 個最近鄰樣本中，k_1 個樣本的值為 1，k_2 個樣本的值為 -1，則根據 k-最近鄰演算法：

$$s_i = \begin{cases} 1 & k_1 > k_2 \\ -1 & k_1 < k_2 \end{cases} \qquad k = k_1 + k_2 \tag{6.1}$$

如圖 6-1 所示，值為 1 的樣本用「+」表示；值為 -1 的樣本用「-」表示。如果 $k=1$，即 1-近鄰演算法將 s 分類為 1。如根據 3-近鄰演算法，則 s 為-1；5-近鄰演算法，則 s 又為 1。

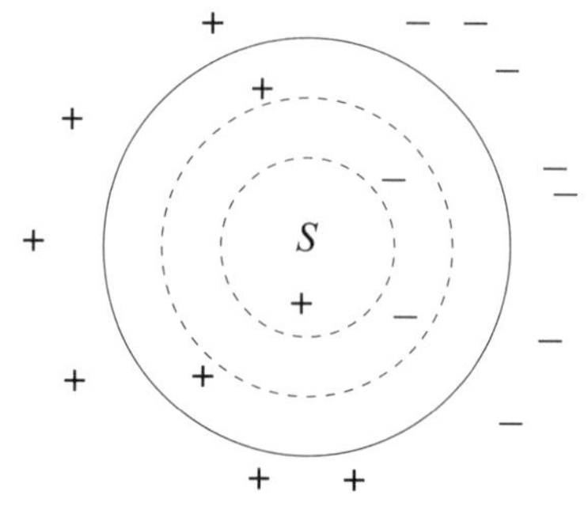

圖 6-1　基於 k-最近鄰演算法的二值分類

最近鄰個數 k 不是越大就越好，也不是越小就越好，k 值的選取是根據每類樣本中的數目和分散程度進行的，對不同的應用可以選取不同的值，一般 $k=\lfloor\sqrt{n}\rfloor$，$\lfloor\ \rfloor$表示取整數；n 為特徵向量個數。

對於多值分類問題，只需要對 k-最近鄰演算法的二值分類進行簡單的修改，即：

$$s_i=\max\sum_{p=1}^{r}\sum_{k=1}^{k}\delta(v_p, s_j) \tag{6.2}$$

其中，$s_j(j=1, 2,\cdots, k)$ 表示待預測樣本 s_j 的 k 個最近鄰樣本；$v_p(p=1, 2, \cdots, r)$表示這 k 個最近鄰樣本的不同取值，顯然有 $r\le k$；$\delta(v_p, s_j)$ 的定義如下：

$$\delta(v_p, s_j)=\begin{cases}1 & v_p=s_j\\ 0 & v_p\neq s_j\end{cases} \tag{6.3}$$

6.2.3 距離加權最近鄰演算法

在基本的 k-最近鄰演算法中，待預測樣本的 k 個最近鄰樣本的地位是平等的。在一般情形下，通常一個物件受其近鄰的影響是不同的，通常是距離越近的物件對其影響越大。距離加權最近鄰演算法就是在 k-最近鄰演算法中引入物件間距離的概念，對 k 個近鄰的貢獻進行加權，距離較近的物件權值較大，即：

$$s_i=\max\sum_{p=1}^{r}\sum_{j=1}^{k}w_j\delta(v_p, s_j) \tag{6.4}$$

其中 w_j 表示近鄰 s_j 的距離權重。對於具有連續值預測屬性的樣本的預測，相應的計算公式為：

$$s_i=\frac{\sum_{j=1}^{k}w_j s_j}{\sum_{j=1}^{k}w_j} \tag{6.5}$$

權重 w_j 有許多不同的計算方法，最普遍使用的是距離平方的倒數，即：

$$w_j = \frac{1}{|s_i - s_j|^2} \tag{6.6}$$

在最近鄰演算法中，因為有些特徵與分類關係不大，若把這些特徵的處理方式等同於那些對分類有很大影響的特徵，則有可能導致分類結果變差，而且多餘的特徵將大大增加計算量的開銷，這種情況有時被稱為維度災難，因此需要進行特徵篩選。

在最近鄰方法中，進行特徵篩選的基本原理是測試那些特徵對分類結果的影響，保留對分類影響比較大的重要特徵，去除不重要的特徵。演算法的基本概念為：在包含了所有 n 個特徵的資料樣本中，對每一樣本進行分類，統計分類的誤差。然後對每個特徵變數統計去除該變數後的分類誤差，然後對這 n 個誤差進行排序，如果該誤差小於包含了所有 n 個特徵的分類誤差，則說明去除該誤差所對應的特徵後分類結果變好，則刪除該特徵。然後對剩下 $n-1$ 的個特徵再做類似的統計，並找出這 $n-1$ 個特徵中去除誤差後最小的特徵，直至某一次的最小誤差比上一次的大，或所剩下的變數個數已經減少到某個固定值為止。

6.3 基於樣例的推理

基於樣例的推理（Case Based Reasoning，簡稱 CBR）是根據過去解決類似問題的經驗中獲得當前問題求解結果的一種推理模式。1982 年，Roger Schank 在 *Dynamic Memory* 一書中首先提出 CBR 方法。CBR 是類似於人類的認知過程，與其他方法相比，CBR 能夠處理不適於形式化為規則的知識，更接近人類決策的實際過程。因此，基於樣例的推理比傳統的基於規則推理（Rule-based Reasoning，簡稱 RBR）能更自然地表現出問題的內在涵義。

CBR 技術是一種兼具推理和學習兩種功能的方法。在 CBR 中，無論既有的樣例與新樣本完全匹配還是近似，樣例的資訊和知識都可以重複使用在新樣本的處理過程中。樣例的重複使用和修正可以按照所定義的規則自動進行，不需作人工調整。

基於樣例的推理實際上是一種類比推理，CBR 與常用的 RBR 存在許多本質上的差別：

⑴ RBR 對任何樣本都需要進行完整的推理，而 CBR 可以搜尋先前樣本的知識並直接使用。與 RBR 相比，CBR 是一種快捷的推理方式，與人類處理問題的方式接近，就是直覺、聯想、想像、歸納、記憶和經驗的處理方式。
⑵當規則和知識與待處理的樣本不完全一致時，RBR 將無法處理，而 CBR 將提供處理方法，並通過對樣例的修正，解決新的問題。
⑶基於實例的推理不同。
⑷基於樣例的推理不依賴於求解問題領域的規則，CBR 可以處理一些知識無法表達、規則難以提取的推理，而這些問題在 RBR 中是無法處理的。

基於樣例的推理方法的基本研究內容包括以下幾方面：

⑴樣例的表示：抽取樣本的特徵來表示樣本。
⑵樣例的索引：抽取樣例的特徵及特徵間的關係。樣例索引是對樣例的學習和記憶，樣例的檢索和儲存都涉及到樣例索引。
⑶樣例的檢索：從樣例庫中高效率、精確地檢索出相關的樣例。
⑷樣例的修正和學習。

概括地說，CBR利用具體樣例的特殊知識，通過尋找已有的類似樣例來解決新問題。

6.3.1 CBR 過程

樣例是對以往問題求解的一個總結，其中蘊含了無法以規則形式來表達的專家求解問題時的深層知識和經驗。在 CBR 中，正確的樣例保存在樣例庫中，當處理新的樣本（也稱目標樣例）時，會從樣例庫中找出與新樣本最匹配的一個樣例（也稱來源樣例），如果檢索出的樣例滿足新樣本的描述，則輸出結果；否則就從樣例庫中找出與新問題最相似的一個或多個實例，並對樣例進行修改，從而滿足新的樣本，修改後的樣例再作為一個新的樣例添加到樣例庫中。CBR 的核心思想是人類經驗的再度應用，如圖 6-2 所示，CBR 處理過程包括三個階段。

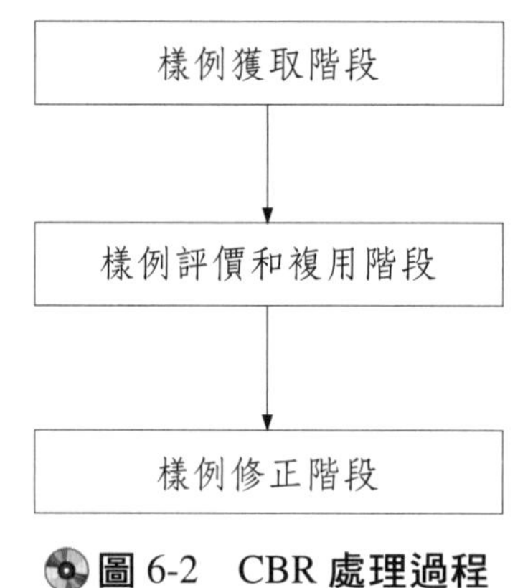

圖 6-2　CBR 處理過程

如圖 6-3 所示，CBR 的具體處理步驟如下：

1. 描述新樣本

識別新樣本的特徵，就是去選擇那些資訊描述新樣本。確定樣本庫的組織結構和樣例的索引結構，以便 CBR 系統檢索。

2. 檢索

根據索引從樣例庫中檢索實例，其主要目的是根據對新樣本的描述從樣例庫中檢索出合適的樣例作為新問題的求解依據。樣例的檢索要達到兩個目標：

(1)檢索出來的樣例越少越好。

(2)檢索出來的樣例應儘可能與當前樣例相關或相似。

3. 結果判斷

判斷樣例庫的檢索結果，如果正確則輸出結果，否則就修正樣例。

4. 修正樣例

以適應新的樣本。

5. 將修正後的樣例加入樣例庫。

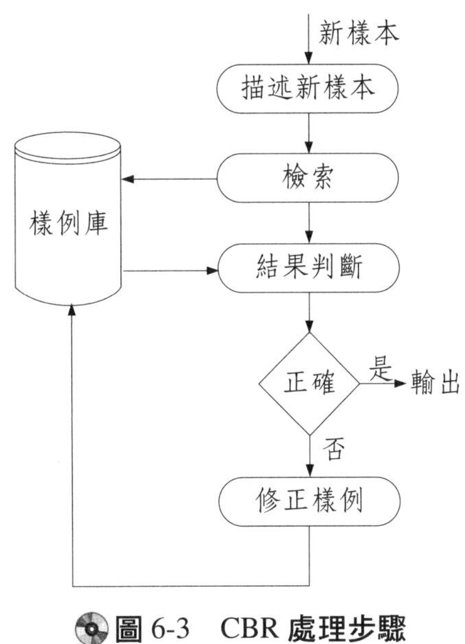

圖 6-3 CBR 處理步驟

6.3.2 樣例的表示

樣例通常包括問題的目標、問題的上下文及求解的過程。如果考慮樣例的適用範圍，就會形成以樣例為中心的一個樣例鄰域，其中樣例的最大適用範圍又稱為搜索距離向量。

從圖 6-2 和圖 6-3 可以看出，在處理新樣本時，如何描述該目標樣例，使得可以有效地從樣例庫檢索類似的樣例，這是一個首先需要解決的問題，是進行樣例推理的前提和基礎，它包括樣例的特徵描述、樣例索引和樣例庫的組織等。CBR 系統的性能和效率在很大程度上依賴於樣例的表示和組織，樣例的描述將直接影響到樣例的檢索、修正、儲存和應用。

樣例的表示不僅需要能將此樣例與其他樣例區分開來，應該還要使系統易於檢索。樣本描述用來取得目標樣本的特徵，得出樣例的檢索條件。樣例特徵是描述樣例物件的描述符號的集合，每個描述符號描述了樣例某一個方面的資訊。樣例特徵構成了樣例的檢索資訊，CBR 系統主要通過樣例特徵對樣例進行檢索和匹配。樣例的特徵又可分為主特徵和輔助特徵。

樣例中包含大量屬性，只有那些會使樣例相互區別的關鍵屬性才有助於判別目標樣例是否與來源樣例相似。樣例特徵的取得有助於提高類比推理的有效性和效率。樣例特徵分為三大部分：問題描述、求解過程和最後結果。

與 RBR 不同，在 CBR 系統中的知識是通過樣例呈現出來的，因此，樣例的表示就是一種知識的表示。所謂知識表示，就是一組用於描述知識物件的語法和語義上的約定。樣例可以有不同的表示方法，CBR的知識表示方法通常不是一種全新的知識表示方法，而是基於以往的知識表示方法，例如：一階邏輯、產生式規則、框架、物件或語義網路。其中框架表示法是一種比較通用的方法。框架由框架名和一組描述具體屬性的槽組成，每個槽的下面可以包含多個側面，通過記錄槽值來儲存樣例。一個複雜的樣例通常包含多個子樣例，這些子樣例之間可能存在一種或多種邏輯關係。通過這些關係，可以將一組相互聯繫的框架連接成複雜的關係框架網路，從而表示複雜的樣例。

只有將樣例庫建立合理的索引，檢索時才能將目的樣例與來源樣例進行有效的匹配。CBR 主要索引策略有：最近鄰策略、歸納法、知識引導策略和範本檢索策略等，這些策略各有優缺點。

最近鄰法會將樣例的特徵向量看做高維空間中的點，然後在問題空間中尋找和該點相匹配的點。因此，最近鄰法適用於樣例庫中的樣例數較少及檢索目標未能很好定義的情況，缺點是不可能找到一組針對所有特徵的全值集合，因此難以在任何情況下都準確地找到實例。

歸納法索引根據樣例的特徵屬性進行歸納學習，例如：採用第 4 章所談到的決策樹方法，來確定樣例的最佳特徵。歸納法索引的缺點是需要大量實例才能進行歸納，要獲取索引特徵需要大量的時間，偶然性事件則容易被歸納進去而產生錯誤索引的情形，但在檢索樣本時有明確定義，而且在每個分類目標樣例均有夠多的樣例來進行歸納的情況之下，所得的結果會比最近鄰法來得更好。

知識引導法則是利用樣例庫中樣例的知識來確定樣例的哪些特徵是重要的，因為領域知識是很難獲取的，所以完全基於知識的索引通常比較困難。

6.3.3 相似性關係

在實際應用之中，完全相同的樣本比例是比較低的，因此，如何確定樣本之間的相似程度在 CBR 系統中是很重要的，尤其是對於樣例的檢索、複用和修正。因為測量樣例間的相似性在 CBR 系統中是很重要的，所以 CBR 系統有時也稱為相似性搜索系統。

相似度是對特徵值進行描述的重要測量尺度。關於相似性，有許多不同形式的定義，例如：表層相似性、結構相似性、語義相似性、深層相似性等等。CBR 系統來源樣例和目標樣例間的相似性主要在這三個方面：

- 問題區域相似性。
- 資訊結構相似性。
- 資料結構相似性。

判斷問題區域相似性主要根據來源樣例與目標樣例在問題區域特徵指標之間的相似程度。每個樣例的整體相似度是利用各特徵屬性經過加權計算出來的。如果兩個樣例之間的語義距離小於一個事先給定的小實數，就認為這兩個樣例是近似匹配的，或稱這兩個樣例是 ε-近似匹配。

應用最近相鄰策略進行匹配操作，可分為兩部分：

- 計算來源樣例與目標樣例中特徵屬性的描述符號之間的對應相似度，也稱為局部相似度。
- 計算來源樣例與目標樣例之間的綜合相似度，得出匹配值，綜合相似度也稱整體相似度。

使用最近鄰演算法計算整體相似度 $Sim(O, S^k)$的公式如下：

$$Sim(O, S^k) = \frac{\sum_i w_i Sim(O_i, S_i^k)}{\sum_i w_i} \tag{6.7}$$

上式中，O 表示目標樣例；S^k 表示第 k 個來源樣例；O_i 表示目標樣例的第 i 個特徵；S_i^k 表示第 k 個來源樣例中的第 i 個特徵；w_i 表示第 i 個特徵的權重值；$Sim(O, S_i^k)$表示目標樣例 O 和第 k 個來源樣例 S^k 之間對應的第 i 個特徵的相似度；$Sim(O, S^k)$表示目標樣例 O 和第 k 個來源樣例 S^k 間考慮權重後的綜合相似度。

相似度是一個相對的概念，與所處理問題的重點和相關的語義假設密切相關。如果重點和語義假設不同，即使是同一屬性也可能具有不同形式的局部相似度類別。樣例間的相似度通常指的是綜合相似度。

6.3.4 樣例的修正和調整

樣例修正是指樣例庫中現存的樣例與所要處理的樣例存在差異，因此需要對這些樣例組合進行修改，讓這些樣例適合於求解當前的目標樣例，得到解決問題的新方案。

當處理一個新樣本時，首先在樣例庫中尋找與該新樣本的特徵互相匹配的樣例，如果發現沒有完全匹配的樣例時，則會根據演算法找到最相似的樣例或多個樣例的組合，形成目標問題解決方案，然後再對該樣例做適度的修正，並修改目標方案來滿足當前的要求。樣例的修正採用基於知識的推理機制來自動進行處理，修正後的樣例將會加入樣例庫，以後當系統遇到完全相同的樣本時，直接通過檢索即可得出問題的解答。這樣一個過程就是基於樣例的學習過程，通過對舊樣例的修正，可不斷獲得新的知識，實現了知識的動態學習和更新。

樣例的修正包括結構化修正和衍生式修正，結構化修正是針對檢索所得的樣例進行結構性調整，不做大的變動，衍生式修正會針對檢索所得的樣例重新運行，生成新的解答，例如：制定另一些步驟來代替原有實例中求解問題的某些步驟。樣例的修改可採用兩種方法：(1)人工干預法，就是對樣例進行手工修改；(2)基於知識的修改方法，就是修改過程中使用具體的領域知識和與領域無關的知識。

樣例的調整動作包括樣例的增加、刪除和合併，目的是使樣例庫中的樣例具有代表性。隨著系統的演化，部分樣例可能不再具有代表性，因此需要把樣例庫中那些引用頻率極低且應用效果差、喪失價值的樣例從樣例庫中刪除，以提高樣例檢索的速度，從而達到知識的不斷變化。樣例的增加動作分成兩類型：手動和自動。手動是指通過人機互動的方法向樣例庫中輸入樣例，自動是指將求得的滿意解答作為一個樣例自動存入樣例庫中。當新的樣例加入到樣例庫中，我們需要對它建立有效的索引，這樣以後才能對它做出有效的檢索。因此，就需要對樣例庫的索引內容，甚至結構進行調整，例如：改變索引的強度或特徵權值。隨著新樣例的不斷增加，樣例庫將會變得越來越大，以致影響推理效率，因此需要對多個相似的樣例進行合併。對於新樣例的儲存將分以下幾種情況：

(1)作為新樣例加入樣例庫。

(2)替換樣例庫中的舊樣例。

(3)與樣例庫中的樣例合併，形成一個新樣例。

貝式學習

貝式（Bayes）學派是現代統計學中與機率學派並列的兩大學派之一，貝式資料分析就是先檢驗分布在那些經過修訂之後所形成的後驗分布。

7.1 貝式理論

Tomas Bayes 在 1763 年提出了後來以他名字命名的貝式理論：在具體行動之前，無論決策是如何制定的，在結果的證據蒐集並確認後，決策都是可以改變的。例如：假設某人認為 A 城市的市民比 B 城市的市民更熱情友好，他決定遷居到 A 城市，但在遷居之前，他連續訪問 A 城市和 B 城市多次，假設他在 A 城市多次受到冷落，而在 B 城市卻一直感覺很好，則其將可能更改他原先的決策，而改為到 B 城市定居。

7.1.1 貝式理論的基本理念

經典的機率統計學派會直接利用樣本資訊來推斷具有不確定性的未知參數 θ，而與具體的應用領域無關。因此，認為整體（研究物件的全體）X 的機率分布——機率密度或機率分布率 $f(x;\theta)$ 中的未知參數 θ 是一個確定的數字，是完全經由樣本集來決定的。與經典統計學的客觀機率不同，貝式機率是觀測者對某一事件的發生的相信程度。貝式理論認為 θ 除了與樣本資訊相關之外，還與非樣本資訊的先驗資訊相關。先驗資訊一半來自包含類似 θ 的過去的經驗，先驗資訊具有一定的主觀性。因此 $f(x;\theta)$ 變為條件分布，記為 $f(x|\theta)$。貝式理論正式地將先驗資訊納入統計學並利用這種主觀資訊來進行推斷。

7.1.2 貝式定理

假設試驗 E 的樣本空間為 S，A、B 為 E 的事件，事件 A 發生的機率記為 $P(A)$，事件 B 發生的機率記為 $P(B)$，事件 A 和事件 B 同時出現的機率記為 $P(AB)$，在 A 已發生的條件下，B 發生的機率稱為 A 發生的條件下事件 B 發生的條件機率，記為：

$$P(B|A)=P(AB)/P(A) \qquad (7.1)$$

計算條件機率有兩種方法：

⑴在樣本空間 S 的縮減樣本空間 S_A 中計算 B 發生的機率。

⑵在樣本空間 S 中，先計算 $P(AB)$、$P(B)$，然後根據公式（7.1）計算 $P(B|A)$。

例如：假設抽獎箱內有 10 個乒乓球，其中 5 個為白色，另 5 個為黃色，每次取一個，並不放回，假設第一次抽取的是黃色乒乓球，問第二次依然抽到黃色乒乓球的機率？

由於第一次抽取的是黃色乒乓球並不放回，因此第二次抽取時，箱中有 5 個白色乒乓球和 4 個黃色乒乓球，第二次抽到黃色乒乓球的機率為 4/9。

在上例中，第一次抽取的結果對第二次抽取的結果是有影響的，因此 $P(B|A) \neq P(B)$。假如在上例中，我們假設每次抽取後，將所抽到的球依然放回抽獎箱，顯然第二次的抽取結果並不受第一次的抽取結果的影響，則稱第一次抽取和第二次抽取動作互相獨立。

無論事件 A、B 是否是互相獨立的事件，下式顯然成立：

$$P(AB) = P(B)P(A|B) = P(A)P(B|A) \tag{7.2}$$

公式（7.2）稱為機率乘法定理。

假設 $B_1, B_2, \cdots, B_n$ 是樣本空間Ω的一個劃分區域，即滿足：

⑴B_i 兩兩互斥，$B_iB_j = \phi \quad (i \neq j)$

⑵$\sum B_i = \Omega \quad (i = 1, 2, \cdots, n)$

則：

$$\begin{aligned} P(A) &= P(A \cap \Omega) \\ &= P(A \cap \sum B_i) \\ &= P(\sum AB_i) \\ &= \sum P(AB_i) \\ &= \sum P(B_i)P(A|B_i) \end{aligned} \tag{7.3}$$

公式（7.3）稱為全機率公式。在式（7.3）中，$P(B_i)$是由以前的分析得到的，因

此稱為先驗機率，而 $P(A|B_i)$是根據新得到的資訊（B_i的資訊）重新加以修正的機率，因此稱為後驗機率。

條件機率 $P(A|B)$說明事件 B 發生時事件 A 的機率。相反的問題就是計算逆機率，即當事件 A 發生時，事件 B 發生的機率。

根據乘法定理和全機率公式：

$$\begin{aligned} P(B_i|A) &= P(AB_i)/P(A) \\ &= P(A|B_i)\, P(B_i)/P(A) \\ &= P(A|B_i)\, P(B_i)/(\sum P(A|B_i)\, P(B_i)) \end{aligned} \tag{7.4}$$

公式（7.4）稱為貝式公式，也稱為貝式定理、貝式準則或貝式定律等。

互相獨立的隨機事件是一系列這樣的事件：其中任何一次事件發生的機率，都與此前各事件的結果無關。因此，對於獨立隨機事件，借助已發生事件的結果來推測後來事件的機率是不可能的。因此，假如事件 A、B 是互相獨立的事件，則：

$$P(A|B) = P(A) \tag{7.5}$$

所以對於獨立事件：

$$P(AB) = P(A|B)P(B) = P(A)P(B) \tag{7.6}$$

7.1.3 極大相似和最小誤差平方假設

相似原理的主要思想是：只有實際觀測到的 x 才與結論或 θ 的論據有關，即如果在一次觀察中，一個事件出現了，則可以認為此事件出現的可能性很大。

相似值函數的定義如下：

對於樣本的一個實現 $x_1, x_2, \cdots, x_n$，它是 θ 的函數，記為：

$$L(\theta) = L(x_1, x_2, \cdots, x_n; \theta) = \prod_{i=1}^{n} f(x_i|\theta) \tag{7.7}$$

並稱其為相似值函數。

相似原理的定義為：

有了觀測值x之後，再做關於θ的推斷或決策時，所有與實驗有關的資訊都被包含在x的相似值函數之中，而且，如果兩個相似值函數是成比例的，則它們關於θ含有相同的資訊。

若存在θ的一個值，使得相似值函數$L(x_1, x_2, \cdots, x_n; \theta)$在$\theta=\hat{\theta}$取得最大值，即稱$\hat{\theta}$是$\theta$的一個極大相似估計值。因此，極大相似估計值函數$\hat{\theta}$，即是求相似值函數的最大值，因此可以通過下式：

$$\frac{dL(x_1, x_2, \cdots, x_n; \theta)}{d\theta}=0 \qquad (7.8)$$

計算θ的極大相似估計值$\hat{\theta}$。

對於分布中含有多個未知參數$\theta_1, \theta_2, \cdots, \theta_k$，也可採用類似的方法計算$\theta_i$的極大相似估計值$\hat{\theta}_i$，就是對相似值函數求這些參數的偏導數，並令它們等於0，即：

$$\frac{\delta \ln L(\theta_1, \theta_2, \cdots, \theta_k)}{\delta\theta_1}=\frac{\delta \ln L(\theta_1, \theta_2, \cdots, \theta_k)}{\delta\theta_2}=\cdots=\frac{\delta \ln L(\theta_1, \theta_2, \cdots, \theta_k)}{\delta\theta_k}=0 \qquad (7.9)$$

對上式進行求解，即可得到$\hat{\theta}_i$的最大相似估計量。

通常我們會計算預測值和實際值之間誤差平方的數學期望值，來表示模型的精準度，也就是使用預測變數的平方差來表示模型的精準度。顯然，平方差越大，說明誤差的波動越大。廣泛使用的最小二乘法也是基於誤差平方和最小的原則，其實模型的誤差可以採用多種指標評價，例如：最小曼哈坦距離也可以測量誤差，即：

$$\min\frac{\sum_{i=1}^{n}|\hat{X}_i - X_i|}{n} \qquad (7.10)$$

在公式中，$\hat{X}_i$表示模型對X_i的預測。相比於最小曼哈坦誤差距離測量，最小誤差平方和比較強調去避免對大範圍的誤差。假設樣本X_1和X_2的誤差在模型A和模型B中分別為如下兩種情況：

(1)模型A：X_1的誤差$e_1=3$；X_2的誤差$e_2=4$。

(2)模型B：X_1的誤差$e_1=5.1$；X_2的誤差$e_2=0$。

如果根據最小誤差平方和的方法來進行測量，(2)的誤差將比(1)嚴重，所以模型A比模型B好；如果根據最小曼哈坦誤差距離，情況則相反，(1)的誤差將比(2)嚴重，所以模型B比模型A好。在實際應用中，最小誤差平方和方法會對較大的誤差施加較大的懲罰。

極大相似和最小誤差平方是傳統的參數估計的最常用的方法，其處理的資訊完全來自於樣本。在後續小節中介紹的貝式信念網路（Bayesian Belief Network）具有因果和機率性語義，可以引入先驗資訊，利用專家知識來進行機率推理。

7.2 樸素貝式分類

貝式分類是統計學分類方法，可以預測分類成員關係的可能性，例如：給定樣本屬於一個特定類的機率。假設有m個分類$C_1, C_2, \cdots, C_m$。給定一個未知的資料樣本X（沒有分類標號），分類法將預測X屬於具有最高後驗機率的分類。樸素貝式方法是一種基於機率的分類方法，它通過樣本的屬性值計算事例屬於某一個分類的可能性，然後，將樣本歸屬到最有可能的類別中。樸素貝式分類將未知的樣本分配給C_i類別，只有當：

$$\forall j \quad P(C_i|X) > P(C_j|X)，1 \le j \le m，j \ne i \tag{7.11}$$

根據貝式定理，有：

$$P(C_i|X) = \frac{P(X|C_i)P(C_i)}{P(X)} \tag{7.12}$$

這裏，可以把樣本$X(x_1, x_2, \cdots, x_n)$看成是一個屬性向量，x_i表示第i個屬性的值。貝式分析基於貝式定理和貝式假設。貝式定理指出了分類函數在數學上的計算方法。貝式定理將事件的先驗機率和後驗機率結合起來，綜合了它的先驗資訊和樣本資訊，去估計未知參數向量。

為了降低計算 $P(X|C_i)$ 的開銷，樸素貝式分類假設一個屬性值對給定類別的影響獨立於其他屬性值，就是屬性值條件上互相獨立，在屬性之間不存在依賴關係，即稱為「樸素的」，因此：

$$P(X|C_i)=\prod_{k=1}^{n}p(A_k=x_k|C_i) \tag{7.13}$$

其中 A_k 表示第 k 個屬性，x_k 表示樣本 X 的 A_k 屬性值，n 表示屬性的個數。因此式（7.12）可以改寫為：

$$P(C_i|X)=\frac{\prod_{k=1}^{n}p(A_k=x_k|C_i)P(C_i)}{P(X)} \tag{7.14}$$

在上式中，$P(X)$是一個固定值，因為樸素貝式分類只需比較 $P(C_i|X)$的值，而無需計算 $P(C_i|X)$的值，因此對 $P(X)$ 可不計算。貝式理論把在訓練資料中觀測到的機率作為條件機率，因此，上式中的一些機率可以直接從訓練集中獲取。$P(C_i)$為任意一個樣本屬於 C_i 類別的機率，若把 C_i 類別中的樣本個數記為$|C_i|$，所有樣本總數為$|S|$，則有：

$$P(C_i)=\frac{|C_i|}{|S|} \tag{7.15}$$

同樣地：

$$p(A_k=x_k|C_i)=\frac{|C_i(A_k=x_k)|}{|C_i|} \tag{7.16}$$

其中，$|C_i(A_k=x_k)|$表示 C_i 類別中屬性 A_k 的值為 x_k 的樣本數。

從理論上來說，與其他所有的分類演算法相比，貝式分類具有最小的出錯率，但事實上並非總是如此。這是因為對其應用的假設（如類條件獨立性）具有不準確性，以及缺乏可用的機率資料造成的。樸素貝式分類有一個前提條件，就是它要求組成資料庫的各屬性，在給定類別的取值過程中必須是互相獨立的，也就是說，任何屬性的

取值都不依賴於其他屬性，而在實際應用中滿足這種條件的情況並不多見，但在具體應用中，樸素貝式分類仍然能取得較好的效果。

7.3 貝式信念網路

貝式信念網路（Bayesian Belief Network）有時也稱為因果網路或機率網路，有時也直接簡稱為貝式網路。貝式信念網路由 R. Howard 和 J. Matheson 於 1981 年提出，它是一種機率推理方法，它能從不完全、不精確和不確定的知識和資訊中做出推理，可以處理不完整和帶有雜訊的資料集，從而解決了資料間不一致甚至互相獨立的問題。它的堅實理論基礎、知識結構的自然表述方式、靈活的推理能力、方便的決策機制，使其應用越來越廣泛。貝式信念網路將不確定事件以網路的形式連接起來，實現對某一事件與其他相關事件的時間預測。與傳統的不確定資訊模型相比，貝式信念網路建立在嚴格的統計理論的基礎上，因此具有堅實的理論基礎。

7.3.1 貝式信念網路的結構

貝式信念網路用圖形方法描述資料間的相互關係，語義清晰，可理解性強，有助於利用資料間的因果關係進行預測分析。貝式信念網路是一個有向無環圖，它是複雜聯合機率分布的圖形表示方式。一個貝式信念網路 $S=\langle G,\theta\rangle$ 由網路拓樸結構和局部機率分布集合兩部分組成。第一部分有向無環圖 G 表示了一組變數 $X=\{X_1, X_2,\cdots, X_n\}$ 的條件獨立所建立的網路結構，是建立模型領域中條件獨立的關係的集合，這些變數用節點來表示。而變數間的關係是利用節點的連接表示，第二部分 θ 是與每一個變數互相聯繫的局部條件機率分布 $p(X_i|\pi_{X_i})$ 的集合，π_{X_i} 表示 G 中 X_i 的父節點，$p(X_i|\pi_{X_i})$ 則表示節點 X_i 在父節點 π_{X_i} 下的條件機率分布。兩部分組合在一起定義了唯一的聯合機率分布 $p(X)$，並有：

$$p(X)=\prod_{i=1}^{n}p\,(X_i|\pi_{X_i}) \tag{7.17}$$

貝式信念網路用圖形模式表示變數間連接機率，用節點表示變數，用有向邊表示變數間的依賴關係，用機率測量的權重來描述資料間的相關性，因此提供了一種自然的表示機率資訊的方法。

經調查發現，高血壓和每日攝鹽量存在一定的關係。假設，有如下統計資料：

每日攝鹽量大於等於 20 的人的比例為 $p(s \geq 20g) = 0.2$

每日攝鹽量在 5g 到 20g 之間的人的比例為 $p(5g < s < 20g) = 0.65$

每日攝鹽量小於等於 5g 的人的比例為 $p(s \leq 5g) = 0.15$

並且，高血壓和每日攝鹽量存在以下關係：

每日攝鹽量大於等於 20g 的人患高血壓的比例為 $p(h|s \geq 20g) = 0.8$

每日攝鹽量在 5g 到 20g 之間的人患高血壓的比例 $p(h|5g < s < 20g) = 0.3$

每日攝鹽量小於等於 5g 的人患高血壓的比例 $p(h|s \leq 5g) = 0.1$

則可以使用如圖 7-1 所示的一個簡單的貝式信念網路表示以上資訊。其患病條件機率分布如圖 7-2 所示。

圖 7-1 **貝式信念網路**

	攝鹽 $\geq 20g$ $p(s \geq 20g) = 0.2$	攝鹽 5g～20g $p(5g < s < 20g) = 0.65$	攝鹽 $\leq 5g$ $p(s \leq 5g) = 0.15$
患高血壓	0.8	0.3	0.1
不患高血壓	0.2	0.7	0.9

圖 7-2 **患高血壓的條件機率分布**

現在，我們來討論一個稍微複雜一點的貝式信念網路。假設，在上例中發現患高血壓和家族遺傳也有一定的關係，並有如下統計資訊：

具有高血壓家族遺傳史的人的比例為：$p(f = \text{yes}) = 0.15$

沒有高血壓家族遺傳史的人的比例為：$p(f = \text{no}) = 0.85$

每日攝鹽量大於等於 20g 的人並有高血壓家族遺傳史的人患高血壓的比例為：

$p(h|(s \geq 20g) \wedge (f = \text{yes})) = 0.95$

每日攝鹽量大於等於 20g的人但沒有高血壓家族遺傳史的人患高血壓的比例為：

$p(h|(s \geq 20g) \wedge (f = \text{no})) = 0.7$

每日攝鹽量在 5g 到 20g 之間並有高血壓家族遺傳史的人患高血壓的比例為：

$p(h|(5\text{g} < s < 20\text{g}) \wedge (f = \text{yes})) = 0.6$

每日攝鹽量在 5g 到 20g 之間但沒有高血壓家族遺傳史的人患高血壓的比例為：

$p(h|(5\text{g} < s < 20\text{g}) \wedge (f = \text{no})) = 0.2$

每日攝鹽量小於等於 5g 但有高血壓家族遺傳史的人患高血壓的比例為：

$p(h|(s \le 5\text{g}) \wedge (f = \text{yes})) = 0.15$

每日攝鹽量小於等於 5g 且沒有高血壓家族遺傳史的人患高血壓的比例為：

$p(h|(s \le 5\text{g}) \wedge (f = \text{no})) = 0.05$

則可以使用圖 7-3 和圖 7-4 表示以上資訊。

在圖 7-3 中，「每日攝鹽量」和「高血壓家族遺傳史」之間沒有線相連，因為這兩者之間沒有發現直接的因果關係。

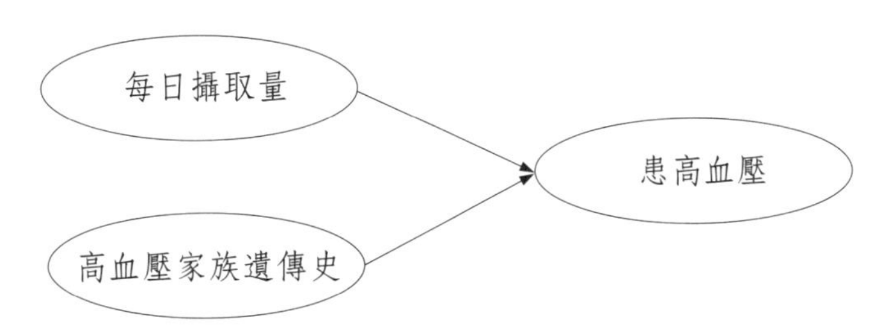

圖 7-3　**貝式信念網路**

	攝鹽 ≥ 20g ∧有家族史 $p(s \le 20\text{g}) = 0.2$ $p(f = \text{yes}) = 0.15$	攝鹽 ≥ 20g ∧沒有家族史 $p(s \ge 20\text{g}) = 0.2$ $p(f = \text{no}) = 0.85$	攝鹽 5g～20g ∧有家族史 $p(5\text{g} < s < 20\text{g}) = 0.65$ $p(f = \text{yes}) = 0.15$	攝鹽 5g～20g ∧沒有家族史 $p(5\text{g} < s < 20\text{g}) = 0.65$ $p(f = \text{no}) = 0.85$	攝鹽 ≤ 5g ∧有家族史 $p(s \le 5\text{g}) = 0.15$ $p(f = \text{yes}) = 0.15$	攝鹽 ≤ 5g ∧沒有家族史 $p(s \le 5\text{g}) = 0.15$ $p(f = \text{no}) = 0.85$
患高血壓	0.95	0.7	0.6	0.2	0.15	0.05
不患高血壓	0.05	0.3	0.4	0.8	0.85	0.95

圖 7-4　**患高血壓的條件機率分布**

7.3.2 貝式信念網路的訓練

對於貝式信念網路的學習，也就是找出一個能夠最真實地反映現有資料集中各資料變數之間的依賴關係的貝式網路模型。給定離散變數集合 $X = \{X_1, X_2, \cdots, X_n\}$ 上的資

料樣本 D，學習的目的是為找到和 D 匹配程度最高的貝式信念網路。貝式信念網路由兩部分組成，因此，貝式信念網路的學習可以被分解成結構學習和機率分布學習（也稱為參數學習）兩部分。

貝式信念網路透過學習將描述系統行為的聯合機率分布轉化為一組條件機率的乘積。貝式方法具有綜合先驗知識的增量學習特性。貝式信念網路本身沒有輸入和輸出的概念，各節點的計算是獨立的，因此，貝式信念網路的學習既可以由上級節點向下級節點做推理，也可以由下級節點向上級節點做推理。

7.4 貝式分類的應用

文件過濾是一種重要的資訊安全領域的應用。過濾的本質就是一種分類，現在就來討論基於貝式方法的文件過濾，用下式所示的向量來表示文件內容：

$$D(P_i) = (T_1, W_1; T_2, W_2; \cdots; T_n, W_n) \tag{7.18}$$

其中，P_i 表示文件，T_i 為文件中的關鍵字，W_i 為關鍵字在網頁文件 P_i 中的權重，$D(P_i)$ 即為文件 P_i 所對應的向量表示。

使用樸素貝式方法來計算網頁 P_i 屬於合法網頁集 L 的機率 $P(L|D(P_i))$和屬於非法網頁集 I 的機率 $P(I|D(P_i))$，顯然存在下列算式：

$$P(L|D(P_i)) + P(I|D(P_i)) = 1 \tag{7.19}$$

因此，根據算式（7.20）中的任何一種計算結果可以判斷網頁 P_i 是否為非法網頁。然而，由於我們通常會將合法網頁誤判為非法網頁的嚴重性大於非法網頁的漏判，因此在算式（7.20）中需要加上一調整量 ε，如算式（7.21）所示。當然在某些情況下，如果需要監管兒童瀏覽過濾，則需儘量地避免漏判，這樣的情形下，只要將 ε 調整為負值即可達到。

$$\begin{aligned} &P(L|D(P_i)) < 50\% \\ &P(I|D(P_i)) > 50\% \end{aligned} \tag{7.20}$$

$$
\begin{aligned}
&P(L|D(P_i)) < P(I|D(P_i)) \\
&P(L|D(P_i)) < 50\% + \varepsilon \\
&P(I|D(P_i)) > 50\% + \varepsilon \\
&P(L|D(P_i)) + \varepsilon < P(I|D(P_i))
\end{aligned}
\quad (7.21)
$$

顯然地，在過濾計算臨界值附近的文件是自動學習的重要樣本，因此可將臨界值附近的文件過濾結果，根據領域專家的人工確認作為訓練樣本的正例集和反例集，並通過更正演算法來修改過濾模型和參數。

根據貝式定理，可以利用訓練樣本集來預測未知樣本的類別。如算式（7.22）所示，利用樣本集獲取的先驗機率和條件機率來計算後驗機率，就是未知文件屬於合法文件的機率和屬於非法文件的機率。

$$
\begin{aligned}
P(I|D(P_i)) &= \frac{P(D(P_i)|I)*P(I)}{P(D(P_i))} \\
P(L|D(P_i)) &= \frac{P(D(P_i)|L)*P(L)}{P(D(P_i))}
\end{aligned}
\quad (7.22)
$$

在算式（7.22）中，$P(I)$ 和 $P(L)$ 分別是文件屬於非法文件集和合法文件集的先驗機率，可以利用算式（7.23）計算。在算式（7.23）中，$|I|$和$|L|$分別代表訓練集中非法文件的數量和合法文件的數量。

$$
\begin{aligned}
P(I) &= \frac{|I|}{|I|+|L|} \\
P(L) &= \frac{|L|}{|I|+|L|}
\end{aligned}
\quad (7.23)
$$

向量 $D(P_i)$ 中的關鍵字，可以看成文件 P_i 的屬性。因此基於樸素貝式方法來過濾文件內容的技術，實質上是將文件進行貝式分類（合法類別和非法類別）。由於計算 $P(D(P_i)|I)$ 和 $P(D(P_i)|L)$的開銷可能非常大，為了降低計算開銷，可以做類別條件獨立的樸素假設：給定樣本的類別編號，假設屬性值之間相互條件獨立，也就是在屬性之間不存在依賴關係。因此，條件機率 $P(D(P_i)|I)$ 和 $P(D(P_i)|L)$可以根據算式（7.24）來簡化計算過程。

$$P(D(P_i)|I) = \prod_{i=1}^{n} P(T_i|I)$$
$$P(D(P_i)|L) = \prod_{i=1}^{n} P(T_i|L) \qquad (7.24)$$

算式（7.24）中的各種機率分量可以基於訓練樣本集做近似計算，具體計算方法請見算式（7.25）。在算式（7.25）中，$|T_i(I)|$和$|T_i(L)|$分別表示非法文件集中關鍵字為T_i（或稱屬性值為T_i）和合法文件集中關鍵字為T_i的文件數。

$$P(T_i|I) = \frac{T_i(I)}{|I|}$$
$$P(T_i|L) = \frac{T_i(L)}{|L|} \qquad (7.25)$$

粗糙集

粗糙集（Rough Set，也稱粗集）理論是一種研究不精確、不確定性知識的工具，由波蘭科學家Z. Pawlak在1982年首先提出。粗糙集理論是離散資料推理的一種新方法。集合論是粗糙集的數學基礎。粗糙集理論作為一種處理不完備資訊的有力工具，它可以不需任何輔助資訊，如統計學中的機率分布、模糊集理論中的隸屬制度等，僅依據資料本身提供的資訊就能夠在保留關鍵資訊的前提下，對資料進行簡化並求得知識的最小表達方式，從而建立決策規則，發現給定的資料集中隱含的知識。目前，粗糙集方法已成為資料探勘應用的主要技術之一。

8.1 關於知識的觀點

關於知識，人們有不同的理解和定義，比較有代表性的例如：Feign 認為知識是經過削弱、塑造、解釋、選擇和轉換了的資訊；Bernstein定義知識是由特定領域的描述、關係和過程組成的；Heyes-Roth則認為知識＝事實＋信念＋啟發式。一般而言，知識是人們對自然現象的認識和從中總結出來的規律、經驗。

知識有不同的類型，例如：我們可將知識劃分為內容明確的知識和不言而喻的潛在知識。所謂內容明確的知識，指的是可以使用語言明確表達的知識，通常又稱為顯性知識。不言而喻的知識指不能用語言表達的知識，又稱為無意識的知識或隱性知識。內容明確的知識又可繼續劃分為過程性知識和說明性知識。過程性知識是關於如何做某事的，說明性知識是判斷某事是正確還是錯誤的。知識的分類也不是唯一的，例如：經濟合作與發展組織將知識劃分為四類：

- Know-what：知道是什麼的知識，指關於事實方面的知識。
- Know-why：自然原理和規律方面的知識。
- Know-how：從事某項工作的技能，包括技術、技能、技巧、訣竅等。
- Know-who：誰知道和誰知道如何做等資訊。

雖然關於知識沒有統一的定義，但是一般而言會將概念、規則、模式、規律和約束等看做知識。廣義上來講，知識指類別特徵的概括性描述知識，根據資料的微觀特性發現其表面的、帶有普遍性的、較高層次概念的、中觀和宏觀的知識，反映同類事物的共同性質，是對資料的概括、精煉和抽象。這些知識構成了人們對事物的分類能力。粗糙集理論則直接認為知識就是人類和其他物種所固有的分類能力。從形式上來說，粗糙集理論將知識認定為不可區分關係的一個簇集，在不改變物件屬性之間不可區分關係的情況下，對資料進行簡化並求得知識的最小表達方式。所區分的物件全體稱為論域。

在粗糙集中，一個資訊系統K被定義為：

$$K=(U, A, V, \rho) \tag{8.1}$$

其中：

U——論域

A——屬性的全體

V——$V=\bigcup_{a\in A}V_a$，V_a是屬性的值域

ρ——$\rho=U\times A\to A$是一個資訊函數，ρ_x：$A\to V$，$X\in U$，反映了物件x在K中的完全資訊

粗糙集理論認為知識是有粒度的，知識的粒度性是造成既有知識不能精確表示某些概念的原因，因此使用下面章節所談到的不可區分關係和上、下近似等技術來逼近這些概念。因此知識將對應為資料的劃分。

對於資訊系統中的任何一個概念$X\subseteq U$，如果它能用屬性值所劃分論域的子空間來表示的話，則說明概念X可以明確定義在資訊系統中，其相對應的知識為確定性知識；否則說明概念X不能被精確定義在資訊系統中，而只能近似地描述，其相對應的知識為不確定性知識。

資訊系統可視為資訊表格。在資料集中（將資料組織成表格的形式），將行元素看成物件，列元素看成屬性，這些屬性又分為條件屬性和決策屬性兩大類。條件屬性把整個實例空間（實例集）劃分成了小區塊（等價類），U/R表示R在U上所導出的劃分。等價關係R定義成不同物件在某個（或幾個）屬性上的取值相同，這些滿足等價關係的物件所組成的集合就稱為該等價關係R的等價類，$[x]_R$表示x的R的等價類，$x\in U$。顯然地，$[x]_R$中的每個物件都與x具有相同的屬性。對$\forall B\subseteq A$，可定義等價關係R_B為：

$$xR_By\Leftrightarrow\rho_x(b)=\rho_y(b)\text{，}\forall b\in B \tag{8.2}$$

對於任意的$P\subseteq R$，且$P\neq\phi$，則代表所有等價關係的交集$\cap P$也是論域U上的一個等價關係，即稱$\cap P$為P上的不可區分關係，記為$\text{IND}(P)$。

在資訊系統K中，若：

$$U/P=U/Q \tag{8.3}$$

也即：

$$\mathrm{IND}(P)=\mathrm{IND}(Q) \tag{8.4}$$

則稱知識 P 和知識 Q 是等價的。

如果有：

$$\mathrm{IND}(P)\subset \mathrm{IND}(Q) \tag{8.5}$$

則稱知識 P 比知識 Q 更精細，或者說知識 Q 比知識 P 更粗糙，也可以說，P 比 Q 更具特殊性質，或是 Q 為 P 的推廣。推廣指的是將某些範疇組合在一起，而更具特殊性質則是將範疇分割成更小的單元。

總而言之，就是粗糙集理論將分類與知識聯繫在一起，它使用相同關係制式化地表示分類，這樣知識就可以被理解為使用等價關係集對論域空間 U 進行劃分，知識就是等價關係集對論域劃分的結果。

8.2 粗糙集理論的知識發現

粗糙集方法與統計方法處理不確定問題的方式完全不同，它不採用機率方法來描述資料的不確定性，與這一領域另一個傳統的模糊集合論處理不精確資料時的方法也不相同。粗糙集方法能夠分析隱藏在資料中的資訊，而不需要關於資料的任何附加資訊。

粗糙集理論的基本想法是根據目前已有的關於問題的知識，將問題的論域進行劃分，然後對劃分後的每一組成部分確定其對某一決策集合的屬於程度，即肯定屬於此集合、肯定不屬於此集合和可能屬於此集合。在粗糙集理論中，以上三種情況分別用三個近似集合——正域、負域和邊界來表示。

指定一個實例集，包含在其中的小區塊之和是它的下近似，和它有交集的小區塊之和是上近似。條件屬性上的等價類 E 與決策屬性上的等價類 Y 之間有三種情況：

(1)下近似，Y 包含 E，即：

$$R_{-}(Y)=\cup\{\,E_i\in U|\mathrm{IND}(R): E_i\subset Y\} \tag{8.6}$$

⑵上近似，Y和E的交集非空集合，即：

$$R^{-}(Y) = \cup \{ E_i \in U|\text{IND}(R)\text{: } Y \cap E_i \neq \phi \} \tag{8.7}$$

⑶無關係，Y和E的交集為空集合。

對下近似建立確定性規則，對上近似建立不確定性規則（含可信度），對於無關係情況不存在規則。因此，集合Y的R-正區域$\text{POS}_R(Y)$為：

$$\text{POS}_R(Y) = R_{-}(Y) \tag{8.8}$$

集合Y的R-負區域$\text{NEG}_R(Y)$為：

$$\text{NEG}_R(Y) = U - R^{-}(X) \tag{8.9}$$

集合Y的R-邊界域為：

$$R^{-}(Y) - R_{-}(Y) \tag{8.10}$$

如果$R^{-}(Y) = R_{-}(Y)$，則稱為明確集，否則稱Y為R-的粗糙集。

利用不可區分關係構成的相同類型形成論域的一個劃分，若干個相同類的聯集稱為確定集，論域中任意集合均可用兩個確定集上近似和下近似來逼近。

粗糙集理論在資料中發現分類規則的基本想法，就是將資料物件根據屬性的不同屬性值分成相對應的子集合，然後對條件屬性劃分的子集合與結論屬性劃分的子集合進行一系列的集合的上、下近似運算，以產生各子類別的判定規則。

假設C和D是屬性集的A子集，則D對C的依賴度為：

$$k = \gamma(C, D) = \frac{\text{CARD}\,(\text{POS}_C\,(D))}{\text{CARD}\,(U)} \tag{8.11}$$

其中CARD表示集合的基數。則稱D以依賴度k依賴於C，並稱：

(1)D完全依賴於C，當$k=1$時。

(2)D部分依賴於C，當$0<k<1$時。

(3)D獨立於C，當$k=0$時。

依賴度k表示出，當利用條件屬性集C可以被正確分類到分割U/D中，物件的數目占論域物件總數的比例。

8.3 決策表的定義

如果將屬性集合A分為條件屬性集C和決策屬性集D，資訊系統則稱為決策表，可記為：

$$S=(U, C\cup D, V, \rho) \tag{8.12}$$

其中，$C\cup D=A$，$C\cap D=\phi$。分類$E_i\in U|\mathrm{IND}(C)$（$i=1, 2, \cdots, m$）為條件分類；$X_j\in U/\mathrm{IND}(D)$（$j=1, 2, \cdots, n$）為決策分類。

當資訊表中，屬性集A分成條件屬性和決策屬性兩個互相沒有交集的屬性集時，資訊系統便成為決策系統，表中每個個體就對應著一條決策規則。資訊系統中結論屬性集D中的一個取值就對應為系統中的一個概念。

粗糙集方法中定義了條件屬性和決策屬性之間的依賴關係，利用決策表可以表示出輸入空間和輸出空間之間的映射關係。然後透過去除多餘屬性的動作，可以大大地簡化表達空間的維數（dimension），刻劃出知識表達過程中不同屬性的重要性。

8.4 資料離散化

應用粗糙集方法，所要處理的屬性值必須是離散化的資料。但在實際應用中，屬性取連續值的情況是經常出現的。因此當被處理的資料是連續性時，就必須對資料進行離散化處理。目前粗糙集在這方面的應用中，有許多不同的離散化方法，例如：等寬離散化、等頻離散化、統計檢驗方法、資訊熵方法、自適應量化法等等。但是，對於一個給定的資料集，還沒有一個確定的評判準則去評判哪一種方法更好、更適合。

由於粗糙集理論最核心的概念就是樣本之間的區分關係，因此資料離散化方法要求能夠保持資訊系統所表達的樣本區分關係，否則將會丟失資訊或是引入錯誤資訊，從而影響所得結果的準確性。離散化本質上可歸結為利用所選取的中斷點來對條件屬性構成的空間進行劃分的問題，把這個 n（n 為條件屬性的個數）維空間劃分成有限個區域，使得每個區域中的物件的決策值相同。經過離散化之後，原來的資訊系統會被一個新的資訊系統所代替。

為了提高系統的泛化能力，離散化的過程必須要求能防止對屬性空間的過分細化。在保證資訊系統分辨關係的前提下，採用基數最小的中斷點集合對系統進行的離散化，就是基於粗糙集理論的最佳離散化。

資料離散化工作通常分為三步驟來進行：

(1)確定用於對各連續屬性進行離散化的候選中斷點（域值）集合。
(2)根據一定的策略所選取候選中斷點集合的一個儘可能小的子集，作為離散化過程實際採用的中斷點集合，即確定結果中斷點子集。
(3)利用結果中斷點集合對資訊系統進行離散化。

離散化方法通常分為監督離散化和非監督離散化。等寬離散化和等頻離散化都是非監督離散化方法。其中，等寬離散化方法會將連續值屬性的值域等分，然後將不同區間的值映射到不同的離散值；等頻離散化也即等深離散化，每個區間所含物件數相同。非監督離散化方法簡單，但忽略了物件的類別資訊。為了進一步提高離散化效果，學者們提出了監督離散化方法，例如：單一規則離散器方法、統計檢驗方法、資訊熵方法等。

單一規則離散器方法的基本想法是不斷調整分割點，直至在離散後的每個區間裏包含儘量多的同類物件，並滿足區間內物件數達到某一閾值為止。

統計檢驗方法要去驗證決策分類之間機率獨立性，獨立程度由 χ^2 指定。設分割點 c 將連續屬性 a 的值域（l_a, r_a）分為兩個區間：$L_c=(l_a, c)$ 和 $R_c=(c, r_a)$，則：

$$\chi^2=\sum_{i=1}^{2}\sum_{j=1}^{r}\frac{(n_{ij}-E_{ij})^2}{E_{ij}} \tag{8.13}$$

其中，r 為決策分類數；n_{ij} 表示第 i 個區間第 j 類的物件數目；E_{ij} 表示 A_{ij} 的期望頻率，並有：

$$A_{ij}=\frac{R_i \times C_j}{n} \tag{8.14}$$

其中 R_i 表示第 i 個區間的物件數；C_j 則表示第 j 類的對象數；n 為對象的總數。分割點的 χ^2 值越大，說明此分割點的離散化效果越好。

資訊熵方法則是計算劃分後的區間的資訊熵，資訊熵的值越小，則區間劃分的效果越好。

8.5 決策規則的獲取

決策規則的產生依賴於資料之間的歸納依賴關係。歸納依賴關係根據物件在屬性集 C' 上的描述就可以確定該物件的決策屬性集 D' 的取值，這時稱屬性集 C' 與屬性集 D' 之間存在歸納依賴關係 $C'\rightarrow D'$，即 D' 依賴於 C'。由於資料集邊界區域的存在，依賴關係就有強、弱兩種。強依賴關係指出了資料在條件屬性集 C' 上的描述，唯一地確定了決策屬性的值，在決策表中如果不存在邊界區域時，條件屬性與決策屬性間的關係就是強依賴關係；弱依賴關係則是指出了資料在條件屬性集 C' 上的描述，只能以一定的機率確定決策屬性的值，在資料集中存在邊界區域時，條件屬性與決策屬性之間的關係就是弱依賴關係。而確定最小歸納依賴關係就是在條件屬性集合中刪除多餘屬性，進行屬性簡化。多餘屬性有兩類：一類是與決策屬性無關，同時又不歸納依賴於其他條件屬性的屬性，稱為第一類多餘屬性；另外一類是與決策屬性無關，但卻依賴於其他條件屬性的條件屬性，稱為第二類多餘屬性。

屬性間的依賴關係就是前面章節所談到的關聯分析。在粗糙集方法中，主要關注在條件屬性和決策屬性間的依賴關係，因此有這樣的關聯規則：

$$C'\Rightarrow D'$$

屬性集 C' 與屬性集 D' 之間的依賴度對應為關聯規則的可信度。因此，對於強依賴關係，其關聯規則的可信度 $c_{C'\Rightarrow D'}$ 為：

$$c_{C'\Rightarrow D'}=1$$

對於弱依賴關係，關聯規則的可信度 $c_{C'\Rightarrow D'}$ 為屬性集 C' 與屬性集 D' 之間的依賴度 $\gamma(C', D')$，即：

$$c_{C'\Rightarrow D'}=\gamma(C', D') = \frac{\mathrm{CARD}(C'\cap D')}{\mathrm{CARD}(C')} \tag{8.15}$$

屬性集 C' 與屬性集 D' 之間無論是強依賴關係還是弱依賴關係，都可利用下面算式來計算關聯規則 $C'\Rightarrow D'$ 的支持度 $s_{C'\Rightarrow D'}$：

$$s_{C'\Rightarrow D'}=\frac{\mathrm{CARD}(C'\cap D')}{\mathrm{CARD}(U)} \tag{8.16}$$

當 $c_{C'\Rightarrow D'}$ 大於或等於用戶設置的最小可信度 $\min c$ 且 $s_{C'\Rightarrow D'}$ 大於或等於用戶設置的最小支援度 $\min s$ 時，就會有這樣的規則：

$$C'\Rightarrow D'$$

8.6 粗糙集的化簡

粗糙集系統中的屬性並不是完全一樣重要的，有些甚至是多餘的。屬性化簡就是在保持系統分類能力不變的條件下，刪除那些不相關或者不重要的屬性。若將這些屬性刪除了，不僅不會改變決策表的分類或預測能力，反而會提高系統潛在知識的清晰度。化簡反映了一個資訊系統的本質資訊。屬性化簡也稱知識化簡或知識約簡。

8.6.1 屬性的化簡

在決策表 $S=(U, C\cup D, V, \rho)$ 中，如果 $C'\neq\phi$，並且；(1) $\mathrm{IND}(C', D)=\mathrm{IND}(C, D)$；

(2)不存在 C''，使得 $\text{IND}(C'', D) = \text{IND}(C, D)$，則稱 C' 是條件屬性 C 的化簡集。

C 的化簡記為 $\text{RED}_\eta(C)$，所有化簡集的交集稱為核，記為 $\text{CORE}_\eta(C) = \cap\, \text{RED}_\eta(C)$。對於任何屬性 $p \in C$，若：

$$\text{POS}_C(D) = \text{POS}_{C-\{P\}}(D) \tag{8.17}$$

則 p 關於 C 是多餘的，否則是不可或缺的。如果 C 中任何屬性關於 D 都是不可或缺的，則稱 C 關於 D 是正交的。

對於決策表，有很多種屬性化簡的方法，計算決策表的所有化簡動作已被證明是 NP 難題，計算最小屬性化簡也是 NP 難題。

基於核的屬性化簡，一般步驟如下：

(1)求出決策表中的重複物件。

(2)求屬性化簡集的核。

(3)計算化簡集。

(4)確定最佳化簡集。

(5)生成決策規則。

條件屬性針對決策屬性的化簡集並不唯一，所有化簡集的交集稱為該決策屬性集的核。當核中的元素被去除時，系統的分類能力將受到影響，因此核是最重要的屬性子集。一般說來，決策表通常存在許多不同的化簡，但核是唯一的。

在決策表 $S = (U, C \cup D, V, \rho)$ 中，如果對於 U/C 中同一等價類的記錄都有相同的決策值，則稱這個等價類中的任一記錄為確定性記錄；如果對於 U/C 中同一等價類的記錄有不同的決策值，則稱這個等價類中的任一記錄為不確定性記錄。如果決策表 S 中的所有記錄都是確定性記錄，則稱決策表 S 是一致決策表或相容決策表；否則稱 S 為非一致決策表或不相容決策表。

資料探勘通常需要處理大量資料，而在大量資料中通常存在不一致資料物件。在非一致決策表 $S = (U, C \cup D, V, \rho)$ 中，將論域 U 分成兩部分 U_1 和 U_2，其中 U_1 表示論域中的確定性記錄的集合，U_2 表示論域中不確定記錄的集合，則有：

$$\text{POS}_C(D) = U_1$$

8.6.2 一致決策表的化簡

論域中的物件根據條件屬性的不同，被劃分到具有不同決策屬性的決策表。決策表的化簡就是去除表中多餘的條件屬性，計算所有的化簡，並發現核屬性。粗糙集在大量資料中提取核屬性，對資料進行預先處理時，所使用的具體處理流程如下：

1. 條件屬性的化簡

求核的過程首先是條件屬性的化簡過程。假設原始決策屬性為 DS_0，刪除第 k 個屬性後的決策屬性為 DS_k，如果 DS_k 和 DS_0 相同，則說明第 k 個屬性是多餘的，可以刪除，然後再選擇該屬性集中的其他屬性來進行測試；如果 DS_k 和 DS_0 不同，則說明第 k 個屬性不可刪除，然後，再選擇該屬性集中的其他屬性進行測試。如此遞迴地執行這些動作，直至剩下的所有條件屬性都是不可刪除的為止。

為了制式化地描述條件屬性的化簡和核的計算，波蘭數學家 A. Skowron 提出使用識別矩陣（Discernibility matrix）進行屬性的化簡。識別矩陣是一個 $n \times n$ 矩陣，n 是決策表中的物件數，矩陣中的元素 a_{ij} 表示決策表中，物件 u_i 和對象 u_j 具有不同值的屬性，識別矩陣的定義如下：

設 $S=(U, C \cup D, V, \rho)$，識別矩陣 $C(S)= [c_{ij}]_{n*n}$，其中 c_{ij} 為：

$$c_{ij}=\begin{cases} c \in C: \rho(u_i, c) \neq \rho(u_j, c) \\ \phi \end{cases} \quad (8.18)$$

識別矩陣實質是將決策表中的所有有關資訊的差別資訊濃縮到一個矩陣。顯然地，識別矩陣是一個對角線元素值都為空的對稱矩陣。核則可定義為識別矩陣中，只有一個元素的矩陣項的集合，即：

$$\text{CORE}(C)=\{a \in C, \delta(u_1, u_2)=\{a\}, \ \exists\ u_1, u_2 \in U\} \quad (8.19)$$

其中，$\delta(u_1, u_2)$表示決策表中，物件 u_i 和對象 u_j 具有不同值的屬性。因此可定義化簡如下：當 P 滿足 $\forall u_1, u_2 \in C$，有 $\delta(u_1, u_2) \neq \phi$ 且 CARD(P)最小，則 P 是 C 的化簡。

每一個識別矩陣對應到一個唯一的識別函數 $f_{C'(S')}$，其定義如下：

假設 n 階識別矩陣的任一個非空元素 c_{ij} 為：

$$c_{ij} = \{a_1, a_2, \cdots, a_l\}$$

其對應的交集項 E_{ij} 為：（譯：交集就是邏輯運算的 OR，聯集則是邏輯運算的 AND）

$$E_{ij} = a_1 \vee a_2 \vee \cdots \vee a_l \qquad (8.20)$$

則對應的屬性化簡 RED(C)為所有非空元素對應的交集項 E_{ij} 的聯集：

$$\text{RED}(C) = E_1 \wedge E_2 \wedge \cdots \wedge E_k，1 \le k \le \frac{n^2 - n}{2} \qquad (8.21)$$

因為識別矩陣是一個對角線為空的相異矩陣，所以相異的非空元素的個數最多為 $\frac{n^2 - n}{2}$。然後將聯集範例轉換為交集範例，則每個交集範例中的所有元素就對應一個化簡。

利用識別矩陣計算核和化簡的示例如下：

設系統決策表 S 為：

U/S	條件屬性 a	條件屬性 b	條件屬性 c	決策屬性 d
u_1	2	1	1	d_1
u_2	1	0	2	d_2
u_3	0	2	1	d_3
u_4	2	0	1	d_1
u_5	1	1	0	d_2
u_6	1	2	2	d_1

則相應的識別矩陣為 C：

$$\begin{array}{cccccc} 1 & 2 & 3 & 4 & 5 & 6 \end{array}$$
$$\begin{bmatrix} & a,b,c & a,b & & a,c & \\ a,b,c, & & & a,c & & b \\ a,b & & & a,b & & a,c \\ & a,c & a,b & & a,b,c & \\ a,c & & & a,b,c & & b,c \\ & b & a,c & & b,c & \end{bmatrix}$$

根據識別矩陣中核的定義，有：

$$\text{CORE}(C) = \{b\}$$

相應地將屬性化簡為：

$$\text{RED}(C)_1 = \{a, b\}$$
$$\text{RED}(C)_2 = \{b, c\}$$

也可根據識別函數 $f_{c(s)}$ 計算化簡，根據識別矩陣 C，有：

$$E_1 = a \vee b \vee c$$
$$E_2 = a \vee b$$
$$E_3 = a \vee c$$
$$E_4 = a \vee c$$
$$E_5 = b$$
$$E_6 = a \vee b$$
$$E_7 = a \vee c$$
$$E_8 = a \vee b \vee c$$
$$E_9 = b \vee c$$

則有：

$$\text{RED}(C) = E_1 \wedge E_2 \wedge E_3 \wedge E_4 \wedge E_5 \wedge E_6 \wedge E_7 \wedge E_8 \wedge E_9$$

$$=(b \wedge c) \vee (b \wedge a)$$

因此，同樣可得：

$$\text{RED}(C)_1 = \{a, b\}$$
$$\text{RED}(C)_2 = \{b, c\}$$

2. 決策物件的化簡

在條件屬性最簡單的決策表中，消除完全相同的決策物件，即去除重複的行（Column）。重複的行可以看做是同一個狀態、同一種決策。

3. 屬性值的化簡

對決策表而言，屬性值的化簡就是指決策規則的化簡，也就是去除規則中的不必要的條件。因此，可以一個個試著刪除各個條件屬性，刪除該條件屬性之後，首先判斷決策表的化簡表中是否出現了條件屬性完全相同的行。如果沒有，就是說明了剩下的條件屬性唯一決定了決策屬性，因此該條件屬性是多餘的；如果出現條件屬性重複的行，就要再檢查這些行的決策屬性是否相同，如果相同，則說明該條件屬性是多餘的，否則代表該條件屬性是不可或缺的。利用如此的做法，迴圈檢測一遍來化簡表中的所有條件屬性。

4. 生成規則

一致決策表中生成的決策規則有兩種。一種是一組決策條件導出一種決策；另一種是多組不同的決策條件可導出相同的決策。

8.6.3 屬性重要性度量

決策表中不同的屬性和屬性集的重要性是不一樣的，有些屬性對決策結果有著主導作用，處於支配地位，而有些作用卻很有限。因此，屬性重要性在化簡計算中可作為啟發式規則來克服常規化簡演算法的 NP-難問題。

判斷屬性重要性的基本想法是根據該屬性對分類結果的影響，若去掉該屬性對分類影響大，則說明該屬性的重要性高；反之，說明該屬性的重要性低。

可使用正域進行定義。

假設決策表 S 中，條件屬性集和決策屬性集分別為 C、D，$R \subset C$，對於任意屬 $a \in C - R$ 性的重要性 SGF(a, R, D)用依賴程度的差來量度，即定義為：

$$\mathrm{SGF}(a, R, D) = \frac{\mathrm{CARD}(\mathrm{POS}_{R \cup \{a\}}(D) - \mathrm{POS}_R(D))}{\mathrm{CARD}(U)} \quad (8.22)$$

神經網路

人腦有 1000 億個神經元，神經元由細胞體、樹突（輸入端）、軸突（輸出端）組成。神經元有兩種工作狀態：興奮和抑制。每個神經元平均與 10000 個其他神經元互聯，神經網路構成了人類智慧的直接物質基礎。每個神經元到另一個神經元的連接權值，也就是後者對前者輸出的反應程度，是可以受外界刺激而改變的，這構成了學習機能的基礎。

被稱為連接主義的人工神經網路（Artificial Neural Network, ANN）試圖從結構上模仿人腦神經結構和功能。人工神經網路是生理學上的真實人腦神經網路的結構和功能，以及若干基本特性的某種理論抽象、簡化和類比而構成的一種資訊處理系統，從系統觀點看，人工神經網路是由大量神經元通過極其豐富和完善的連接而構成的自我適應非線性動態系統，即具有不可預測性、耗散性、不可逆性、高維性、廣泛連接性與自我適應性等，因此神經網路的動態行為是十分複雜的。神經網路具有人腦功能的基本特徵：學習、技術和歸納。

神經網路近來越來越受到人們的關注，因為神經網路需要的經驗知識比較少、適應性比較強、並行速度比較快，它為解決大複雜度問題提供了一種相對來說比較有效的簡單方法。

9.1 什麼是神經網路

人工神經網路以大腦作為研究基礎，模擬人的大腦的活動原理，以實現大腦的某些方面的功能。人類的大腦是由數量巨大的神經元細胞互聯形成的複雜網路組成。每個神經元都由一個細胞體、一個連接到其他神經元的軸突和一些向外伸出的其他較短分支——樹突所組成。軸突就是神經纖維，相當於細胞的輸出電纜，其端部的許多神經末梢為信號輸出端子，用於傳出神經訊號。樹突相當於細胞的輸入端，接受來自四面八方的傳入神經訊號。神經元之間通過軸突與樹突相互連接，其介面稱為突觸，突觸有兩種類型：興奮型和抑制型。

儘管目前人們對人腦的思維原理的許多細節尚不瞭解，但已確認正是複雜的神經網路使人類具有智慧。人工神經網路是由大量的神經元廣泛互聯而成的系統。人工神經網路使用閾值邏輯單元類比神經元，並將大量的閾值邏輯單元按一定的方式進行組織和連接。連接方式的不同，使得網路對同一外部輸入有著不同的反應，並因此形成了不同的連接模型，這也是人工神經網路被稱為連接主義的原因。

通過生物神經元的實驗，McCulloch 和 Pitts 提出，神經元可看成處理二進位數字的設備，而二進位作為邏輯數學的重要基礎，同時也是電腦邏輯的基礎。這種聯繫奠定了電腦模擬神經網路的基礎。他們還預測未來的神經網路將能夠做到模式學習和模式識別。McCulloch 和 Pitts 的理論是人工神經網路理論的基礎。

人工神經網路理論是多學科綜合發展的產物，人工神經網路是模擬生理神經網路結構的非線性預測模型，通過學習進行模式識別。傳統的計算方法採用由下而上的方法，對一個要解決的問題，首先對它進行全面分析，然後再全面分解，最後為它建立一個計算模型。這個方法不同於那些編寫模仿人腦思維方式的電腦程式來產生智慧的由下而上的方法，人工神經網路是一種建立模仿人腦的神經網路，採用由上而下的方法。人工神經網系統利用採集資料樣本進行學習的方法，來建立資料模型，系統靠樣本不斷學習，在這樣的基礎上，去建立計算模型，從而建立神經網路結構。

通過模仿人類的神經網路，人工神經網路具有一些特點和優越性，主要表現在四個方面：

1. 自我學習功能

神經網路可以根據外界環境修改自身的行為。因為人工神經網路採用由上而下的方法，需要的經驗知識比較少，只要有資料就可以對它進行訓練，建立計算模型，並希望從中得出計算結果。

2. 分布和聯想儲存功能

神經網路的資訊處理由神經元之間的相互作用來實現，知識與資訊表現為神經元間分散式聯繫與儲存。

3. 並行分布處理功能

具有高速尋找最佳化解決方案的能力。傳統的計算模式只用一個計算單元來進行計算，而人工神經網路使用分散式、平行計算代替了原來集中的計算方法。

4. 高度適應性和容錯能力

在訓練學習後，對外界輸入資訊的少量丟失或神經網路組織的局部缺損，在某種程度上，神經網路的反應不再那麼敏感。

現在人們常常將人工神經網路直接簡稱為神經網路。

9.2 神經網路的表示和學習

計算能力和儲存能力是現代電腦科學的兩個基本問題。在傳統的方法中，資訊的處理和資訊的儲存是分離的，就是從記憶體內讀取資料，然後對資料進行處理，最後寫入資料。但在人工神經網路中，資訊是儲存在神經元的連接權值中，而神經網路的計算過程和計算結果又由網路的連接方式和連接權值決定，所以資訊的計算和資訊的儲存在神經網路中是一體的。

由於神經網路的計算能力和儲存能力是透過神經元而執行的，因此神經網路具有天然的、本質上的大規模並行分布計算特性。神經網路是大量神經元的集體行為，並不是由各單元行為的簡單相加，而表現出一般複雜非線性動態系統的特性。神經網路允許定性和定量信號兩者的資料融合，可以處理一些環境資訊十分複雜、知識背景不清楚和推理規則不明確的問題。

9.2.1 基本神經元模型

神經元是一種生物模型，以生物神經系統的神經細胞為基礎。在人們對生物神經系統進行研究以探討人工智慧的機制時，把神經元數學化，從而產生了神經元數學模型。在神經網路的研究中，先後提出了大量的神經元模型，其中McCulloch和Pitts提出的 M-P 模型是第一個對神經網路研究具有重大影響的模型。在 M-P 模型中，神經元有了像公式（9.1）所表示，由輸入到輸出間的變換。

$$y = f(\mathrm{sign}\sum_{i=1}^{n} w_i x_i - \theta) \tag{9.1}$$

在公式（9.1）中，w_i 表示輸入信號 x_i 的加權權值，在 M-P 模型中，權值的值只能可以是 +1 或 −1，其中 +1 表示神經元突觸受到刺激而興奮，−1 表示受到抑制而使神經元麻痺直到完全不工作，sign()是符號函數，即：

$$\mathrm{sign}(x) = \begin{cases} 1 & x \geq 0 \\ -1 & x < 0 \end{cases} \tag{9.2}$$

在式（9.1）中，θ 表示閾值，f 是階躍函數，即：

$$f(x) = \begin{cases} 1 & x \geq 0 \\ 0 & x < 0 \end{cases} \tag{9.3}$$

在 M-P 模型中，神經元的輸入 x_i 和輸出 y 的值的取值為 0 或 1。從公式（9.1）我們可以看出，神經元可以看做一個多輸入、單輸出的元件。

9.2.2 基本的神經網路模型

在 M-P 模型中，人工神經元可以使用布林邏輯（Boolean Logic），而布林邏輯通常被看做邏輯思維的基礎。公式（9.4）、（9.5）和（9.6）分別使用 M-P 人工神經元模型來表示布林邏輯的基本運算符號與 AND、OR、NOT 運算。

$$「\text{AND}」：y = \text{sign}\,(x_1 + x_2 - 2) \tag{9.4}$$

$$「\text{OR}」：y = \text{sign}\,(x_1 + x_2 - 1) \tag{9.5}$$

$$「\text{NOT}」：y = \text{sign}\,(-x_1) \tag{9.6}$$

很顯然地，通過人工神經元的組合，我們可以做到各種布林邏輯及其組合。

神經網路模型是以神經元的數學模型如M-P模型為基礎的。神經元和神經網路的關係是元素與整體的關係。大量形式相同的神經元連接在一起就組成了神經網路，神經網路可以看成是具有各種互相聯繫的神經元所組成的集合，這些神經元在神經網路中稱之為節點。

神經元可以記憶（儲存）、處理一定的資訊。這些節點透過網路與其他節點並行工作，如果登錄新資料，它們便可以進行確定資料模式的工作。就神經網路本身而言，單個神經元細胞並沒有智慧，但當它們互相連接成網路時，就可以傳遞信號。

把神經元之間相互作用的關係進行數學模型化，就可以得到神經網路模型。神經網路模型由網路拓樸、節點特點和學習規則來表示。神經網路有許多不同的模型，人們可以根據不同的角度對神經網路進行分類。

根據人工神經網路對生物神經系統的不同組織層次和抽象層次的類比，神經網路模型可分為：神經元層次模型、組合式模型、網路層次模型、神經系統層次模型和智慧型模型。

神經元層次模型如前一節所述，主要集中在單個神經元的動態特性和自我適應的特性，例如：神經元對輸入資訊會有回應。組合式模型由數種互相補充、互相協作的神經元所組成，用來完成某些特定的任務。網路層次模型使用許多相同的神經元互相連接成網路，從整體上去研究網路的集體特性。對於神經系統層次模型而言，一般會由多個不同性質的神經網路所構成，有著比生物神經更複雜或更抽象的性質。智慧型模型是最抽象的層次，大部分以語言形式模擬人腦資訊處理的運行、過程、演算法和策略。

神經元的連接並不像想像中那樣雜亂無章，通常會被組織成層次分明的神經元，神經元之間通過連接弧連接。在結構上，如圖 9-1 所示，可以把一個神經網路劃分為輸入層、輸出層和隱含層。輸入層的每個節點對應一個預測變數，輸入層神經元不具有輸入連接弧。輸入層作為分散式輸入，不進行神經元的特性計算。輸出層的節點對應到目標變數，輸出層神經元不具有輸出連接弧。在輸入層和輸出層之間是隱含層，隱含層又稱中間層，因此，隱含層神經元又稱為中間神經元。隱含層對神經網路使用者來說不可見，隱含層的層數和每層節點的個數決定了神經網路的複雜度。

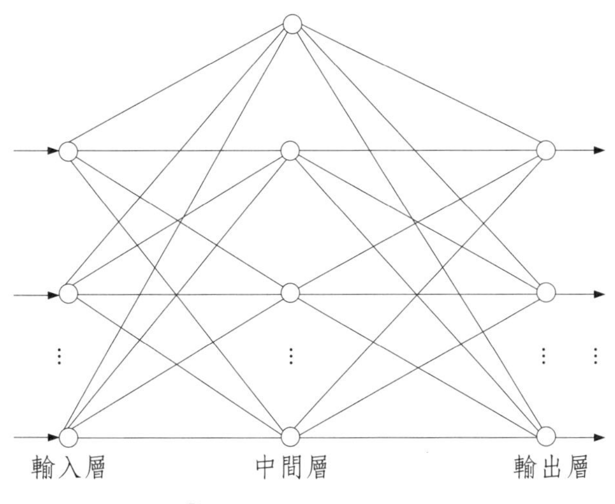

圖 9-1　典型的連接模型

按照網路的結構，神經網路可分為前向網路和反饋網路。前向網路的神經元分層排列，每一層內的神經元並沒有互相連接，每一層的神經元只接受前一層神經元的輸入，並向下一層送出結果。輸入經過各層的順次變換後，得到輸出層輸出。反饋網路中的節點既可以從外界接受輸入，同時又可以向外界輸出。反饋網路的輸出不僅和當前的輸入及權值有關，也和網路先前的輸出有關。反饋網路的連接方式可分為三類：⑴從輸出層到輸入層有反饋的前向網路，可用來儲存某種模式序列；⑵同層記憶體在反饋連接，可以做到同層內神經元之間的橫向興奮與抑制；⑶既有前向反饋連接，又有同層反饋連接，從而形成非線性動力學系統。

神經網路的關鍵，就在於每個處理單元之間建立適當的連接，這就像腦神經細胞之間彼此使用突觸作為溝通的渠道一樣。根據連接方式的不同，神經網路有分層網路、層內連接的分層網路、反饋連接的分層網路、互聯網路等。按照網路性能，神經網路可分為連續型網路、離散型網路、確定型網路和隨機型網路。按照突觸性質，神經網路可分為一階線性關聯網路和高階非線性關聯網路。

9.2.3 感知器

在 M-P 模型中，權值是固定的，無法調節，並且只能使用代表興奮的+1 和代表抑制的−1。1958 年，F. Rosenblatt 和 B. Widrow 提出了感知機（Perceptron）模型，它是一種比 M-P 模型更具有普遍性的模型，它的權值不僅可以是非離散量，而且可以透過調整學習得到。感知機模型已經具備了並行處理、分散式儲存、連續計算和可學習性等功能，可模擬人腦處理視覺資訊、學習辨認物體的過程，因此，人們通常將其看成第一個人工神經網路系統。

雖然感知機的連接最初是隨機的，但它能使用一種簡單而明確的規則來改變這些連接，因而可以按照一定的學習準則去進行學習動作並執行某些任務，如識別字母。感知機的工作方式是，它對任務只有兩種反應：正確或是錯誤。只需要告訴感知機所做出的正確性，感知機就可以根據某一學習規則來改變其連接方式。

下面以識別手寫字母「A」、「B」為例進行說明。規定神經網路輸入「A」時，輸出「1」；而當輸入為「B」時，輸出為「0」。首先，給網路的各連接弧權值賦予（0，1）區間內的隨機值，將「A」所對應的圖像模式輸入給網路，在初始情況下，神經網路輸出是完全隨機的，「1」和「0」的機率各為 50%。這時如果輸出為「1」，代表結果正確，此時使連接權值增大，以便讓網路再次遇到「A」模式輸入時，仍然能做出正確的判斷。如果輸出為「0」，就代表結果錯誤，則將網路連接權值朝著減小綜合輸入加權值的方向調整，其目的在於使網路下次再遇到「A」模式輸入時，減小犯同樣錯誤的可能性。如此操作調整，當輸入若干個手寫字母「A」、「B」給網路後，經過網路按照以上的學習方法進行若干次學習之後，網路判斷的正確率將大大提高。這說明了網路對這兩個模式的學習已經獲得了成功，它已經將這兩個模式分散式地記憶在網路的各個連接權值上。當網路再次遇到其中任何一個模式時，就能夠做出迅速、準確的判斷和識別。一般說來，網路中所含的神經元個數越多，則它能記憶、識別的模式也就越多。

最簡單的感知機就是單個權值可調整的神經元。對於能滿足線性分離的布耳函數，都可以用這種簡單結構的感知機做到，如圖 9-2 所示。

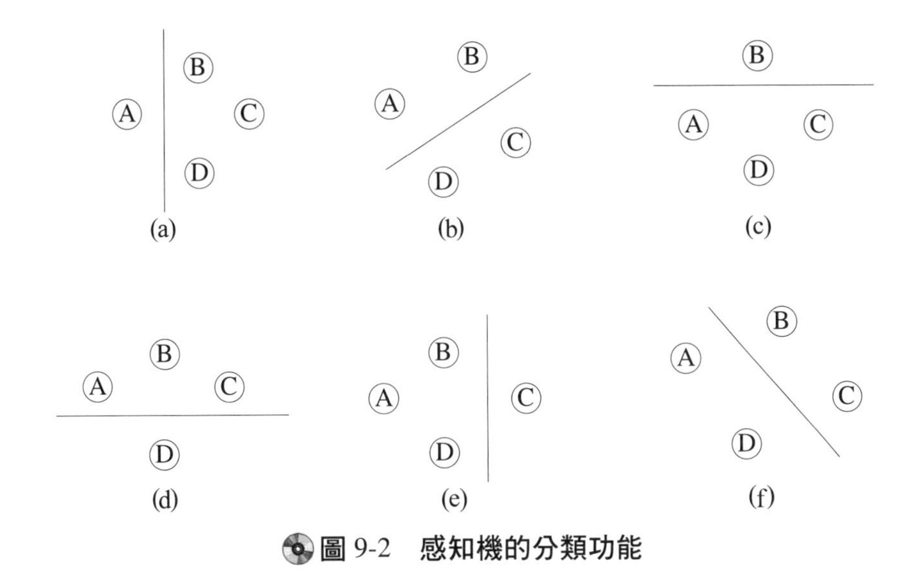

圖 9-2　感知機的分類功能

在圖 9-2 中，通過調整直線的斜率和截距可以將平面中 A、B、C 和 D 四點劃分為不同的組合，即對點進行分類。該分類直線的動作可以透過公式（9.7）所示的感知機來達成。調整直線斜率和截距對應動作為調整感知機的權值和閾值。

$$y=\sum_{i=1}^{2}x_i-\theta \tag{9.7}$$

在圖（9.2）中，直線（也即感知機）可將 A、B、C 和 D 四點進行不同的劃分，如{A}∪{B, C, D}、{A, B}∪{C, D}、{B}∪{A, C, D}、{A, B, C}∪{D}、{A, B, D}∪{C}或{A, D}∪{B, C}等。但無論如何調整斜率和截距，直線也無法將 A 和 C 劃分在一組，將 B 和 D 劃分在另一組。我們把這類單層神經網路無法表達的函數稱為線性不可分。實現 XOR（Exclusive OR）功能的函數是線性不可分的，因為我們在平面中無法使用一條直線將{(0, 1), (1, 0)}劃分在一組，而將{(0, 0), (1, 1)}劃分在另一組。下面我們對線性可分和線性不可分進行形式上的定義。

在二維空間中，直線可對空間進行劃分，該直線如上所述，可用具有兩個輸入的感知機來表示。平面可對三維空間進行劃分，同樣地，該平面可用具有三個輸入的感知機來表示。因此，我們可以使用 $n-1$ 維超平面對於 n 維空間進行劃分。

圖 9-3 是由單一感知機神經元連接而成的單層感知機連接模型網路，除輸入層和輸出層之外，只有一層學習層，同層內互相不相連，不同層之間也沒有反饋。對於每

一個輸入可以$x=(x_1, x_2, \cdots, x_n)^T$看做$n$為狀態空間中的一個向量，即$x \in R^n$。每個輸入節點$x_i$與輸出節點$y_j$的連接權值為$w_{ij}$，$i=1, 2, \cdots, n$；$j=1, 2, \cdots, m$，則網路的輸出為：

$$y_j = f(\sum_{i=1}^{n} w_{ij} x_i - \theta) \quad j=1, 2, \cdots m \tag{9.8}$$

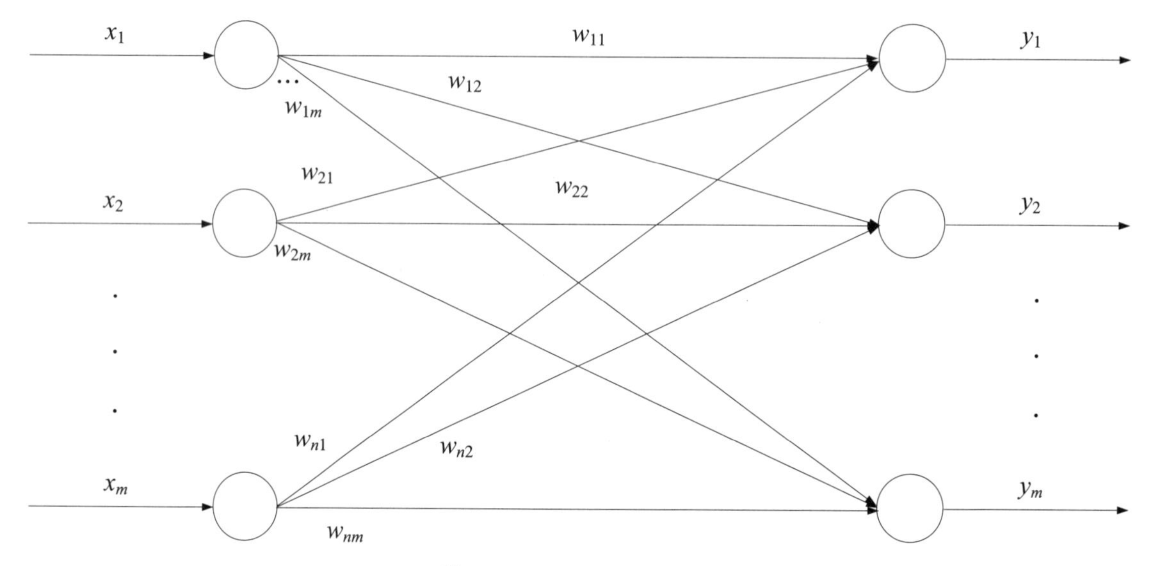

圖 9-3 **單層感知機**

定義（線性可分和線性不可分）：輸入x有k個樣本x^p，$p=1, 2, \cdots, k$，$x \in R^n$分屬兩個子空間s_A和s_B，如果公式（9.8）中存在一組權值w_{ij}和閾值θ_j，$i=1, 2, \cdots, n$；$j=1, 2, \cdots, m$，滿足$x \in s_A$，$y_j=1$；$x \in s_B$，$y_j=-1$，則稱樣本集在n維空間線性可分，否則稱為線性不可分。

Rosenblatt 已經證明：對於線性可分的問題，感知機透過有限次訓練就能學會正確的行為。

是否基於感知機模型的人工神經網路就一定不能解決前面所述的 XOR 問題呢？答案是否定的，因為我們可以增加隱藏層的多層網路來解決 XOR 問題。

雖然我們使用一條直線無法將圖 9-4(a)中 A 和 C 劃分為同一分類，將 B 和 D 劃分為另一分類，但我們可以使用兩條直線將 A、B、C 和 D 四點進行劃分。如圖 9-4(b)所示，A 和 C 處於分隔線內的區域，B 和 D 處於分隔線外的區域。實現圖 9-4(b)的劃分的兩層感知機網路如圖 9-5 所示。

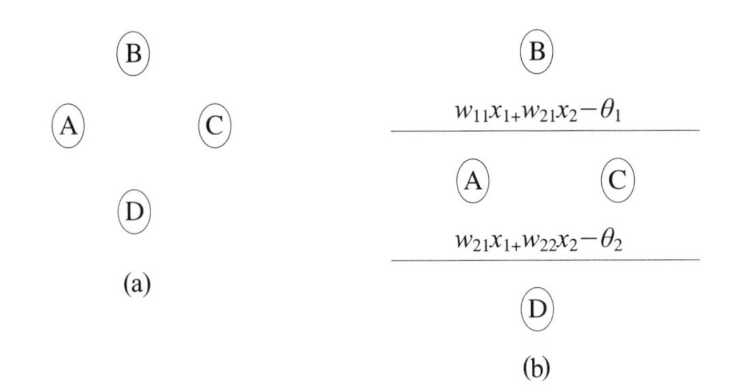

圖 9-4　XOR 問題的空間劃分

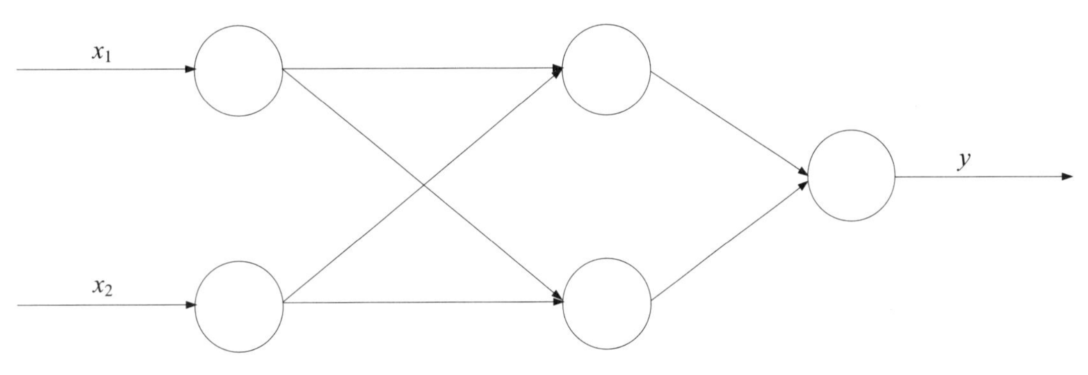

圖 9-5　兩層感知機網路

在兩層感知機網路中，因為第一層各節點都有自己所能識別的半平面，第二層的節點如果對第一層節點的輸出做邏輯與運算，則它的輸出可以用來識別第一層各識別半平面的交集所構成的凸多邊形。因此，當輸入層有三個輸入時，將形成一個三角形分隔區，當第一層有 n 個輸入節點時，將形成 n 邊凸多邊形，當 n 夠大時，可以包含較多形狀的點集，從而滿足可分性要求。

9.2.4 神經網路的學習

神經網路是模擬人腦結構的資料模型，因此，神經網路是一個具有自我學習能力的系統。神經網路自我學習功能通常看做是解決自動控制中控制器適應能力這個難題的關鍵之一。學習是指連接模型產生其希望行為之前的訓練階段。像大腦一樣，神經網路從一組輸入資料中進行學習，根據這一新的認知調整模型參數，來發現資料中的模式。因此神經網路的工作過程可以分成兩個階段：

- **學習階段**：對網路進行訓練，主要是去調整網路神經元之間的連接權值和連接方式等等。神經網路的資訊處理能力（包括資訊儲存能力和計算能力）主要藉由連接方式和連接權值來決定。因為神經網路的資訊處理能力主要是透過學習階段來獲取的，並影響整個工作階段，所以神經網路的神經元之間的連接方式和連接權值又稱為長期記憶。雖然神經網路中不同的學習模式和學習演算法所需的時間、開銷各不相同，但通常說來，神經網路的訓練時間較長，並遠遠大於單個資料的處理時間。
- **工作階段**：訓練好的網路即可用於實際工作，此時網路的連接權值和連接方式固定不變，工作過程表現為輸入資料在狀態空間的映射和變化過程，神經網路最終的穩定狀態就是工作輸出。與學習階段的時間開銷相比，工作階段的速度相對較快。因為神經元的狀態在工作階段經常發生變化，所以此階段神經元的狀態被稱做短期記憶。

1949 年，D. Hebb 提出了改變神經元連接強度的學習規則，這一規則至今仍在各種網路模型中有著重要作用。它第一次向人們顯示人工神經網路能夠具有類似人的學習行為。

神經網路的知識呈現在網路連接的權值上，是一個分散式矩陣結構。神經網路的學習則呈現在神經網路權值的逐步計算上，包括反覆執行或疊加計算。網路的學習和識別決定於各種神經元連接權系的動態演化過程。求解一個問題是向人工神經網路的某些節點輸入資訊，各節點處理後再向其他節點輸出，其他節點接受並處理後再輸出。每個神經元都收到由前一層所發出的信號，然後將各個信號經過加權處理，直到整個神經網路工作完畢為止，最後歸納出結果並輸出結果。一般而言，人工神經網路在拓樸結構固定時，其學習歸結為連接權值的變化。因此，神經網路的關鍵就在於如何決定每一神經元的權值。

人工神經網路通過學習不斷調整權值，調整權值的過程就是學習的過程。在訓練最開始的時候，權值一般是(0, 1)間的一個亂數。然後可以有兩種訓練方法：有導師學習方法和無導師學習方法，或稱有監督學習方法和無監督學習方法。

有導師學習需要一批正確反映輸入和輸出資料關係的樣本，訓練過程中訓練樣本的內容對於系統而言是已知的。有導師的學習又稱為示例學習，即樣例資料的輸入輸出關係已知，神經網路利用給定的樣本標準進行分類或模仿，系統透過樣例的學習，對於將來未知的輸入資料將能得到正確的輸出。在開始學習時，對於一個理想輸入，神經網路並不能立即給出所要求的目標輸出。而是要透過一定的學習演算法，神經網路才能自動修正網路內互聯的權值，逐步縮小實際輸出和目標輸出之間的誤差，直到實際輸出和目標輸出之間的差錯比例處於允許的範圍之內為止。

無導師學習則僅有一批輸入資料，訓練過程中樣本內容對於系統是未知的，訓練過程就是前面章節所述的群聚，學習演算法不斷修改網路的權值，使得類似的輸入產生相同的輸出。無導師只規定學習方式或某些規則，而具體的學習內容會隨系統所處環境，也就是輸入信號的情況而異，系統可以自動發現環境特徵和規律性，具有更近似於人腦的功能。

感知器的學習是神經網路最典型的學習。1962 年，F. Rosenblatt 提出了感知機的監督學習演算法，並且證明感知機可以被訓練成能表達任何函數。感知機的監督學習演算法對人工神經網路的學習演算法的研究產生了深遠的影響。

感知機學習過程就是感知機權值和閾值的調整過程。感知機的學習是有導師學習，即對於訓練集中的每一個樣本輸入，我們已知其期望輸出為何，當感知機神經網路的輸出和期望輸出一致（輸出正確），則對感知機權值和閾值不做調整，否則就修改感知機權值和閾值，期望減少網路的出錯率。

感知機學習規則演算法步驟如下：

使用 t 表示學習步驟的序號，$t=0$ 表示學習前的神經網路的初始狀態。

1. 對網路權值和閾值賦初值

為表達方便，可將閾值也看做權值。為了在學習中權值調整更容易，權值的初始值一般較小，通常首先將所有權值賦以(0, 1)區間的隨機正小數值，即令：

$$w_{tj}=\text{random}(.) \qquad t=0，j=1,2,\cdots,n+1 \tag{9.9}$$

2. 計算樣本實際輸出

選擇一個樣本作為網路的輸入，計算樣本在目前神經網路中的實際輸出。例如：對於第 p 個樣本，感知機輸出為：

$$y^p=f\left(\sum_{i=1}^{n+1} w_i x_i^p\right) \tag{9.10}$$

注意，這裏 w_{n+1} 表示閾值。

3. 誤差計算

對每個節點的輸出進行誤差判斷，計算感知機輸出的實際結果 y^p 和期望輸出 $\overline{y^p}$ 之間的誤差 δ，$\delta_t = \overline{y^p} - y^p$。

4. 權值修正

如果輸出正確 $\delta_t = 0$，則轉步驟(2)，否則：

$$\text{調整權值，}\begin{aligned} &w_i(p+1) = w_i(p) + \Delta_i \\ &\Delta_i = \eta \delta_t x_i \end{aligned} \tag{9.11}$$

如果訓練樣本已經完全輸入或是當輸出誤差小於預設值時，則學習結束，否則轉步驟(2)，繼續學習。

學習的目的在於修改網路中的權係數，使得網路對於所輸入的模式樣本能夠正確地分類。在感知機學習演算法中，最重要的是步驟(4)，公式（9.11）的權值調整方法又稱Δ規則，其中 η 稱為學習率，用來控制調整速度，太大的值將影響訓練的穩定性，太小則降低訓練的收斂速度，通常取 $0 < \eta \le 1$。感知機學習演算法是一種有導師誤差修正型學習，其基本思想是利用單元期望輸出與實際輸出之間的偏差作為連接權值調整的參考，最終減小這種偏差。

對於線性可分的訓練樣本集，學習過程將在有限步驟內收斂，而對於線性不可分訓練樣本，學習演算法將不收斂。

9.3 多層前饋神經網路

在前向傳播中，資料從輸入到輸出的過程是一個由前向後的傳播過程，後一個節點的值從它前面相連的節點傳過來，然後把值按照各個連接權重的大小加權輸入活動函數，再得到新的值，最後再傳播到下一個節點。採用前向傳播的網路稱為前向網路或前饋網路。如果前饋神經網路中的每個單元都向下一層的每個單元提供輸入，則稱為全連接前饋神經網路。

人的大腦的邏輯思維活動並不是由單層神經網路做到的，而是由多層網路來達成。多層神經網路比單層神經網路有更強的表達能力，增加層數主要是可以進一步降低誤差，提高精準度，因此多層反饋神經網路是一種重要的人工神經網路類型。多層感知機網路就是一種典型的多層前饋網路。

關於多層網路的層數計算還沒有統一的規定。有些文獻會將輸入層包含在層數計算中。有些文獻在計算層數時僅包括具有計算權值功能的層數，因此將輸入層排除在外。所以在不同的文獻中，同樣結構的網路模型層數可能差 1。

9.3.1 前饋神經網路模型和表徵能力

典型的前饋神經網路包含輸入層、隱含層和輸出層，其中隱含層既可以是單層，也可以是包含多層的。每一層中的神經元的輸出只和下一相鄰層的輸入相連接，與自身或其他各層並沒有任何連接，各層神經元之間也沒有反饋連接。在多層前饋網路中，各處理單元之間的連接都是單向的，是指向神經網路的輸出方向。

前饋神經網路的輸入輸出關係可以看成是非線性映射關係。如果輸入節點數為 n，輸出節點數為 m，則前饋神經網路可以看成從 n 維歐氏空間到 m 維歐氏空間的映射。1989 年，Robert Hecht-Nielson 證明了對於封閉區間內的任一個連續函數都可以用一個隱層的BP網路來逼近，因此一個三層的BP網路可以完成任意的 n 維到 m 維的映照。在多層反饋前向網路中，代表輸入輸出之間變換關係的有關資訊主要分布在神經元之間的連接強度上，不同的連接強度反映著不同的輸入輸出關係。因此，這種神經網路具有分散式儲存資訊的特點。

多層前饋神經網路的各神經元節點的特性一般為 Sigmoid 型函數，而不是 M-P 模型或單層感知機模型中的階躍函數。Sigmoid 型激勵函數可表示為：

$$S_q(x)=\frac{1}{1+e^{-qx}} \tag{9.12}$$

算式中，q 為調整激勵函數形式的 Sigmoid 參數，通常取值為 1。

在多層前饋神經網路中需要確定合適的隱藏層單元數。如果隱藏層單元數過少，則網路可能強壯，容錯性差，但隱藏層單元數過多，又會使學習時間過長，誤差也不一定最佳，前饋層次型神經網路的輸入層和輸出層的神經元數目需要根據輸入、輸出向量的維數來確定。

在感知機一節中已經討論到，一個神經元經過訓練可以針對線性可分問題進行正確的分類，但無法對線性不可分的問題進行正確分類。給定足夠多的隱藏單元和線性閾值函數的多層前饋神經網路可以逼近任何函數。因此，多層前饋神經網路可分多層感知機，經過訓練之後，才可以對線性不可分問題進行正確分類。

9.3.2 後向傳播演算法

前饋神經網路的關鍵是學習演算法。1986 年，Rumelhart 和 McCelland 提出了誤差後向傳播（Error Back Propagation）演算法，通常稱為後向傳播，亦稱反向傳播演算法或廣義規則，簡稱BP演算法。這種演算法可以對網路中各層的權係數進行修正，故適用於多層網路的學習。BP 演算法是一種採用最小均方差學習方式的多層前饋神經網路學習演算法，BP 演算法按照誤差均方差最小這一規則，由輸出層向隱藏層逐層後向修正連接權值。BP 演算法是有導師學習演算法，需要訓練者介入訓練，在訓練樣本輸入過程中，訓練者會觀察多層前饋神經網路的輸出結果是否正確，如果正確，那麼就加強產生這個結果的權重比值，反之，則降低那些權重的比值。

BP 演算法與感知機演算法類似，但不同的是在感知機學習演算法中，誤差為實際輸出與期望輸出的差 $\delta_t = \overline{y^p} - y^p$，連接權值的修正值大小正比於該誤差，也就是前面所說到的Δ規則。而 BP 演算法的權值調整動作是根據前向反饋神經網路的實際輸出和期望輸出（理想的正確輸出）的最小均方差誤差而定，即：

$$E = \frac{1}{2}\sum_{p}(\overline{y^p} - y^p)^2 \tag{9.13}$$

因此，權值的調整值為誤差均方差的梯度的負數，就是以儘可能減少誤差的均方差的方式進行學習，因此神經元 i 到神經元 j 的權值 w_{ij} 的調整值為：

$$\Delta w_{ij} = -\eta\frac{\partial E}{\partial w_{ij}} \tag{9.14}$$

η 為學習速率。

對權係數的修改採用誤差的梯度去控制，而不是採用誤差去控制，因此有更好的

動態特能，即加強了學習演算法的收斂進程。

BP 演算法是前向傳播和後向傳播相結合的演算法，兩者交替進行。

1. 前向傳播

輸入的樣本從輸入層經過隱藏層到輸出層逐層向前進行處理，按照輸入和激勵函數的方式計算每個神經元的實際輸出值。在逐層處理的過程中，每一層神經元的狀態只對下一層神經元的狀態產生影響。在輸出層中把實際輸出和期望輸出進行比較，如果網路的實際輸出不等於期望輸出，則進入後向傳播過程。

2. 後向傳播

後向傳播時，把誤差信號按照原來前向傳播的通路反向傳回，逐層遞迴地計算實際輸出與期望輸出之差值——誤差，並根據誤差的均方差調整權值，對每個隱藏層的各個神經元的權係數進行修改，以使誤差趨向最小。

隨著模式前向傳播和誤差後向傳播過程的交替反覆進行。網路的實際輸出逐漸向各自對應的期望輸出逼近，網路對輸入模式的回應正確率也不斷上升。BP 學習演算法的本質就是不斷地去調整各神經元的連接強度，使其能在最小二乘意義上逼近所對應的輸出。因此，使用BP演算法訓練的網路，從函數擬合的角度看，具有插值功能。經由這樣的學習過程，等到確定各層間的連接權值之後，就可以應用了。BP 學習演算法能有效地解決在多層前饋神經網路學習過程中，調整網路各層權值的基本方法和具體公式步驟。

9.3.3 後向傳播法則的推導

根據算式（9.14），BP演算法的關鍵是計算 $\frac{\partial E}{\partial w_{ij}}$ 的值。假設 i 神經元的輸入和記為 I_i，輸出記為 O_i，第 $m-1$ 層的 i 神經元到 m 層的 j 神經元的連接權值記為 w_{ij}。因此有：

$$I_j = \sum_i w_{ij} O_i \tag{9.15}$$

$$O_j = f(I_j) \tag{9.16}$$

根據微積分計算公式，我們有：

$$\frac{\partial E}{\partial w_{ij}}=\frac{\partial E}{\partial I_j}*\frac{\partial I_j}{\partial w_{ij}} \tag{9.17}$$

根據算式（9.15），有：

$$\begin{aligned}\frac{\partial I_j}{\partial w_{ij}}&=\frac{\partial I}{\partial w_{ij}}\sum_i w_{ij} O_i \\ &= O_i\end{aligned} \tag{9.18}$$

因此：

$$\frac{\partial E}{\partial w_{ij}}=\frac{\partial E}{\partial I_j} O_i \tag{9.19}$$

記：

$$\delta_j=\frac{\partial E}{\partial I_j} \tag{9.20}$$

則：

$$\delta_j=\frac{\partial E}{\partial y^j}\frac{\partial y^j}{\partial I_j} \tag{9.21}$$

當 j 為輸出節點時，根據算式（9.13），有：

$$\frac{\partial E}{\partial y^j}=-\ (\overline{y^j}-y^j) \tag{9.22}$$

根據算式（9.12），有：

$$\frac{\partial y^j}{\partial I_j}=f'(I_j) \tag{9.23}$$

因此對於輸出節點：

$$\delta_j = -(\overline{y^j} - y^j) f'(I_j) \qquad (9.24)$$

若 j 不是輸出節點，有：

$$\begin{aligned}\delta_j &= \frac{\partial E}{\partial y^j}\frac{\partial y^j}{\partial I_j} \\ &= \frac{\partial E}{\partial y^j} f'(I_j)\end{aligned} \qquad (9.25)$$

$$\begin{aligned}\frac{\partial E}{\partial y^j} &= \sum_m \frac{\partial E}{\partial I_m}\frac{\partial I_m}{\partial y^j} \\ &= \sum_m \frac{\partial E}{\partial I_m}\frac{\partial}{\partial y^j}\sum_i w_{mi} y^i \\ &= \sum_m \frac{\partial E}{\partial I_m}\sum_i w_{mj} \\ &= \sum_m \delta_m w_{mj}\end{aligned} \qquad (9.26)$$

因此：

$$\delta_j = f'(I_j)\sum_m \delta_m w_{mj} \qquad (9.27)$$

$$\frac{\partial E}{\partial w_{ij}} = \delta_m O_i \qquad (9.28)$$

在算式（9.27）中，下標 m 指神經元 i 所在層全部神經元下標範圍。
根據以上各個算式，BP 演算法步驟如下：

⑴網路給定初值。設定學習率 η，並按照下面的算式將網路各權值給予小的非零隨機實數值：

$$w_{ij}(0) = \mathrm{Random}(\quad) \qquad (9.29)$$

⑵在 p 個學習樣本中輸入一個樣本對（輸入，輸出），將輸入向量作為多層

前饋神經網路的輸入。

⑶按照算式（9.15）、（9.16）來計算各層元素的實際輸出值，即：

$$O_j=f(I_j)=f(\sum_i w_{ij}O_i) \tag{9.30}$$

其中 i 是神經元 j 的上一層的所有神經元的下標（即如果 j 是 m 層神經元，則 i 是 $m-1$ 層的所有神經元）。

⑷計算網路輸出向量與訓練對於期望輸出向量之間的誤差。按照算式（9.24）～（9.27）來計算 δ_j。

⑸調整各連接權值。根據算式（9.14）、（9.15）和（9.24）或（9.28），從輸出層反向計算到第一隱藏層，對連接權值進行修訂的動作。

⑹遞迴地利用 p 個學習樣本重複⑵、⑶、⑷、⑸這些步驟，對網路權值進行調整，直到整個訓練集誤差最小為止（網路達到穩定狀態）。

BP 演算法的學習是一種偵錯學習規則，根據輸出的實際值和期望值的差異比較來改變網路權值。按照局部改善最大的方向一步步來進行最佳化，最終獲得整體最佳化的值。由於 BP 演算法是一種梯度演算法，所以不能保證連接權值收斂於全域最佳解，此外，BP 演算法的收斂速度會比較慢。

9.4 反饋式神經網路

1969 年，M. Minsky 和 Papert 在《感知機》一書中，從理論上嚴格證明了使用感知機模型的單層人工神經網路只能求解一階謂詞問題，只能完成線性分類，對於非線性分類無能為力，甚至連簡單的「XOR」都無法求解。從此，人工神經網路的研究陷入了低潮。20 世紀 80 年代，J. Hopfield 提出了一種全新的神經網路模型，在神經網路建立模式和應用方面有了開創性的研究，克服了 Minsky 提出的人工神經網路的侷限性，從此掀起了人工神經網路研究的新高潮。

前面所談到的前饋神經網路是非迴圈的，就是沒有輸出至輸入的反饋。Hopfield 網路是反饋型神經網路模型，網路具有輸出到輸入的連接，它是目前人們研究得最多的模型之一。由於 Hopfield 網路的輸出端有反饋，作用到輸入端，這個反饋到輸入端的輸出從而產生新的輸出，這個反饋過程一直進行下去。前面所述的前饋神經網路由於沒有輸出至輸入的反饋，所以系統是穩定的，也就是說，人工神經網路計算時能收斂到一個穩定狀態。Hopfield 網路在輸入的激勵下，會不斷地產生狀態的變化，因此 Hopfield 網路有可能是穩定的，也有不穩定的。如果 Hopfield 網路是一個能收斂的穩定網路，則反饋與不斷的計算過程所產生的變動會越來越小，一旦到達了平衡狀態，Hopfield 網路將會輸出穩定的值。如果 Hopfield 網路是不穩定的，則網路將會不停地從一個狀態變遷到另一個狀態。神經網路系統只有當收斂時（即穩定）才有實際應用價值，否則將導致整個系統的振盪或者隨機波動，而不能得到穩定的輸出。因此，對於 Hopfield 網路，存在著一個如何判斷其穩定性的問題。

J. Hopfield 利用非線性動力學系統理論中的能量函數方法，來研究反饋人工神經網路的穩定性，並利用此方法去建立求解最佳化計算問題的系統方程式。當神經網路連接模型的動態特性與時間有關時，則該連接模型可看成是動力學系統，其特性函數可用微分方程式或差分方程式來表示。非線性科學的發展，為霍普菲爾德模型的動力學特性的分析提供了有力的研究方法。如果把一個最佳化問題的目標函數，轉換成網路的能量函數，把問題的變數對應於網路的狀態，那麼 Hopfield 神經網路就能夠用於解決最佳化組合問題。J. Hopfield 將神經網路和動力學系統研究結合起來，求解了旅行商問題的其次最佳化的解，顯示了 Hopfield 網路解難解問題的能力。

基本的 Hopfield 神經網路是一個由相同的神經元構成的全連接型單層反饋系統，如圖 9-6 所示。

Hopfield 網路沒有自我連接，即 $w_{ij}=0$，神經元之間的連接是對稱的，即 $w_{ij}=w_{ji}$，也就是說，Hopfield 網路的權值矩陣通常是對角線元素為 0 的對稱矩陣。1983 年，Cohen 等證明具有這種類型的權值矩陣的反饋網路是穩定的。權值矩陣的對稱性是 Hopfield 網路穩定的充分條件，但不是必要條件，也因此存在一些權值矩陣不對稱的穩定網路。

從計算的角度來看，反饋神經網路模型具有比前饋神經網路模型更強的計算能力。在 Hopfield 神經網路模型中，神經元的狀態也是神經元的輸出。根據 Hopfield 神經網路的輸出神經元的輸出類型，Hopfield 網路有離散型和連續型兩種。

9.4.1 離散型神經網路

離散型 Hopfield 神經網路的神經元輸出為離散值 1 和 0，分別代表神經元的啟動

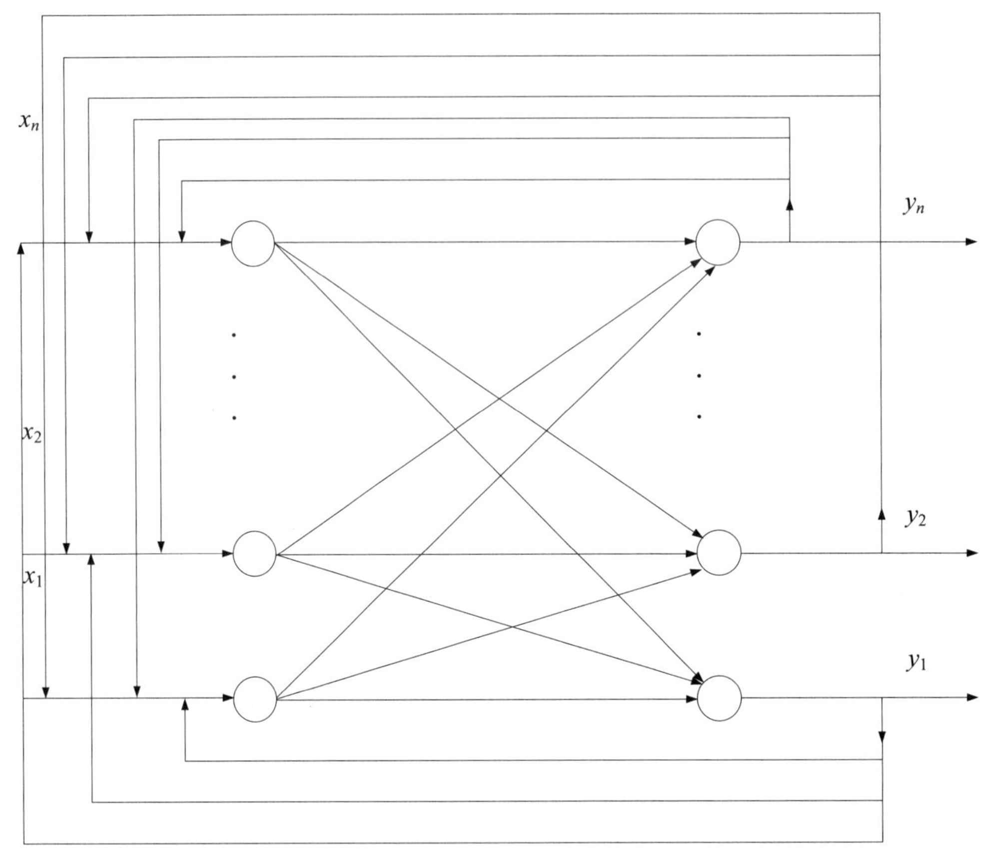

圖 9-6　全連接型單層 Hopfield 神經網路

和抑制狀態，如果神經元的輸出資訊大於閾值，神經元的輸出值為 1；如果神經元的輸出資訊小於閾值，則神經元的輸出就取值為 0。離散型 Hopfield 神經網路的各神經元相互連接，對於一個包含 N 個神經元的離散型 Hopfield 神經網路而言，存在一個 n *n 維權值矩陣。每個神經元都有一閾值。權值矩陣和閾向量就唯一定義一個 n 的離散型 Hopfield 神經網路。

網路中的每一個神經元都將自己的輸出通過連接權傳送給所有其他神經元，同時又都接收所有從其他神經元傳遞過來的資訊，網路中的神經元在 t 時刻的輸出狀態與自己在 $t-1$ 時刻的輸出狀態相關。Hopfield 網路中的神經元公式表示如下：

$$y_i(0)=x_i$$
$$h_i(t)=\sum_{j=1}^{n} w_{ji}\, y_i(t)$$
$$y_i(t+1)=f(h_i(t)-\theta_i) \qquad (9.31)$$

$$=\begin{cases}1 & h_i(t)>\theta_i \\ 0 & h_i(t)<\theta_i \\ y_i(t) & h_i(t)=\theta_i\end{cases}$$

其中 $y_i(0)$ 表示神經元 i 的初始狀態，$y_i(t+1)$ 表示神經元 i 在 $t+1$ 時刻的狀態，同時也是神經元 i 在 $t+1$ 時刻的輸出，θ_i 表示神經元 i 的閾值。

對於離散型 Hopfield 網路，網路的狀態是所有輸出神經元狀態的集合。對於一個輸出層是 n 個神經元的網路，則其 t 時刻的狀態為一個 n 維向量：

$$Y(t)=[y_1(t),y_2(t),\cdots,y_n(t)]^T \tag{9.32}$$

對於二值神經元，n 維向量可以表示 2^n 種網路狀態，n 為輸出向量和一個 n 維超立方體的頂角相對應。圖 9-7 所示是一個具有三個輸出神經元的反饋網路的輸出狀態和一個三維立方體的頂角間的對應關係。

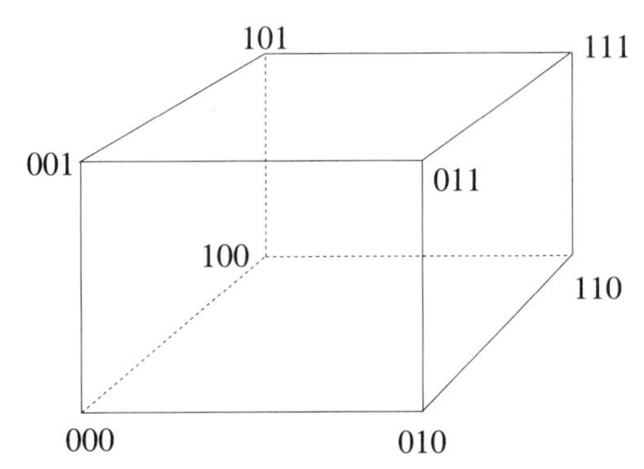

圖 9-7　具有三個輸出神經元的網路狀態

如果是一個穩定的 Hopfield 網路，則當一個輸入向量作用到網路時，網路的狀態就會發生變化，對應為從超立方體的一個頂角轉移向另一個頂角，並且最終穩定於一個特定的頂角。Hopfield 在此基礎上引入了下面的能量函數：

$$E=\frac{1}{2}\sum_{i=1}^{n}\sum_{j=1}^{n}w_{ij}y_iy_j-\sum_{i=1}^{n}x_iy_i+\sum_{i=1}^{n}\theta_iy_i \tag{9.33}$$

同樣地，在 Hopfield 神經網路狀態轉換過程中，能量的變化量為：

$$\Delta E_j=\left[\left(-\frac{1}{2}\sum_{j=1}^{n}w_{ij}y_j-\frac{1}{2}\sum_{i=1}^{n}w_{ij}y_i\right)-x_j+\theta_j\right]\Delta y_j \qquad (9.34)$$

根據 Hopfield 網路權值矩陣的對稱性，可將上面的算式簡化為：

$$\Delta E_j=\left(-\sum_{i=1}^{n}w_{ij}y_j-x_j+\theta_j\right)\Delta y_j \qquad (9.35)$$

在這個算式中，當神經元 j 的狀態由 $0\to1$ 時，$\Delta y_j=1$；因為神經元狀態由抑制轉為興奮，所以$\sum_{i=1}^{n}w_{ij}y_j-x_j+\theta_j>0$，即$-\sum_{i=1}^{n}w_{ij}y_j-x_j+\theta_j<0$，因此$\Delta E_j<0$。當神經元 j 的狀態由 $1\to0$ 時，$\Delta y_j=-1$；因為神經元狀態由興奮轉為抑制，所以$\sum_{i=1}^{n}w_{ij}y_j-x_j+\theta_j<0$，即$-\sum_{i=1}^{n}w_{ij}y_j-x_j+\theta_j>0$，因此$\Delta E_j<0$。當神經元 j 的狀態不變時，$\Delta E_j=0$。因此，能量函數在任何時刻都是單調下降的，在網路持續運行過程中不斷降低能量，最後達到處於穩定的平衡狀態的局部極小點。能量函數是 Hopfield 網路模型的核心，它表示了神經網路系統的整體計算能力而不是單個神經元的計算能力。

Hopfield 網路具有聯想記憶功能，可用做聯想記憶體的互聯網路。人工神經網路無特定的資料儲存和資料記憶體，以神經元之間的互聯形式進行分散式資訊儲存，可以透過部分資訊來聯想整體資訊。用於聯想儲存時，Hopfield 網路將樣本資訊儲存在連接權值中，並根據連接間的啟動水平來改變網路的連接權值。假設有 m 個樣本向量 $X^1, X^2, \cdots, X^m$ 需要 Hopfield 網路記憶，則神經元 i 和神經元 j 間的連接權值為：

$$w_{ij}=\sum_{p=1}^{m}x_i^p x_j^p \qquad i\neq j \qquad (9.36)$$

在上面算式中，x_i^p、x_j^p分別是向量 X^p 的第 i 個元素和第 j 個元素。當 Hopfield 網路聯想某一模式 X^s 時，將模式向量 X^s 的 n 個元素 $x_1^s, x_2^s, \cdots, x_n^s$ 分別作為 Hopfield 網路各神經元的初始狀態，然後按照算式（9.31）對網路進行計算，直至收斂到某一穩定狀態為止，此時網路的最終輸出狀態就是所需的聯想資訊。

對於同樣結構的網路，當網路連接權值和閾值變化時，網路能量函數的極小點（即網路的穩定平衡點）的個數和極小值的大小也將變化。如果將系統的穩定平衡點看做 Hopfield 網路的一個記憶，那麼從初始狀態到穩定平衡點的過程就是聯想記憶的

過程。因此，可以把所需記憶的模式設計成某個確定網路狀態的一個穩定平衡點。若網路有 M 個平衡點，則可以記憶 M 個記憶模式。若網路從代表部分資訊的初始狀態出發，網路按照 Hopfield 運行規則進行狀態更新動作，最後網路的狀態將穩定在能量函數的極小點。這樣就完成了由部分資訊尋找全部資訊的聯想過程。因此，Hopfield 反饋網路的狀態變化過程就是聯想記憶或最佳化的過程。作為組合最佳化的 Hopfield 神經網路模型的結構和作為聯想記憶體的神經網路模型結構是完全一致的。在組合最佳化問題中，神經元的狀態表示了命題的真假，神經元間的連接權值表示命題間的關聯程度，正值代表互相支援，負值代表互相否定。

作為聯想記憶體的 Hopfield 網路具有侷限性，儲存在 Hopfield 神經網路模型中的標準樣本模式不能太多，否則網路將收斂到一個完全不同於所儲存的標準樣本模式的模式。由此可以證明，當 $m \leq 0.15n$ 時，通常能達到比較好的匹配結果，其中 m 表示模式個數（樣本向量數），n 表示 Hopfield 網路系統中具有計算能力的神經元數目。

9.4.2 連續型神經網路

連續狀態 Hopfield 神經網路的神經元的輸出不再是離散值 0 和 1，而可以在某一區間連續變化，並且連續型 Hopfield 神經網路在時間上是連續的。連續型 Hopfield 網路可直接對應到電子線路，每一個神經元可以用一個放大器來模擬。例如：u_i 表示神經元 i 的輸入（對應於放大器的輸入電壓），表示 v_i 神經元 i 的輸出（對應於放大器的輸出電壓），I_i 表示神經元 i 的閾值（對應於放大器輸入的偏置電流），因此可用下列微分方程式來描述連續型 Hopfield 網路的狀態變化：

$$\begin{cases} c_i \dfrac{du_i}{dt} = \sum\limits_{j=1}^{n} w_{ji} v_j - \dfrac{u_i}{R_i} + I_i \\ v_i = g(u_i) \end{cases} \tag{9.37}$$

同樣地，可定義系統的能量函數為：

$$E = -\frac{1}{2}\sum_{i=1}^{n}\sum_{j=1}^{n} w_{ij} v_i v_j - \sum_{i=1}^{n} v_i I_i + \sum_{i=1}^{n}\frac{1}{R_i}\int_0^{v_i} g^{-1}(v)dv \tag{9.38}$$

上式中，如果神經元轉移函數 g^{-1} 單調遞增且連續，同時如果網路的連接權值是對稱的，即$w_{ij}=w_{ji}$，則連續型Hopfield網路的能量函數會是單調遞減的，可證明如下。

證明：

對上式兩邊進行計算，則：

$$\frac{dE}{dt}=\sum_{i=1}^{n}\frac{\partial E}{\partial v_i}\frac{dv_i}{dt} \tag{9.39}$$

對上式兩邊求偏導，則：

$$\begin{aligned}\frac{\partial E}{\partial v_i}&=-\frac{1}{2}\sum_{j=1}^{n}w_{ij}v_j-\frac{1}{2}\sum_{j=1}^{n}w_{ij}v_j-I_i+\frac{u_i}{I_i}\\&=-\frac{1}{2}\sum_{j=1}^{n}(w_{ji}-w_{ij})\,v_j-\left(\sum_{j=1}^{n}w_{ji}v_j-\frac{u_i}{R_i}+I_i\right)\end{aligned} \tag{9.40}$$

根據算式（9.37），可以得到：

$$\begin{aligned}\frac{\partial E}{\partial v_i}&=-\frac{1}{2}\sum_{j=1}^{n}(w_{ji}-w_{ij})\,v_j-c_i\frac{du_i}{dt}\\&=-\frac{1}{2}\sum_{j=1}^{n}(w_{ji}-w_{ij})\,v_j-c_i\,(g^{-1}(v_i))'\frac{dv_i}{dt}\end{aligned} \tag{9.41}$$

將上式代入算式（9.39），得：

$$\frac{dE}{dt}=-\sum_{i=1}^{n}c_i\,(g^{-1}(v_i))'\left(\frac{dv_i}{dt}\right)^2-\frac{1}{2}\sum_{j=1}^{n}(w_{ji}-w_{ij})\,v_j\frac{dv_i}{dt} \tag{9.42}$$

因為g^{-1}是單調遞增且連續的，所以$(g^{-1}(v_i))'>0$，網路的連接權值是對稱的，因此：

$$\frac{dE}{dt}=-\sum_{i=1}^{n}c_i\,(g^{-1}(v_i))'\left(\frac{dv_i}{dt}\right)^2\le 0 \tag{9.43}$$

只有當$\frac{dv_i}{dt}=0$時：

$$\frac{dE}{dt}=0 \tag{9.44}$$

所以連續型 Hopfield 網路的狀態總是會向著能量 E 減少的方向運動，因此網路總能收斂到穩定狀態，網路的穩定點同時也是能量 E 的極小點。Hopfield 網路的能量函數的極小點可分為兩類：

- 局部極小點。
- 整體極小點。

如果模擬連續型 Hopfield 網路中神經元的運算放大器接近理想運算放大器，則可忽略算式（9.38）中的積分項，因此可以把算式（9.38）簡化為：

$$E=-\frac{1}{2}\sum_{i=1}^{n}\sum_{j=1}^{n}w_{ij}v_i v_j-\sum_{i=1}^{n}v_i I_i \tag{9.45}$$

從數學觀點來看，計算就是在滿足一定條件時，從一個空間到另一個空間的代數映射。因此，計算可表示為一動力系統中的狀態間變換的軌跡。Hopfield 神經網路計算就是其中狀態的轉換，其計算過程可以認為是狀態的轉換過程，對於給定的輸入，其計算結果就是系統的穩定狀態。對於 Hopfield 網路，無論是離散型還是連續型，只要網路的連接權值是對稱的，就能保證系統的穩定性，但是 Hopfield 神經網路的連接權值在整個計算過程中是保持不變的，因此 Hopfield 網路沒有學習能力。

9.5 神經網路的應用之一——群聚

資料探勘的核心是發現隱藏在資料中的模式。模式的原意是指完美無缺提供模仿的一些標準。人類對於客觀世界的認識通常都是透過模式的發現和識別來實現的。神經網路在系統辨識、模式識別、智慧控制等領域有著廣泛而吸引人的前景。目前，人工神經網路方法已成功地用於手寫字元的識別、語音識別等。在一些成功的商品化資料探勘產品如 IBM 的智慧探勘產品中，已提供了神經網路技術和應用。

神經網路的商業用途目前已經引起人們越來越多的關注。神經網路是預測、信用評分、回應模型評分和信用分析等應用的有力工具。一些大型金融機構已在使用類神經網路來評定顧客的信用、評判抵押品的價值、目標行銷，以及貸款風險評估等等。

人工神經網路具有很強的容錯能力，能夠在不完整、冗餘甚至矛盾的資料基礎上進行問題求解過程，並且由於對非線性資料的快速建立模式能力，基於神經網路的資料探勘工具現在也越來越流行。

資料探勘雖然會經過預先處理動作，但是由於資料的大量性和來源的多樣性，資料中不可避免地會包含一些雜訊資料和異常資料，或丟失了部分資訊，因此我們要求資料探勘技術必須具有一定的容錯性和強壯性。由於人工神經網路具有大規模並行分布的處理結構，資訊會分散儲存在神經網路的連接權值中，資訊則按照內容分布在整個網路上，而資訊處理動作會在大量神經元中平行而又有層次地進行。因此，基於人工神經網路技術的資料探勘系統會具有較高的容錯性和強壯性。神經網路很適合處理非線性資料和含雜訊的資料。

前面所談到的BP、Hopfield網路的聯想記憶和最佳化調整等，都是基於有導師的學習，或稱為監督學習。針對用來訓練網路的樣本資料，在輸入樣本為已知的情形下，做出相對應的正確輸出。在訓練網路時，根據網路的實際輸出和期望輸出之間的差異，不斷調整權值，使得網路輸出的正確率不斷提高，直到網路的輸出誤差控制在允許範圍內為止。而使用訓練好的神經網路，可執行分類、模式辨識等資料探勘任務。有導師學習需要先知道一定的先驗知識作為先決條件。而在實際應用中，有些資料探勘工作只有一批輸入資料，因此需要將資料做群聚分析，然後分類計算，有時並不能提供所需的先驗知識，因此網路必須具有能夠自我學習的能力。對於這類型的資料探勘工作，是不能用前面所談到的有導師學習的神經網路方法，而是需要無導師學習的神經網路方法。Kohonen 在 1981 年提出的自我組織映射（Self Organization Mapping，簡稱SOM）神經網路模型，具有自我學習功能，也是解決群聚問題的典型，可以針對輸入模式的特徵進行托普邏輯映射。

Kohonen 可以看做由完全連接的神經元陣列所構成，每個神經元的輸出都是 Kohonen網路中任意一個神經元的輸入，但輸入節點和輸出節點之間連接權值可以為 0，也就等於不連接。Kohonen 網路的輸入層是單層單維神經元，而輸出層是二維的神經元，神經元之間存在側向交互的作用。神經元之間的側向交互通常會遵循著 Hebb 學習規則，也就是如果神經元 i 和神經元 j 同時處於興奮狀態或抑制狀態時，則神經元 i 和 j 之間的連接就應該加強，否則就應該減弱它們之間的聯繫，即：

$$\Delta w_{ij} = \alpha y_i y_j \quad \alpha > 0 \text{，} i \neq j \tag{9.46}$$

在上式中，y_i 和 y_j 分別表示神經元 i 和神經元 j 的狀態。Hebb 學習規則與生物學中的神經細胞學說一致，並已得到生物學上的驗證。

Kohonen 網路兩層之間的各神經元之間是雙向完全連接，而且網路中沒有隱含層。在 Kohonen 網路中，輸出節點與其鄰域其他節點廣泛相連，並互相刺激。如圖 9-8 所示，每一個輸入都與二位陣列的輸出神經元相連接，每一個輸出單元都與其相鄰的輸出單元相連接。因此 Kohonen 網路中包含兩類型的權值：

- 輸入神經元與輸出神經元之間的連接權值。
- 輸出神經元間的側向連接權值。

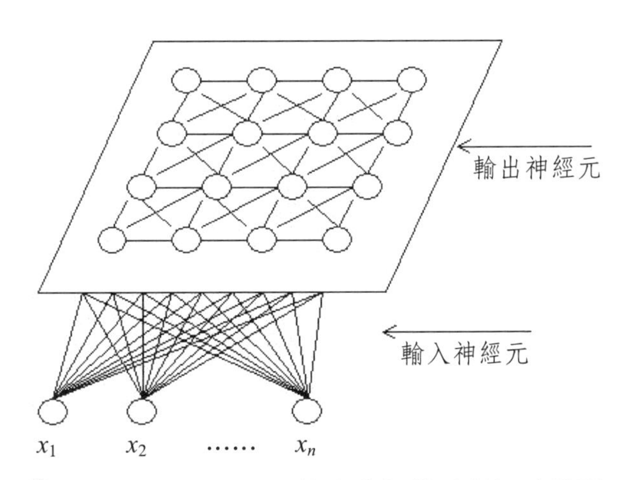

圖 9-8　Kohonen 二維自我組織映射網路模型

Kohonen 網路以無導師方式進行訓練，自動對輸入模式進行群聚分析。透過規則，不斷去調整連接權值，當網路處於穩定狀態時，每一個鄰域中所有節點對某種輸入會具有類似的輸出。Kohonen 網路也採用競爭學習機制，當輸入時，對於某一個輸入模式，通過競爭，在輸出層中只啟動一個相對應的輸出神經元。對於許多輸入模式，在輸出層中將啟動許多個神經元，從而形成一個反映輸入資料的特徵映射。在輸出層中，神經元會抑制與自己鄰近的神經元，而不抑制遠離自己的神經元，因此，Kohonen 網路可以作為模式特徵的檢測器。

Kohonen 網路中只有競爭獲勝的輸出神經元才能主導連接權值的調整動作，獲勝的神經元不僅會調整自身的連接權值，而且該神經元周圍的神經元在其影響下，也將調整連接權值，但是獲勝的神經元對其他神經元的影響是由近及遠，是由興奮逐漸轉為抑制。如圖 9-9 所示，獲勝的輸出神經元對周圍輸出神經元的具體的影響方式通常有三類：墨西哥禮帽型(a)、大禮帽型(b)和廚師帽型(c)。

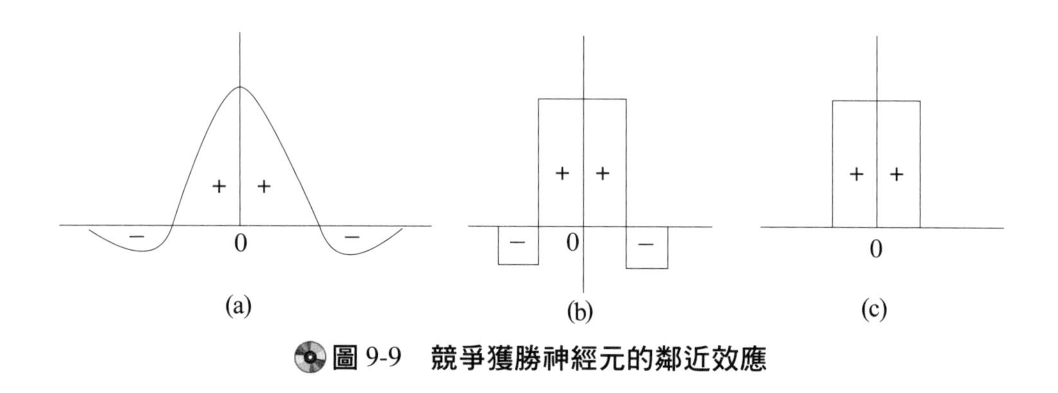

圖 9-9　競爭獲勝神經元的鄰近效應

在墨西哥禮帽型權值調整方式中，獲勝的神經元具有最大的正向調整量（興奮），隨著與獲勝神經元距離的增大，其他神經元正向調整量會逐步變小，直至 0 為止，隨著距離的進一步增大，其他神經元則具有負向調整量（抑制），隨著距離的進一步增大，負向調整量會逐步變大，然後又逐步變小，最後又重新變成 0（就是沒有影響）。大禮帽型是墨西哥型的簡化，它以獲勝神經元為中心，按照距離將輸出神經元分成三類，獲勝神經元及其周圍輸出神經元為興奮域，正向調整連接權值；離獲勝神經元較遠的神經元為抑制域，負向調整連接權值，更遠的為無關域，神經元的連接權值不進行調整。廚師帽型是競爭獲勝神經元的鄰近效應的進一步簡化。

在 Kohonen 網路訓練過程中，競爭獲勝神經元的鄰近效應的鄰域劃分並不是一成不變的，而是隨著使用次數的增加逐步變小。

那 Kohonen 網路如何挑選競爭獲勝者呢？

假設 $X=(x_1, x_2,\cdots, x_n)^T$ 是 Kohonen 網路的輸入向量，$W_i=(w_{i1}, w_{i2},\cdots, w_{in})^n$ 是輸出神經元 i 與所有輸入神經元的連接權值向量。連接權值向量與輸入向量距離最短的輸入神經 N_s 元即是競爭獲勝神經元，如下列所示：

$$N_s=\min\{\|X-W_i\|\} \quad i=1, 2, \cdots, n \qquad (9.47)$$

向量之間的距離有許多不同的測量方法，常用的有以下幾種：

歐基里德距離：

$$\|X - W_i\| = \sqrt{|x_1 - w_{i1}|^2 + |x_2 - w_{i2}|^2 + \cdots + |x_n - w_{in}|^2} \tag{9.48}$$

曼哈坦距離：

$$\|X - W_i\| = |x_1 - w_{i1}| + |x_2 - w_{i2}| + \cdots + |x_n - w_{in}| \tag{9.49}$$

明考斯基距離：

$$\|X - W_i\| = (|x_1 - w_{i1}|^p + |x_2 - w_{i2}|^p + \cdots + |x_n - w_{in}|^p)^{\frac{1}{p}} \qquad p = 1, 2, \cdots, m, \cdots \tag{9.50}$$

夾角餘弦距離：

$$\cos(X, W_i) = \frac{x_1 w_{i1} + x_2 w_{i2} + \cdots x_n w_{in}}{\sqrt{x_1{}^2 + x_2{}^2 + \cdots + x_n{}^2}\sqrt{w_{i1}{}^2 + w_{i2}{}^2 + \cdots + w_{in}{}^2}} \tag{9.51}$$

向量間的餘弦值表示了向量之間的相似度，如果餘弦值等於 1，表示兩個向量是完全相同的；如果等於 0，則表示兩個向量是毫不相關的。因此有這樣的算式：

$$\|X - W_i\| = 1 - \frac{x_1 w_{i1} + x_2 w_{i2} + \cdots x_n w_{in}}{\sqrt{x_1{}^2 + x_2{}^2 + \cdots + x_n{}^2}\sqrt{w_{i1}{}^2 + w_{i2}{}^2 + \cdots + w_{in}{}^2}} \tag{9.52}$$

因此，可以得到 Kohonen 網路的輸入神經元新的連接權值：

$$w_{ij}(t+1) = w_{ij}(t) + \eta(t, \|X - W_i\|)(x_i(t) - w_{ij}(t)) \tag{9.53}$$

在上面算式中，$\eta(t, \|X - W_i\|)$分別是調整係數、執行次數，以及輸入神經元間距離的函數，正如同前面所述，通常會隨著執行次數的增加，$\eta(t, \|X - W_i\|)$值會逐漸變小；隨著神經元間距離的增加，$\eta(t, \|X - W_i\|)$值也會逐漸變小。

透過向量之間距離的計算，Kohonen 網路可以對大量的輸入模式進行群聚分析。

綜合以上所述，Kohonen 演算法步驟可以歸納如下：

⑴初始化：使用小的隨機值來初始化 Kohonen 網路權值，並選定鄰域的大小。

⑵輸入模式：從樣本集中選擇一個樣本$(x_1, x_2,\cdots, x_n)$作為 Kohonen 網路的輸入。

⑶計算距離：計算輸入向量與所有輸出神經元連接權值向量之間的距離。

⑷選擇獲勝神經元：將連接權值向量與輸入向量距離最近的神經元作為競爭獲勝神經元。

⑸調整連接權值：按照算式（9.47）來調整 Kohonen 網路的輸出神經元連接權值。

⑹最後回到步驟⑵，重複⑶、⑷、⑸各步驟直到 Kohonen 網路進入穩定狀態為止。

Kohonen 對於不確定系統會進行自我適應和自我學習，網路可以透過學習和訓練進行自我組織動作，以適應不同資訊處理的要求。根據 Kohonen 網路的學習規則，神經元權值的調整趨勢是減少權值向量和當前輸入向量之間的距離。因此，當以後出現與先前輸入相類似的輸入時，先前的輸入時獲勝的神經元將更容易獲勝，因此在競爭學習過程中，輸出層神經元所對應的連接權值向量會成為輸入樣本空間的群聚中心，因此 Kohonen 網路可以有效地達到群聚分析。由於 Kohonen 網路僅以輸出層中的單個神經元來代表某一種模式，一旦輸出層中的某個輸出神經元損壞，則會導致該神經元會丟失所代表的全部模式資訊。

CHAPTER 10

遺傳演算法

生物的進化是一個奇妙的演化過程，它透過遺傳、淘汰、突變等，產生適應環境變化的優良物種。行為主義學派模擬這種物競天擇、適者生存的生物群體進化過程，提出了演化計算（Evolutionary Computation, EC）的方法。

1975 年，由美國 Michigan 大學 John H. Holland 在 *Adaptation in Natural and Artifical Systems* 一書中提出的遺傳演算法（Genetic Algorithm，簡稱 GA），是進化計算的一個主要研究分支，而遺傳演算法的概念最早是由 Bagley J. D.在 1967 年提出的。

遺傳演算法是根據 Darwin 進化論和 Mendel 的遺傳學說生物進化思想而啟發得出的一種整體最佳化演算法。但在當時由於電腦的發展水準過低，容量小，計算速度又慢，而遺傳演算法計算量過大，需要貯存的資訊又多，難於實際應用，因而沒有得到重視。直到 20 世紀 80 年代中期以來，由於電腦容量和計算速度的不斷提高，以及遺傳演算法本身的逐步成熟而引起了國際學術界的普遍重視，得到了迅速的發展。目前遺傳演算法已經得到廣泛的應用，如自動控制、資料探勘、電腦科學、工程設計和神經網路等領域。

10.1 遺傳演算法概述

遺傳演算法是基於進化理論，並採用遺傳結合、遺傳變異及自然選擇等設計方法的演化技術。遺傳演算法是模擬進化／適者生存的過程，以隨機的形式將最適合於特定目標函數的種群透過重組來產生新的一代，在進化過程中透過選擇、重組和突變逐漸產生演化的問題解決方案。它也透過選擇、交叉和變異等進化概念，產生出解決問題的新方法和策略。這裏的選擇是指挑選出好的解決方案，交叉是將各個好的方案中的部分進行組合連接，而變異則是隨機地改變解決方案的某些部分，這樣當提供了一系列可能的解決方案後，遺傳演算法就可以得出最佳解決方案了。

10.1.1 基本理念和術語

遺傳演算法的基本理念可歸納為兩點：⑴將物種進化的理論用於求問題的解答，物種的進化又可分為遺傳和變異兩方面；⑵只有最適合環境的物種才能保留下來，因而經反覆求解的過程後可以得到最佳的解。

遺傳演算法會按照一定的規則產生經過基因編碼的初始群體，然後從這些初始群體出發，挑選出適應度強的個體進行交叉（或稱交配、交換）和變異，以便發現適應度更好的個體，如此一代代地演化，得到一個最佳個體，將其經過解碼之後，這個最佳個體編碼就會對應到問題的最佳解或近似最佳解。

由於 GA 是建立在進化論和遺傳學的基礎上，因此演算法中會涉及到若干生物學和遺傳學的概念，如同以下所述：

- **串**：演算法中的二進位串，對應成遺傳學中的染色體。染色體是進化的資訊載體。染色體可能發生突變，並因為這種突變，可能產生更好的、更能適應環境的後代。
- **基因**：基因是串中的元素，基因用於表示個體的特徵。基因是染色體遺傳功能的最小操作單位。
- **基因位置**：一個基因在串中的位置稱為基因位置，有時也簡稱基因位或基因座。
- **基因特徵值**：在用串表示整數時，基因的特徵值與二進位數字的權值會相同。

- **種群**：個體的集合稱為種群，或稱做群體。生物的進化不是通過單個個體來達成，而是一代代的種群同時進行的。
- **種群大小**：種群中個體的數量稱為群體的大小。
- **適應度**：適應度表示某一個體對於環境的適應程度。在 GA 中，也稱做適值函數，用以估計個體的優劣。適應度值越高，被選擇用來交配和進行後繼遺傳行為的機率也就越大。對於給定的演化問題，會將其目標函數作為適應度函數。

遺傳演算法處理演化問題，需將所有引數進行編碼。常用一定位元數的二進位碼代表一個引數的各種取值。如果將各引數的二進碼連成一串，將得到一個二進位碼串。該串代表了引數的一組取值所決定的一個解。如果將每一個解看成是生物群體中的一個個體，那麼代碼串則相當於表示該個體遺傳特性的染色體。

群體中每個個體對應於演化問題的一個可行解，演化問題的目標函數作為群體所處的環境，而目標函數值則作為個體對環境的適應度。基於上述概念來模擬生物進化過程的遺傳演算法，主要包含三個基本操作，或稱基本運算：

- **選擇（繁殖）**：選擇運算會從一個舊群體（父代，也稱父本）中選出合適的個體，而產生新群體（後代）的過程。
- **交叉（重組）**：交叉運算會選擇兩個不同個體的染色體的部分基因進行交換，形成新個體。該運算元會去確定和擴充解的空間，是一個隨機化的重組運算元。在很大程度上，遺傳演算法的性能取決於所使用的交換運算元的性能。
- **變異（突變）**：變異運算元對某些個體的某些基因進行變異。在一般的二進位編碼方式下，變異操作就是簡單地將基因值取 NOT（1 變 0、0 變 1）。

這種遺傳演算法可引起產生優良後代的作用。這些後代需滿足適應值，經過若干代的遺傳，將得到滿足要求的後代（問題的解）。

10.1.2 遺傳演算法的基礎

遺傳演算法是建立在自然選擇和遺傳變異基礎上，是一種自我適應機率性搜索演算法。在演算法中，染色體是二進位字元串編碼，每一編碼字串為一候選解群，這種染色體有多個，就是有一群候選解。染色體是主要的進化對象，像生物進化一樣，交

叉和突變使得最終得到的解具有整體性。

交叉將染色體的基因進行互換，從而產生新的後代。交叉可以有多種方式：

1. 單點交叉

隨機選取某個基因位置，從此位開始交換兩父代後面的序列，相應地產生兩個後代，如下所示：

父代 1	$\alpha_1, \alpha_2, \alpha_3, \alpha_4, \alpha_5, \alpha_6, \alpha_7, \alpha_8$
父代 2	$\beta_1, \beta_2, \beta_3, \beta_4, \beta_5, \beta_6, \beta_7, \beta_8$
子代 1	$\alpha_1, \alpha_2, \alpha_3, \alpha_4, \beta_5, \beta_6, \beta_7, \beta_8$
子代 2	$\beta_1, \beta_2, \beta_3, \beta_4, \alpha_5, \alpha_6, \alpha_7, \alpha_8$

2. 兩點交叉

交換父代兩個基因位元之間的部分，產生相應的後代，示例如下：

父代 1	$\alpha_1, \alpha_2, \alpha_3, \alpha_4, \alpha_5, \alpha_6, \alpha_7, \alpha_8$
父代 2	$\beta_1, \beta_2, \beta_3, \beta_4, \beta_5, \beta_6, \beta_7, \beta_8$
子代 1	$\alpha_1, \alpha_2, \alpha_3, \beta_4, \beta_5, \alpha_6, \alpha_7, \alpha_8$
子代 2	$\beta_1, \beta_2, \beta_3, \alpha_4, \alpha_5, \alpha_6, \alpha_7, \alpha_8$

3. 多點交叉

多點交叉是兩點交叉的擴展，隨機選取多個截斷點，交換相關部分。

4. 均勻交叉

均勻交叉（Uniform Crossover）也稱一致交叉。按隨機產生的遮罩字（也稱範本）決定子代如何繼承父代的相應位的基因，示例如下：

父代 1	$\alpha_1, \alpha_2, \alpha_3, \alpha_4, \alpha_5, \alpha_6, \alpha_7, \alpha_8$
父代 2	$\beta_1, \beta_2, \beta_3, \beta_4, \beta_5, \beta_6, \beta_7, \beta_8$
遮罩字	10110010
子代 1	$\alpha_1, \beta_2, \alpha_3, \alpha_4, \beta_5, \beta_6, \alpha_7, \alpha_8$
子代 2	$\beta_1, \alpha_2, \beta_3, \beta_4, \alpha_5, \alpha_6, \beta_7, \alpha_8$

即當遮罩字中某位元數字為 1 時，子代 1 會繼承父代 1 中相對應的基因，否則繼承父代 2 中相對應的基因。同樣地，當遮罩字中某位元數字為 0 時，子代 2 繼承父代 1 中相對應的基因，否則繼承父代 2 中相對應的基因。

在具體應用中，有些問題要求一個個體的染色體編碼中不允許有重複的基因碼，例如：旅行商問題。而上面所述的交叉操作並不滿足這一點。即使在父代中基因碼是不重複的，常規的交叉操作仍可能產生含有多個相同的基因碼的子代。下面的三種交叉操作——部分映射交叉、順序交叉和迴圈交叉，可以避免這一問題。

5. 部分映射交叉

部分映射交叉（Partially Matched Crossover，簡稱 PMX 交叉），也稱為部分匹配交叉。具體操作步驟如下：

⑴在父代上隨機選取兩個交叉點，兩個交叉點間的子串稱做映射段。
⑵交換兩個映射段。
⑶根據映射段獲取部分基因碼間的映射關係。
⑷繼承父代中不存在映射關係的基因碼。
⑸交換存在映射關係的基因碼。

示例如下：
假設存在父代：

父代 1：$\alpha_1, \alpha_2, \alpha_3, \alpha_4, \alpha_5, \alpha_6, \alpha_7, \alpha_8$
父代 2：$\alpha_4, \alpha_3, \alpha_7, \alpha_8, \alpha_1, \alpha_6, \alpha_5, \alpha_2$

選擇交叉點：

假設是 4 至 6 位，

父代 1：$\alpha_1, \alpha_2, \alpha_3, |\alpha_4, \alpha_5, \alpha_6|, \alpha_7, \alpha_8$
父代 2：$\alpha_4, \alpha_3, \alpha_7, |\alpha_8, \alpha_1, \alpha_6|, \alpha_5, \alpha_2$

交換映射段：

子代 1：*, *, *, $|\alpha_8, \alpha_1, \alpha_6|$, *, *
子代 2：*, *, *, $|\alpha_4, \alpha_5, \alpha_6|$, *, *

獲取這樣的映射關係：

$$\alpha_8 \leftrightarrow \alpha_4$$
$$\alpha_1 \leftrightarrow \alpha_5$$
$$\alpha_6 \leftrightarrow \alpha_6$$

繼承無映射基因碼：根據(3)可知，基因碼 α_2、α_3、α_7 不存在映射。

子代 1：*, $\alpha_2, \alpha_3, |\alpha_8, \alpha_1, \alpha_6|, \alpha_7$, *
子代 2：*, $\alpha_3, \alpha_7, |\alpha_4, \alpha_5, \alpha_6|$, *, α_2

交換映射基因碼：

子代 1：$\alpha_5, \alpha_2, \alpha_3, \alpha_8, \alpha_1, \alpha_6, \alpha_7, \alpha_4$
子代 2：$\alpha_8, \alpha_3, \alpha_7, \alpha_4, \alpha_5, \alpha_6, \alpha_1, \alpha_2$

從而產生子代 1 和子代 2。

6. 順序交叉

順序交叉（Order Crossover，簡稱 OX 交叉），具體操作步驟如下：

(1)在父代上隨機選取兩個交叉點。

(2)保留父代中兩個交叉點間的子串。

(3)將另一個父代的編碼看成迴圈碼，然後記錄從第 2 個交叉點後開始的編碼序列。

(4)從編碼序列中去除父代中兩個交叉點間的子串的基因碼。

(5)在子代中按迴圈碼的方式從第 2 個交叉點後複製編碼序列。

如下所示：

假設存在父代：

父代 1：$\alpha_1, \alpha_2, \alpha_3, \alpha_4, \alpha_5, \alpha_6, \alpha_7, \alpha_8$

父代 2：$\alpha_3, \alpha_6, \alpha_8, \alpha_2, \alpha_7, \alpha_4, \alpha_1, \alpha_5$

選擇交叉點，

假設是 4 到 6 位，

父代 1：$\alpha_1, \alpha_2, \alpha_3, |\alpha_4, \alpha_5, \alpha_6|, \alpha_7, \alpha_8$

父代 2：$\alpha_3, \alpha_6, \alpha_8, |\alpha_2, \alpha_7, \alpha_4|, \alpha_1, \alpha_5$

保留交叉點間子串：

子代 1：$*, *, *, |\alpha_4, \alpha_5, \alpha_6|, *, *$

子代 2：$*, *, *, |\alpha_2, \alpha_7, \alpha_4|, *, *$

生成編碼序列：

序列 1：$\alpha_1, \alpha_5, \alpha_3, \alpha_6, \alpha_8, \alpha_2, \alpha_7, \alpha_4,$

序列 2：$\alpha_7, \alpha_8, \alpha_1, \alpha_2, \alpha_3, \alpha_4, \alpha_5, \alpha_6$

去除保留的基因碼：

序列 1：$\alpha_1, \alpha_3, \alpha_8, \alpha_2, \alpha_7$

序列 2：$\alpha_8, \alpha_1, \alpha_3, \alpha_5, \alpha_6$

在子代中複製編碼序列：

子代 1：$\alpha_8, \alpha_2, \alpha_7, \alpha_4, \alpha_5, \alpha_6, \alpha_1, \alpha_3$
子代 2：$\alpha_3, \alpha_5, \alpha_6, \alpha_2, \alpha_7, \alpha_4, \alpha_8, \alpha_1$

從而產生子代 1 和子代 2。

7. 迴圈交叉

迴圈交叉（Cycle Crossover，簡稱 CX 交叉），將另一個父代作為參照對當前父代進行重組，具體操作步驟如下：

(1)從父代中繼承第一個基因。
(2)繼承出現在另一父代所對應位置的基因碼，然後繼承在該基因碼的位置上出現在另一父代對應位置的基因碼。如此迴圈，即另一父代對應位置的基因碼在子代中已存在。
(3)對剩下的編碼位元按照父代的基因碼間的對應關係進行對換。

如下所示：
假設存在父代：

父代 1：$\alpha_7, \alpha_6, \alpha_2, \alpha_3, \alpha_8, \alpha_1, \alpha_5, \alpha_4$
父代 2：$\alpha_1, \alpha_8, \alpha_7, \alpha_4, \alpha_6, \alpha_5, \alpha_2, \alpha_3$

繼承父代第一個基因：

子代 1：α_7, *, *, *, *, *, *, *
子代 2：α_1, *, *, *, *, *, *, *

繼承出現在另一父代對應位置的基因碼。

根據參照父代，獲得繼承的基因碼：

鏈 1：$\alpha_7 \rightarrow \alpha_1 \rightarrow \alpha_5 \rightarrow \alpha_4$
E5 55 55 55 55 55 5F

鏈 2：$\alpha_1 \rightarrow \alpha_3 \rightarrow \alpha_4 \rightarrow \alpha_5$
E5 55 5F

因此有：

子代 1：$\alpha_7, *, \alpha_2, *, *, \alpha_1, \alpha_5, *$

子代 2：$\alpha_1, *, \alpha_7, *, *, \alpha_5, \alpha_2, *$

基因碼對換：

子代 1：$\alpha_7, \alpha_8, \alpha_2, \alpha_4, \alpha_6, \alpha_1, \alpha_5, \alpha_3$

子代 2：$\alpha_1, \alpha_6, \alpha_7, \alpha_3, \alpha_8, \alpha_5, \alpha_2, \alpha_4$

從而產生子代 1 和子代 2。

8. 算術交叉

算術交叉（Arithmetic Crossover）是指由兩個個體的線性組合而產生出兩個新的個體，其操作物件一般是由浮點數編碼所表示的個體。

如下所示：

父代：X_A^t 和 X_B^t　　（第 t 代）

子代：X_A^{t+1} 和 X_B^{t+1}　　（第 $t+1$ 代）

其中：

$$\begin{cases} X_A^{t+1} = \alpha X_A^t + (1-\alpha) X_B^t \\ X_B^{t+1} = (1-\alpha) X_A^t + \alpha X_B^t \end{cases}$$

在上式中，如果 α 是一個常數，則稱為均勻算術交叉；若 α 隨著代數的變化而變化，則稱為非均勻算術交叉。

變異會發生在單個染色體上，並且產生一個不同於父代的染色體。可以有多種變異方式，通常有以下幾種：

⑴**簡單變異**

簡單變異（Simple Mutation）又稱為點變異或二進位變異。一個個體中任一位元按照某一機率 p_m 進行 NOT 運算，即 1 變 0 或 0 變 1。

如下所示：

個體：10 1 10011
↓簡單變異
新個體：10 0 10011

第三位由 1 變為 0。

⑵**均勻變異**

均勻變異（Uniform Mutation）按照某一機率 p_m，對一個個體中任一位元用編碼空間的一個隨機值，來替換原有的基因值。均勻變異尤其適合於真值編碼的應用。

如下所示：

個體：$\alpha_1\alpha_2\,\boxed{\alpha_3}\,\alpha_4\alpha_5\alpha_6\alpha_7\alpha_8$
↓均勻變異
新個體：$\alpha_1\alpha_2\,\boxed{\widetilde{\alpha}_3}\,\alpha_4\alpha_5\alpha_6\alpha_7\alpha_8$

第三位由 α_3 變為 $\widetilde{\alpha}_3$，如果該基因的值是離散值，則 $\widetilde{\alpha}_3$ 可以為取值空間的任意值。如果該基因的值是連續值，則 $\widetilde{\alpha}_3$ 可以按照下面算式來獲取：

$$\widetilde{\alpha}_3 = v_{\min}^3 + \mathrm{random}(\cdot)*(v_{\max}^3 - v_{\min}^3)$$

上式中，random(・)為[0, 1]之間的一個亂數，$v_{\max}^k$ 和 $v_{\min}^k$ 分別是第三位基因可能取值的上限和下限。

⑶**倒位變異**

倒位變異（Inversion Mutation）也稱逆轉運算元，它對個體編碼串中隨機選取的

子串以逆轉機率 p_i 逆向排序。

如下所示：

假設對 4 至 6 位基因進行倒位變異：

$$\alpha_1, \alpha_2, \alpha_3, |\alpha_4, \alpha_5, \alpha_6|, \alpha_7, \alpha_8$$

↓ 倒位變異

$$\alpha_1, \alpha_2, \alpha_3, |\alpha_6, \alpha_5, \alpha_4|, \alpha_7, \alpha_8$$

⑷基於次序的變異

基於次序的變異（Order-based Mutation）也稱對換變異、交換變異或互換變異等，它隨機選取個體編碼中的兩個基因，然後交換它們的位置。如下所示：

假設對第 3 位和第 7 位基因進行基於次序的變異：

$$\alpha_1, \alpha_2, \boxed{\alpha_3}, \alpha_4, \alpha_5, \alpha_6, \boxed{\alpha_7}, \alpha_8$$

1 4 44 2 4 4 43

↓ 基於次序的變異

$$\alpha_1, \alpha_2, \boxed{\alpha_7}, \boxed{\alpha_4}, \alpha_5, \alpha_6, \alpha_3, \alpha_8$$

⑸基於位置的變異

基於位置的變異（Position-based Mutation）隨機選取兩個基因，然後將第二個基因放在第一個基因之前。

如下所示：

假設對第 3 位和第 7 位基因進行基於位置的變異：

$$\alpha_1, \alpha_2, \boxed{\alpha_3}, \alpha_4, \alpha_5, \alpha_6, \boxed{\alpha_7}, \alpha_8$$

1 4 44 2 4 4 43

↓ 基於位置的變異

$$\alpha_1, \alpha_2, \boxed{\alpha_7}, \boxed{\alpha_3}, \alpha_4, \alpha_5, \alpha_6, \alpha_8$$

⑹插入變異

插入變異（Addition Mutation）選擇某一位元編碼隨機地插入某一位置。

如下所示：

假設在編碼串的第 4 位元和第 5 位元基因間插入編碼 α_j：

$$\alpha_1, \alpha_2, \alpha_3, \alpha_4, \alpha_5, \alpha_6, \alpha_7, \alpha_8$$

↓插入變異

$$\alpha_1, \alpha_2, \alpha_3, \alpha_4, \boxed{\alpha_j}, \alpha_5, \alpha_6, \alpha_7, \alpha_8$$

⑺打亂變異

打亂變異（Scramble Mutation）則會隨機選取個體編碼串上的一段子串，然後打亂在這個子串內基因的次序。

10.1.3 遺傳演算法的特點

遺傳演算法可以看做是一種最佳化方法，透過對問題進行類似染色體的編碼，給出了一種進化函數，透過某些遺傳運算，如選擇、交叉和突變等，將那些最合適的染色體保留下來，即對應問題的最佳解。

與傳統的確定性演算法不同，遺傳演算法只對系統的輸出進行適應度的評判，與系統內部的複雜性無關，是一種黑箱方法，因此遺傳演算法特別適用於建造功能太複雜以致難以分析的高度複雜性系統。遺傳演算法將複雜的非線性問題經過有效搜索和動態演化而達到演化狀態的特性，具有和其他演算法不同的許多特點。

並行性和對全域資訊的有效利用能力是遺傳演算法的顯著特點。並行性呈現在兩個方面：內在並行性（Inherent Parallelism）和隱含並行性（Implict Parallelism）。所謂內在並行性，即演化演算法本身非常適合大規模平行計算。遺傳演算法的操作物件是一組可行解，而非單個可行解，即群體中的各個個體並行地攀爬，並利用遺傳訊息和競爭機制來指導搜索方向，最簡單的並行方式是將大量的電腦各自進行獨立種群的演化計算。傳統演化演算法是從單個初始值開始求最佳解的，容易誤入局部最佳解。遺傳演算法同時對解空間進行多點搜索，可有效地防止搜索過程收斂於局部最佳解，具有較少的搜索時間和較高的搜索效率。

隱含並行性保證遺傳演算法只需檢測少量的結構就能反映搜索空間的大量區域，由於遺傳演算法採用群體的方式組織搜索，因此可以同時搜索解空間內的多個區域，這種搜索方式使得它雖然每次只執行與群體規模 N 成比例的計算，而實質已進行大約 $O(N^3)$ 次有效搜索。而且通過對整體資訊的應用，最終收斂於整體最佳解，因此該演算法具有整體佳化的能力。

傳統的演化方法採用的是確定性計算法則，而遺傳演算法是一類基於機率的演化演算法，個體間的交叉及個體自身的複製和變異等都存在著隨機性，因此遺傳演算法可以克服使用確定性計算的傳統演化方法對雜訊比較敏感的缺點，所以遺傳演算法具有更高的穩固性。

從微觀的角度看，遺傳演算法是一種隨機演算法；從宏觀的角度看，它又具有一定的方向性。因此，它不同於一般的隨機演算法，它所使用的隨機選擇只是在有方向的搜索過程中的一種工具。正是由於它的方向性，使得它比一般的隨機搜索演算法的效率要高。

遺傳演算法在解空間內進行充分的搜索，但並不是盲目地瞎碰，而是一種啟發式搜索。其搜索時間和效率往往比其他演化方法還要好。遺傳演算法的解集合是經過編碼的，目標函數可解釋為編碼化個體的適應度值，因此具有良好的可操作性和簡單性。

遺傳演算法操作的物件不是參數本身，而是對參數進行編碼的個體，這使得遺傳演算法可直接對結構物件加集合、序列、矩陣、樹、圖、鏈和表等一維或多維物件進行處理。此外，遺傳演算法使用適應值這一資訊來進行搜索，並不需要問題導數等與問題直接相關的資訊。對問題函數的限制很少，不要求連續、可微，既可以是數學運算式等顯函數，又可以是映射矩陣，甚至可以是神經網路等隱函數，因此遺傳演算法適用面廣，不僅能解決一般演化問題，而且適用於不可微演化、非凸演化等多種應用。

10.2 基本遺傳演算法

遺傳演算法具有很強的計算能力，但遺傳演算法的求解過程卻很簡單。遺傳演算法是一個遞迴過程。在每次遞迴中都保留一組候選解。按照其解的優劣進行排序，並按照某種指標從中選出一些解，利用一些遺傳運算元對其進行運算，產生新一代的一組候選解，重複此過程，直至滿足某種收斂條件。

遺傳演算法在本質上是一種不依賴具體問題的直接搜索方法。隨著遺傳演算法研究的深入，許多學者先後提出許多不同的演算法，但這些演算法都模仿自然界的生物遺傳和進化過程中的選擇、交叉和變異，採用生成—測試型方法，去發現最佳解。因此，我們將那些只使用選擇運算元、交叉運算元和變異運算元的最基本的遺傳演算法稱為基本遺傳演算法。同樣地，另一類遺傳演算法稱做高級遺傳演算法。它們的主要區別在於：簡單遺傳演算法的遺傳運算元只有選擇、交叉和變異；而高級遺傳演算法包含了其他一些複雜的遺傳運算元，例如：逆運算元等。此外，簡單遺傳演算法中的交叉運算元和變異運算元的發生機率是固定不變的，而在高級遺傳演算法中，其發生機率則可在給定範圍內變化。

如圖 10-1 所示，基本遺傳演算法的處理步驟如下：

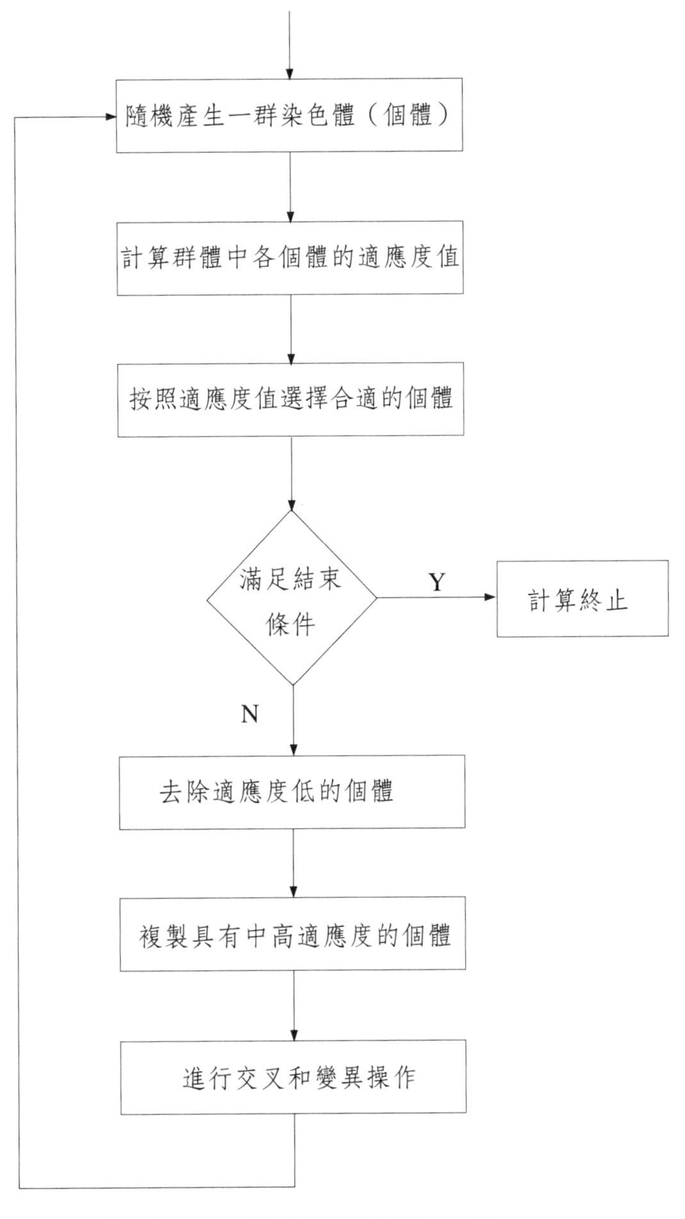

圖 10-1　基本遺傳演算法流程

⑴生成初期群體。

⑵在滿足結束條件前反覆進行：①適應度評價；②選擇；③交叉；④突然變異。

遺傳演算法首先產生初期群體。一般都會隨機地決定初期群體的個體染色體。就是依照隨機方式產生一組二進位串，每一個串代表群體中的一位祖先，而一定數量的祖先則構成初期群體。群體數目 n 影響遺傳演算法的有效性。n 如果太小，遺傳演算法的解會很差或根本找不出問題的解，因為太小的種群數目根本不能提供足夠的採樣點；n 如果太大，則會增加計算量，使收斂時間延長，群體數目通常在 30 到 160 之間。

在產生初期群體後，就會對各個個體進行適應度評價，並按照適者生存的原則，從中選擇出較適應環境的個體（染色體）進行交叉和變異，個體 A_i 被選擇的機率 $p(A_i)$ 和適應度 $f(A_i)$ 間的關係一般為：

$$f(A_i) \propto p(A_i) \tag{10.1}$$

即使適應度高的個體能留下更多子孫後代，然後再透過交叉、變異過程產生更適應環境的新一代染色體群。這樣，後代中包含了三類個體：上代直接傳下代的、組配的、變異的。

適當選擇參數，這三類個體的總適應度比上一代的要高，然後再重新進行自然選擇。這樣，一代一代地進化，各代群體的優良基因成分會逐漸累積，群體的平均適合度和最佳個體適合度也會不斷上升。直到遞迴過程趨於收斂，即適合度趨於穩定，不再上升，即收斂到最適應環境的一個染色體上，它就是問題的最佳解。遺傳演算法中的結束準則一般是指個體的適應度達到給定的閾值，或者個體的適應度的變化率為零。最後將這些染色體解碼還原就可以獲得原問題的解。

10.3 遺傳演算法的實現技術

遺傳演算法在處理所有問題時的做法都是一致的，只是編碼方法、演算法參數、遺傳運算元的使用等有所不同而已。

10.3.1 編碼方法

在遺傳演算法中如何描述問題的可行解，就是把一個問題的可行解從其解空間轉換到遺傳演算法所能處理的搜索空間的轉換方法，就稱為編碼。同樣地，從遺傳演算法空間向問題空間的映射則稱為解碼。如何進行編碼，使之具有有效性、合理性和通用性，是遺傳演算法首先要考慮的問題。一般的編碼方法應使得定義長度短、確定位元數少的模式和問題本身相關性大而和其他模式相關性小。另外，編碼應採用最小字元集（或稱做字母表），使得問題得以自然表示，但近年來，許多學者發現在有些問題上採用大符號集編碼的遺傳演算法比採用二進位編碼的遺傳演算法的性能要好，最小字元集編碼規則受到了懷疑。

目前有許多不同的編碼方法，如二進位編碼方法、浮點數編碼方法、符號編碼方法、格雷碼編碼方法、多參數編碼方法等。這些編碼各有優缺點，目前還缺乏一種理論來判斷各種編碼方法的好壞，並指導對它們的設計。

遺傳演算法的主要編碼方式是用二進位編碼來達到模型的參數化，就是將問題域參數空間中一個點映射到個體的染色體上，二進位每一位元即為染色體上的一個基因，字母表為 1, 0 − 。模型參數的二進位編碼是一種數學上的抽象，藉由編碼把具體的非線性演化問題和生物演化過程聯繫了起來，因為這時形成的編碼字串就相當於一組遺傳基因的密碼。

在二進位編碼中，會依照一定的順序每幾位元二進位數字（即一個基因鏈碼）對應一個參數變數，從而透過二進位串表示了問題域資訊。染色體長度取決於參數取值範圍和模型解析度，其關係如下：

$$\Delta m = \frac{\max(m) - \min(m)}{2^l - 1} \qquad (10.2)$$

在上式中，l 為染色體的長度，亦即對應的二進位串的長度；$\max(m)$和$\min(m)$分別是問題域參數取值的上下限；Δm為模型參數解析度，亦即二進位編碼精度，因此只要取足夠的位數便可達到足夠的精度。

二進位編碼可能出現不連續問題，即在歐氏空間中鄰近點的二進位編碼的Hamming距離下並不鄰近，即 Hamming 懸崖問題。Hamming 距離的定義如下：

Hamming **距離**：設 b、b' 是兩個長度為 l 的二進位，則它們的 Hamming 距離為：

$$H(b, b') = \sum_{i=1}^{l}(b_i \& \sim b_i') \tag{10.3}$$

其中，b_i 和 b_i' 分別表示 b、b' 的第 i 個分量，$i = 1, 2, \cdots, l$；$b_i \& \sim b_i'$ 表示 b_i 與非 b_i' 求與。

從上述定義可以看出，b 與 b' 的 Hamming 距離即是 b 與 b' 相異的位數。為了解決 Hamming 懸崖問題，學者們提出了格雷碼（Gray Code）編碼方式。使用格雷碼編碼的任意兩個整數的差是這兩個整數所對應的格雷碼之間的 Hamming 距離，其連續兩個整數所對應的編碼值之間只有一位元編碼是不同的。假設某一個體的二進位編碼串為（$\alpha_1, \alpha_2, \cdots, \alpha_n$），其對應的格雷碼編碼串為（$\beta_1, \beta_2, \cdots, \beta_n$），則兩者間的對應關係為：

$$\beta_k = \begin{cases} \alpha_1 & k = 1 \\ \alpha_{k-1} \oplus \alpha_k & k > 1 \end{cases}$$

$$\alpha_k = \sum_{i=1}^{k} \beta_i (\bmod 2) \tag{10.4}$$

相比於二進位編碼，格雷碼提高了遺傳演算法的局部搜索能力。

二進位編碼或格雷碼編碼通常不直接反映所求問題的特定知識，而通常需要對問題域參數進行編碼和解碼，即需要實現基因型和表現型上的映射。為了能直接在解的表現型上進行遺傳操作，人們提出了浮點數編碼方法，也就是十進位數字編碼方式。

個體 x_t^i 的第 q 個長度為 k 的二進位編碼串轉換為浮點數的解碼函數 Γ：

$$\Gamma(x_t^i, q) = u_q + \frac{v_q - u_q}{2^k - 1}\left(\sum_{j=1}^{k} x_t^{i(qk+j)} * 2^{j-1}\right) \tag{10.5}$$

算式中，v_q 和 u_q 分別是第 q 個實數範圍的上限和下限。

在使用浮點數編碼的遺傳演算法中，假設群體中的個體數為 n，基因位數為 l，則任意取兩個個體進行交叉的可能情況為 C_n^2；又因為編碼的長度為 l，所以編碼串中存在 $l-1$ 個交叉位置。每一次交叉操作，由兩個父代可以生成兩個子代，因此初始群體經交叉操作產生的新的個體數 T_D 為：

$$T_D = 2\,(l-1)C_n^2 \tag{10.6}$$

如果將用浮點數編碼的初始群體轉換為二進位編碼，並假設每個實數用 k 位元二進位表示，則其初始群體經交叉操作產生的新的個體數 T_B 滿足：

$$T_B \geq 2n_0\,(n-n_0)+T_D \tag{10.7}$$

其中，n_0 表示群體中第一位二進位碼為 0 的個體。

上式證明如下：

當交叉位置為 $k, 2k, \cdots, (l-1)k$ 時，可能產生不同的新個體的數目與浮點數編碼相同，即 T_D。當交叉位置為 1 時，將 n 個個體分為第一位為 0 和第一位為 1 兩組，分別記做 B_0 和 B_1，若第一位為 0 的個體數目記為 n_0，則第一位為 1 的個體數目為 $n-n_0$，則從 B_0 中選出一個個體與從 B_1 中選出一個個體交換產生的新個體的可能情況為 $2n_0\,(n-n_0)$，而且不與交換位置為 $k, 2k, \cdots, (l-1)k$ 的情況相重複，且交換位置還可以選其他位置，所以算式（10.7）得證。

算式（10.7）說明用二進位編碼的群體交叉操作可產生的遍歷搜索空間的不同個體的數目大於用十進位編碼的情況，也就是說，使用交換操作二進位的搜索能力比十進位的搜索能力還要強，並且如果群體的規模越大，則二進位的搜索能力就比十進位的搜索能力還要強，也就呈現得越充分。

對任意給定的 $i \in \{1, 2, \cdots, n\}$，$q \in \{1, 2, \cdots, l\}$，二進位編碼個體 x_t^i 所對應的第 q 個實數的變異最小量 $\min m\,(x_t^i, q)$，根據算式（10.5）可得：

$$\min m\,(x_t^i, q) = \frac{v_q - u_q}{2^k - 1} \tag{10.8}$$

算式（10.8）說明對於二進位編碼，變異的最小量不能任意的小，它受到編碼長度的限制越大，變異的最小量就越小。因此，即使在最佳解附近，由變異操作也可能遍歷不到最佳解。

同樣地，對於任意給定的 $i \in \{1, 2, \cdots, n\}$，$q \in \{1, 2, \cdots, l\}$，二進位編碼個體 x_t^i 只變異一位，產生新個體 x_t'，設 $s^q = |\Gamma\,(x_t^i, q) - \Gamma\,(x_t', q)|$，則根據算式（10.5）可得 s^q 的最大值 $s_{\max}^q$ 和最小值 $s_{\min}^q$ 為：

$$s_{\max}^{q}=\frac{v_q-u_q}{2^k-1}*2^{k-1} \qquad (10.9)$$

$$s_{\min}^{q}=\frac{v_q-u_q}{2^k-1}$$

算式（10.9）說明了對二進位編碼，變異操作不能保證父代個體與子代個體會充分接近。也就是說，二進位編碼的群體的穩定性較差。

Holland 認為二進位編碼所占的位元數較多，因為確定規模的二進位編碼包含的模式是最多的，相當於加大了搜索範圍，從而能以較大的機率搜索到整體最佳解。此外，二進位編碼方式與電腦碼一致，因此適用於電腦應用，由於編碼串的每一位元，只有 1 和 0 兩個碼值，在交叉和變異等操作中原理清晰，操作簡單。

但是利用二進位編碼方式也存在著缺點。相對於十進位實值表示，二進位編碼串通常長得多，這就使得遺傳操作運算元的計算量較大。用二進位表示問題的解，在演化過程中需要編碼和解碼以進行二進位和十進位之間的資料轉換，這就存在資料之間的轉換誤差，從而引入了量化誤差。此外，二進位編碼存在著上述的 Hamming 懸崖問題。

浮點數編碼主要適用於求解高維或複雜的演化問題，採用實數編碼的遺傳演算法已被證明了其收斂性。但使用浮點數編碼，遺傳演算法中許多常規的遺傳運算元不再可用。就演算法的搜索性能和群體的多樣性而言，二進位編碼的搜索能力比浮點數編碼強，但浮點數編碼比二進位編碼在變異操作上能夠保持更好的群體穩定性。因此具體使用哪種編碼方式，要根據實際的演化問題來確定。編碼應該適合要解決的問題，而不是簡單地描述問題而已。

10.3.2 適應性度量

假設有一要最佳化的問題為：

$$Y=f(x_1, x_2, \cdots, x_n) \quad Y\in R \quad 且(x_1, x_2, \cdots, x_n)\in\Omega \qquad (10.10)$$

上式中，$x_1, x_2, \cdots, x_n$ 是引數，$x_1, x_2, \cdots, x_n$ 的每一組值 $(a_1, a_2, \cdots, a_n)\in\Omega$ 構成問題的一個解，Ω 是問題的解空間，F 是實數域 R 的一個實數。這裏的目標是要去發現 $x_1, x_2, \cdots, x_n$ 的一組值 $(a_1, a_2, \cdots, a_n)\in\Omega$，使得 $Y=f(a_1, a_2, \cdots, a_n)$ 最大（假設用求最大值問題

做一般性描述）。

在遺傳演算法中，適應度通常用來測量群體中各個個體在演化計算中有可能達到或接近於或有助於找到最佳解的優良程度。適應度函數是用來評估個體的適應度，即區分群體中個體好壞的標準，是進行自然選擇的唯一依據，因此適應度函數與目標函數是一致的。

因此，在一些情況下，可直接將問題的目標函數作為遺傳演算法中的目標函數，即：

$$F(x) = f(x) \tag{10.11}$$

在算式（10.11）中，$f(x)$ 表示目標函數，$F(x)$ 表示適應度函數。在評估時，將每一個個體的編碼串代入算式（10.10），所得的值即為個體的適應度值，Y 值越大，則說明個體的適應度越高。

遺傳演算法中的適應度函數通常要求是非負的，而一般演化問題的目標函數並不滿足這個條件。此外，標準的遺傳演算法一般把要求解的問題表示為最大化問題。這樣，對於任意的演化問題，首先應該把其數學形式表示為適於遺傳演算法求解的形式，同時要保證二者在數學演化上是相等的。這個過程即為目標函數到適應度函數的變換，可以利用一次或多次數學變換（或映射）來達到。變換原則為：

・應保證變換後，適應度是非負的。
・目標函數的演化方向對應於適應度的增大方向。

例如：對於存在負值的目標函數，可以進行簡單的座標變換，即：

$$F(X) = f(X) + \theta \tag{10.12}$$

上式中，X 表示參數向量；$f(x)$ 表示目標函數；$F(x)$ 表示適應度值函數；θ 是值座標的變換值，例如：取目標函數可能的最小負值的相反數。

同樣地，對於最小化問題的目標函數，可以有如下的變換：

$$F(x) = \zeta - f(X) \tag{10.13}$$

在上式中，ζ可以取目標函數可能存在的最大值。

當然，變換的形式並不是唯一的，而是應該根據所求解的問題，選擇合適的變換方法。例如：對於目標函數$f(x) \in [0, \infty)$的最小化問題，適應度函數可定義為：

$$F(x) = \frac{1}{1+f(x)} \tag{10.14}$$

而對於目標函數$f(x) \in [0, \infty)$的最小化問題，適應度函數可直接取目標函數的倒數，即：

$$F(x) = \frac{1}{f(x)} \tag{10.15}$$

因此，在具體應用中，需根據遺傳演算法是否收斂、收斂速度如何等來設計合理的適應度函數。由於遺傳演算法在其處理的初期和其後期具體處理的策略有所不同，因此在操作過程中甚至需要對目標函數進行調整，以避免早熟收斂或停滯現象等。

10.3.3 選擇策略

從群體中選取優勝的個體，淘汰劣質的個體的操作稱為選擇，選擇所採用的策略，相應地則稱為選擇策略。選擇操作的目的是將演化的個體直接遺傳到下一代或藉由配對交叉產生新的個體，再遺傳到下一代。

採用什麼選擇方法來形成匹配集對遺傳演算法的性能有很大的影響。根據染色體適應度值的大小選擇適應性更強的染色體生成新的種群。因此適應度值越大，被選中的機率就越大。相應的操作運算元稱為選擇運算元或複製運算元。根據應用的不同，有多種選擇方法，通常有以下幾種：

1. 適應度比例法

每個染色體產生後代的數目正比於它的適應度的值的大小，並且每一代中染色體的總數保持不變。這種方法也稱為輪盤賭或蒙特卡羅選擇。

假設群體的大小為n，個體A_i的適應度值為$f(A_i)$，則個體A_i被選擇的機率$P(A_i)$為：

$$p(A_i)=\frac{f(A_i)}{\sum_{i=1}^{n}A_i} \qquad (10.16)$$

從上式中可見，適應度越大的個體，被選擇的機率越大，但因為是機率隨機選擇的，因此也可能在具體的選擇中，適應度高的個體被選擇的比例低於適應度低的個體。

2. 排序選擇法

將每一代中染色體按照適應度值的大小做排序，每個染色體產生後代的數目由它在排列中所處的位置決定。排序選擇首先將群體中的所有個體按照適應度值的降冪排列。然後根據機率分配表將個體按照排序分配相應的選擇機率。所謂機率分配表，是指設計一個排序和被選擇機率之間的對應關係表。因此在排序選擇法中，每個個體的被選擇機率不是和其適應度值直接相關，而是和其適應度排序序號直接對應。排序選擇法和適應度選擇法一樣都是基於機率的選擇，因此存在選擇誤差。

3. 比例排序法

將適應度比例法和排序選擇法結合起來。首先根據所有個體的適應度值，進行群聚分析，然後將不同分類中的個體分配各自的選擇機率。

4. 期望值選擇法

為了克服適應度比例法的選擇誤差，就是適應度高的個體也存在淘汰的可能。因此，這個方法提出了根據每個個體在下一代群體中的生存期望值進行隨機選擇，其過程如下：

⑴計算群體中每個個體 A_i 在下一代群體中的生存期望數目 M_i：

$$M_i=\frac{f(A_i)}{\bar{f}}=N*\frac{f(A_i)}{\sum_{i=1}^{n}f(A_i)} \qquad (10.17)$$

上式中，N 表示群體中個體的數量；$f(A_i)$表示個體 A_i 的適應度。

⑵若某個個體被選擇參與交叉，則它在下一代中的生存期望數目減去 0.5，若

不參與交叉，則該個體的生存期望數目減去 1。

(3)若個體的生存期望數目小於 0，則不參與選擇。

5. 窗口法

首先求出目前群體中個體的最小適應度值，假設等於 $\tilde{a}$，然後將群體中所有個體的適應度值都減去 $\tilde{a}$ 後作為其調整後的適應度值，再用適應度比例法選擇個體。採用這種方法，個體被選擇的機率既和其適應度值的大小有關，又與群體中個體的最大適應值和最小適應值的差及個體的分散程度有關。

6. 最佳個體保存法

在遺傳演算法中，需要不斷對個體進行交叉和變異操作，從而產生新的個體，但這些交叉和變異操作也可能破壞當前群體中的最佳解（具有最高適應度值的個體）。最佳個體保存法對群體中適應度最高的個體不進行配對交叉和變異，而是直接複製到下一代中。

7. 競爭法

競爭法（Tournament Selection）也稱錦標賽選擇法或聯賽選擇法。競爭法在群體中隨機選擇 k 個個體，通常取 $k=2$，將這 k 個個體中適應度最高的個體保存到下一代群體中，直到保存到子代的個體數達到預設值。這種方法既保證了子代中的個體在解空間中有較好的分散性，同時又保證了子代中的個體具有較大的適應度。

這些選擇方法都有各自的優點，但都存在一些問題。適應度比例法使用最廣，但存在超強個體和封閉競爭的問題。超強個體問題就是在群體中可能存在一個或幾個個體的適應度值遠大於其他串的適應度值，在繁殖中占據了完全的主導地位。因此可能經過幾次遞迴處理後，求解過程就收斂於局部最佳點。封閉競爭是指群體中個體的結構和適應度值都很接近，因此交叉後子代變化也不大，這就使求解過程變得極為緩慢以至於停頓，因此無法進行有效的搜索，難以發現整體最佳解，有時也將這種現象稱為早熟收斂。

因為排序選擇法中個體的被選擇的機率和適應度值的大小不直接成比例，因此避免了超強個體的問題。但因為排序選擇法只考慮到個體的適應度排序，而不考慮個體的具體適應度值，因此適應度值接近的個體可能選擇機率相差很大。因此，其解空間

的解比較集中，不利於發現整體最佳解。

比例排序法的解空間中的個體具有較好的分散性，但其群聚標準很難選擇，並且由於群體中的個體數通常很大，因此群聚開銷相應較大。

最佳個體保存法雖然避免遞迴運算時破壞群體中的最佳解，但由此可能引起系統操作時保存大量局部最佳解，致使全域搜索能力不強。

因此應根據具體應用選用合適的個體選擇方法。一個好的選擇策略一般應該在遞迴的初始階段就將一些明顯不合理的個體淘汰掉，以利於在其後進行的處理過程中能夠得到更好的結果；而在遞迴進行到一定的階段後，又要適當地保留差異不大的個體，以便在以後能夠產生更多的最佳方向有利於更容易地求解，以免使過程落入局部最佳而無法得到更好的結果。

10.3.4 交叉和變異遺傳運算元

遺傳運算元是模擬生物基因的操作，其任務就是根據個體的適應度對其施加一定的操作，從而達到優勝劣汰的進化過程。選擇、交叉和變異等各種運算元在遺傳演算法中有著重要作用。交叉呈現了自然界中資訊交換的思想。遺傳演算法的搜索能力主要是由選擇和交叉賦予的。其中交叉可以把兩個個體中優良的模式傳遞到子代中，使子代具有優於其父輩的性能，如果交叉後得到的子代的適應度不佳，則可以在此後的選擇過程中將其去除。因此，交叉運算元是遺傳演算法中的最主要的運算元，尋找最佳解的搜索過程主要是藉由交叉運算元來達到的。因此，交叉運算元在遺傳演算法的遞迴運算中發生的機率比較大。而交叉並不是在每一對個體上都發生，它的發生頻率由交叉機率來決定。交叉操作在遺傳演算法中有著十分重要的全域搜索作用，有效的交叉策略可保證遺傳搜索的速度和品質。

變異則模擬了生物進化過程中的基因突變現象，變異運算元是以一定機率改變遺傳基因的操作。如果完全沒有變異，則無法在最初遺傳基因組合以外的空間進行探索，因而求出的解的品質將受到限制。當遺傳演算法陷入局部極值點之後，群體中的個體有很強的相似性，此時進行交叉運算就已經無濟於事了。因此需要對個體進行突變，從而保持群體的多樣性，增加了自然選擇的餘地，並使遺傳演算法跳出局部極值點。有利的突變將由於自然選擇的作用，得以遺傳與保留；而有害的突變，則將在逐代遺傳中被淘汰。變異運算元保證了演算法能搜索到問題解空間的每一點，從而使演算法具有整體最佳性質，它進一步增強了遺傳演算法的能力。變異本身是一種隨機搜索，然而與複製、交叉運算元結合在一起，就能避免因為複製與交叉運算元而引起的某些資訊永久性丟失，保證了遺傳演算法的有效性。

變異運算元和交叉一樣保證了演算法的全域收斂性。下面我們借助於有效基因的概念來說明變異運算元對遺傳演算法的整體收斂性的影響。整體最佳解的編碼串中的每一個基因上的基因稱之為有效基因。群體中某一基因位上，若所有串都沒有該基因位的有效基因，則稱為群體有效基因缺失。有效基因缺失將會造成求解無法收斂到整體最佳解。

複製操作是產生有效基因缺失的主要原因，如果問題的非線性較強，則當前最佳解也容易是局部最佳解，從而複製較多此類的基因，造成有效基因的缺失。發生有效基因缺失時，只有變異操作才能消除該問題。因此，當發現有效基因缺失時，對於適應度低於平均值的串上的該位基因進行翻轉，可以保證有效基因的下限值。前面曾討論變異操作的主要作用是保持群體基因的多樣性，變異操作的本質作用是避免有效基因缺失，也就是保證遺傳演算法的整體收斂性。

一般而言，突然變異按照設定的固定機率，會使得各遺傳基因發生變化，但也有動態地改變變異率的情形，例如：適應變異。在適應變異中，由交叉結果產生的兩個個體近似度，用加權平均來測定距離，距離越近則用越高的變異率。這樣，便可確保群體中遺傳基因類型的多樣性，以便能在儘可能大的空間內進行探索。

而交叉和變異也要有一定的適當程度，過多的變異會使遞迴過程發生振盪，而如果模型經常變異，群體的平均擬合程度的改進就會變慢，收斂速度也會變低。且太多的變異其實是很危險的，過大的變異率雖然有助於保證整體的最佳搜索，但也會破壞交叉所產生的優良個體，從而需要更多次的遞迴次數。不管交叉機率多大，只要變異機率 $p_m \geq 0.5$ 就會導致隨機搜索的發生；變異機率過小又達不到應有的效果，模型產生變異的能力不夠，會出現整個種群最後都演變為一個單一的模式，該模式可能並不是整體的最佳解，而較小的突變率也會引起群體中過多的近親繁殖，造成不能提供較快的進化速度。選取合適的變異機率，可以使群體平均擬合和最佳模式擬合都能較迅速地改進，而又不會陷於一個局部極值。具體的交叉和變異的機率將視具體問題而定，GoldBerg 在其專著中所給的推薦參數為：

交叉機率 p_c	0.75	0.95
變異機率 p_m	0.005	0.01

經過選擇、交換、變異三個步驟過程，便完成了一代的遺傳，得到新的一代個體。不斷進行上述三個步驟處理，經過若干代遺傳，就可以獲得模型空間的整體最大值。遺傳的選擇過程可以有效地保證了父代模型中的優良資訊能夠保存下去，而交換和變異過程可保證搜索的完備性。達到在整體範圍內的搜索，加快了收斂速度。從演化搜索的角度而言，遺傳操作使問題的解逐代地最佳化，逼近最佳解。

10.4 遺傳演算法的理論分析

遺傳演算法從初始群體出發，不斷進行複製、選擇、交叉等操作，最後發現問題的最佳解或近似最佳解。其描述過程非常簡單，但在許多複雜問題的求解中，卻可以得到巨大的成功。因此學者們對其進行了許多理論分析和探索，試圖發現為何在這些簡單的顯式操作中，遺傳演算法蘊含著強大的處理能力。

10.4.1 模式定理

遺傳演算法的理論基礎是 Holland 提出的模式定理。一個模式就是一個描述種群在位串的某些確定位置上具有相似性的位串子集的相似性範本，記為 H。在模式 H 中確定位置（基因）的個數稱為該模式的模式階，記為 $o(H)$。而模式 H 中第一個確定位置和最後一個確定位置之間的確定值，稱為模式 H 的長度，記為 $\delta(H)$。

例如：可以使用 1***0 表示以 1 開頭、以 0 結束的 5 位元二進位串的集合{10000，10010，10100，10110，11000，11010，11100，11110}，其中*為通配符號，可代表 0 或 1。在模式定理中，H=1***0 表示了以 0 結束的 5 位元二進位串的集合的模式；模式 H 的模式階 $o(H)=2$；模式 H 的定義長度 $\delta(H)=4$。

使用模式可以簡明地描述具有相似結構特點的個體編碼字串。引入模式概念後，遺傳演算法的實質就是對模式所進行的一系列的運算，即透過選擇運算元將當前群體的優良模式遺傳到下一代群體中，透過交叉運算元進行模式的重組，透過變異運算元進行模式的突變。

假設在第 t 代群體中存在的模式 H 所匹配的樣本數 m 記為 $m(H,t)$；$A(t)$表示第 t 代中串的群體，群體中的個體數為 n；$A_i(t)$表示第 t 代中第 i 個個體，其適應度記為 $f_i(A_i(t))$；$f(H,t)$表示第 t 代群體中模式 H 所匹配的個體的平均適應度。下面分析基本遺傳運算元對模式的影響。

1. 選擇運算元

在選擇中，串是根據個體的適應度進行選擇的，則第 t 代群體的平均適應度 $\overline{F(t)}$ 為：

$$\overline{F(t)}=\frac{\sum_{i=1}^{n} f_i(A_i(t))}{n} \tag{10.18}$$

因此，第 $t+1$ 代中的模式 H 的匹配數為：

$$\begin{aligned} m(H, t+1) &= m(H,t)*n*\frac{f(H,t)}{\sum_{i=1}^{n} f_i(A_i(t))} \\ &= m(H,t)*\frac{f(H,t)}{\overline{F(t)}} \end{aligned} \tag{10.19}$$

2. 交叉運算元

假設進行交叉操作（單點交叉）的串的長度為 1，則交叉點落在串內任何兩個字元間的機率相等，都為 $\frac{1}{l-1}$。假設發生交叉的機率為 p_c，則模式因較差而發生破壞的機率 p_d 為：

$$p_d \le p_c*\delta(H)*\frac{1}{l-1} \tag{10.20}$$

因為交叉點落在模式的定義長度外，將不會破壞模式，交叉點落在模式內就很可能會破壞該模式，但是因為和其交叉配對的個體的組合，也存在不破壞模式的可能，所以在上式中為 ≤。

因此，模式 H 的生存機率 p_s 為：

$$p_s \ge 1-p_c*\delta(H)*\frac{1}{l-1} \tag{10.21}$$

因此，第 $t+1$ 代中的模式 H 的匹配數將修正為：

$$m(H,t+1)=m(H,t)*\frac{f(H,t)}{\overline{F(t)}}*(1-p_c*\delta(H)*\frac{1}{l-1}) \quad (10.22)$$

3. 變異運算元

變異很顯然地將會破壞模式，假設每一位元發生變異的機率為 p_m，則有：

$$p_s=(1-p_m)*o(H) \quad (10.23)$$

當 $p_m \ll 1$ 時：

$$p_s \approx 1-p_m*o(H) \quad (10.24)$$

因此，在選擇運算元、交叉運算元和變異運算元的共同作用下，群體中模式 H 的子代個體數為：

$$m(H,t+1)=m(H,t)*\frac{f(H,t)}{\overline{F(t)}}*(1-p_c*\delta(H)*\frac{1}{l-1}-p_m*o(H)) \quad (10.25)$$

根據上式，可得下列定理：

模式定理　遺傳演算法中，在選擇、交叉和變異運算元的作用下，具有低階、短的定義長度，並且平均適應度高於群體平均適應度的模式在子代中將按指數增長。

10.4.2 積木塊假設與欺騙問題

模式定理中所說到具有低階、短的定義長度，並且平均適應度高於群體平均適應度的模式稱為積木塊，也有部分文獻稱它為基因塊。它們之所以被稱做積木塊，主要是這類模式在遺傳演算法中很重要，它們可以被看成是問題域的部分解（積木塊），正如搭積木一樣，遺傳演算法從父代最好的部分解中構造出適應度更高的串，而不是去試驗每一種可能的組合。這是積木塊假設的基本理念。

積木塊假設　遺傳演算法透過低階、短的定義長度以及高適應度的模式（積木塊），在選擇、交叉、變異等遺傳運算元的作用下，能夠相互結合形成具有更高適應度的模式，並最終產生整體最佳解。

模式定理保證較好的樣本數會呈指數增長，說明了遺傳演算法具有發現整體最佳解的可能性，而積木塊假設則指出了遺傳演算法具有發現整體最佳解的能力。雖然積木塊假設尚未得到證明，但大量的實驗證據支持了這一假設。

積木塊假設只是定性地假設積木塊可以生成整體最佳解或近似最佳解，但無法判斷遺傳演算法透過積木塊是否一定能產生整體最佳解或近似最佳解。為了探討這一問題，A. D. Bethke 將 Walsh 函數引入到遺傳演算法的分析和處理中，提出了採用 Walsh 變換來計算模式平均適應度的分析方法。

Walsh 函數　Walsh 函數 $\psi_j(X)$定義為：

$$\psi_j(X) = \prod_{i=0}^{l-1}(1-2x_i)^{j_i} \tag{10.26}$$

其中，$X = (x_{l-1}x_{l-2}\cdots x_0)$，$x_i = \{0, 1\}$，$i = 0, 1, \cdots, l-1$。根據該定義可得：

$$\psi_j(X) = (-1)^{\eta}，\eta = \sum_{i=0}^{l-1} j_i x_i \tag{10.27}$$

Walsh函數構成一個正交基函數集，基函數的值域為$\{1, -1\}$，其中每一個函數對應遺傳演算法搜索空間的一個劃分（Partition，也稱分割）。

劃分　遺傳演算法搜索空間的一個劃分 P 是定義在$\{d, *\}^l$上的一個域中，其中 d 表示定義位，*表示非定義位，它將搜索空間分成為不同區域，且每個區域與一種模式對應，該模式是將 S 中 d 換成 0 或 1 後所得，n 為 S 中值為 d 的位數。

為了對劃分 H 進行識別，可定義劃分的索引。

劃分索引　劃分索引 j 是對劃分 S 的一種識別，它是這樣的一個函數：

$$j：\{d, *\}^l \rightarrow \{0, 1\}^l$$

其中 $d\rightarrow 1$，$*\rightarrow 0$。

例如：劃分$*d*d$的階為 2，將搜索空間劃分為 $2^2 = 4$ 個區域，相應的模式分別為*0*0*、*0*1*、*1*0*和*1*1*，劃分索引 $j = 01010$。

根據 Walsh 函數的定義和劃分的定義，對應第 j 個劃分的 Walsh 函數定義為：

$$\psi_j(X)=\begin{cases}1 & x\wedge j\ \text{中 1 的位數為偶數}\\ 0 & \text{否則}\end{cases} \tag{10.28}$$

其中，x 和 j 都是二進位表示，符號∧為按位與操作。

設 $X=(x_{l-1}x_{l-2}\cdots x_0)$，$x_i=\{0,1\}$，$i=0,1,\cdots,l-1$，則 $\{0,1,2,\cdots,2^l-1\}\to R$ 的任何函數 $f(X)$ 都可以表示為 Walsh 函數的線性組合：

$$f(x)=\sum_{j=0}^{2^l-1}\omega_j\psi_j(X) \tag{10.29}$$

其中，$\omega_j\in R$ 稱為 Walsh 係數，並有：

$$\omega_j=\frac{1}{2^l}\sum_{x=0}^{2^{l-1}}f(X)\psi_j(X) \tag{10.30}$$

因此，每一個劃分 j 對應一個 Walsh 係數 ω_j，從而可以計算模式 H 的平均強度 $\mu(H)$：

$$\mu(H)=\sum_{H\in j}\omega_j\psi_j(H) \tag{10.31}$$

劃分 j 包含模式 H，上式是一個 Walsh 模式變換，Walsh 模式變換將一個模式 H 的強度表示為一些階數逐漸增高的 Walsh 係數的和。Walsh 模式變換的目的是為了提供一種用於分析問題是否易於使用遺傳演算法求解，稱為 GA-易（GA-easy）的理論工具。它是積木塊假定提供的定性判斷標準的形式化。按照 Bethke 的觀點，如果 ω_j 隨劃分 j 的階和定義長度的加大，函數的 Walsh 係數 ω_j 值就會迅速減小。也就是說，如果對模式強度影響較大的是短的定義長度、低階的劃分的話，就表示該函數是的。反之，假設 ω_j 隨劃分 j 的階和定義長度的加大，函數的 Walsh 係數 ω_j 值較大，則該函數就難於用遺傳演算法求解，將其稱為 GA-難。

雖然積木塊假設在大多數場合下是正確的，但是仍存在部分應用不滿足積木塊假設的問題。這類應用的最佳解往往是孤立點，就是最佳解被大量的不滿意解所包圍，也就是適應度值較高的模式隱含在適應度值較低的低階模式之中。在遺傳演算法中，若將所有妨礙產生適應度值高的個體，從而使得最終的搜索偏離整體最佳解的問題，我們稱之為遺傳演算法的欺騙問題。下面我們將會談到有關欺騙問題的描述。

競爭模式和最佳模式 如果給定搜索空間的一個劃分 P，劃分的階 $O(d)=i$，則該劃分共有 2^i 個模式，其中任意兩個模式 H 和 H'，*的位置會完全一致，但任一確定位元的編碼則均會不相同，這時稱 H 與 H' 為競爭模式，所有 2^i 個模式中，平均適應度最高的模式稱為最佳模式。

劃分的包含關係 設 P_1 與 P_2 是同一搜索空間的 2 個劃分。若對於 P_1 的每一個定義位 P_2 都有一個對應的定義位，則稱 $P_1 \supseteq P_2$；若 $P_1 \supseteq P_2$，且 P_1 與 P_2 的階不等，則稱 $P_1 \supset P_2$。

欺騙問題 設 P_1 是問題空間的一個劃分，S_1 是 P_1 的最佳模式。若至少存在一個滿足 $P_2 \subset P_1$ 的劃分 P_2，且 P_2 中的最佳模式 $S_2 \not\subset S_1$，則稱這個問題是包含欺騙的。

例如：對於一個 2 位元二進位編碼的模式，如果 $f(11)$ 為整體最佳解，當下面算式中任何一個不等式成立時，則存在欺騙性問題：

$$f(0^*) > f(1^*) \tag{10.32}$$

$$f(^*0) > f(^*1) \tag{10.33}$$

上面兩個算式描述了該欺騙性問題中存在非最佳一階模式中，有一個模式比最佳一階模式還要好。上面兩個算式又稱為欺騙條件，但不會同時存在，因為：

$$f(0^*) = \frac{f(00)+f(01)}{2} \tag{10.34}$$

$$f(^*0) = \frac{f(00)+f(10)}{2} \tag{10.35}$$

$$f(1^*) = \frac{f(10)+f(11)}{2} \tag{10.36}$$

$$f(^*1) = \frac{f(01)+f(11)}{2} \tag{10.37}$$

如果算式（10.32）和（10.33）同時成立，則由上面四式將導出：

$$f(00) > f(11) \tag{10.38}$$

很顯然地，這與 $f(11)$ 為整體最佳解互相矛盾。

如果將適應度值按照下面算式進行正規化：

$$r=\frac{f(11)}{f(00)} \quad C=\frac{f(01)}{f(00)} \quad C'=\frac{f(10)}{f(00)} \tag{10.39}$$

並有：

$$r>C \quad r>C' \quad r>1 \tag{10.40}$$

因為：

$$\frac{f(00)+f(01)}{2}>\frac{f(10)+f(11)}{2}$$
$$\Rightarrow f(11)<f(00)+f(01)-f(10) \tag{10.41}$$

所以，欺騙條件式（10.32）可改寫為：

$$r<1+C-C' \tag{10.42}$$

根據 C 的取值，可將欺騙問題分為兩類：

類型 1：$C>(f(01)>f(00))$

類型 2：$C\leq 1(f(01)<f(00)$

第 2 類欺騙問題的求解比第 1 類更加困難。實驗結果說明，遺傳演算法能夠解決所有第 1 類欺騙問題；而對於大多數第 2 類欺騙問題，遺傳演算法也能發現整體最佳解，只有對少數第 2 類問題，遺傳演算法才無法收斂到整體最佳解。而 Goldberg 利用 Walsh 模式轉換構造出最小欺騙問題，得出這樣的結論，就是對於第 1 類最小欺騙問題，遺傳演算法總是可以收斂到整體最佳解。但是對於第 2 類最小欺騙問題，遺傳演算法並不能永遠收斂到整體最佳解。

遺傳演算法的欺騙問題在很大程度上是與問題搜索空間的編碼相關的，欺騙因素並不來自於問題本身。問題在一種編碼方式下是遺傳演算法的欺騙問題或是某一類型的欺騙問題，而在另一種編碼方式下，可能就是非遺傳演算法的欺騙問題或是另一類型的欺騙問題。

10.4.3 隱並行性

一個個體編碼串中隱含了多個不同的模式。如：10111001 既可是模式 1*111*** 中的個體，也可能是模式*011****中的個體。在遺傳演算法中，假設二進位編碼串的長度為l，群體的規模為n，則該群體中包含的模式 2^l～$n*2^l$ 之間。正如同模式定理指出的，在這些模式中，並不是所有的模式都有相同被處理的機率。由於交叉運算元的作用，那些具有較長的定義長度的模式將容易受到破壞。

對於編碼長度為l、規模為n的群體，假設要求模式存活的機率大於某一常數p_s，就是在單點交叉和低機率變異的情況下，此類模式被破壞的機率ε為：

$$\varepsilon < 1 - p_s \tag{10.43}$$

則相對應的模式定義長度l_s應滿足：

$$l_s < \varepsilon*(l-)+1 \tag{10.44}$$

假設群體中的某一個體A的編碼串的長度為l，模式H的長度為l_s，如下所示：

$$\begin{aligned} A &= a_1 a_2 \cdots | a_{i+1} a_{i+2} \cdots a_{i+l_s} | a_{i+l_s+1} \cdots a_l \\ H &= ** \cdots * \ | \underbrace{s_1, s_2, \cdots, s_{l_s}}_{l_s} | \ * \cdots * \end{aligned}$$

在上式中，子串$s_1, s_2, ..., s_{l_s}$包含的模式個數為2^{l_s-1}，因為其中一位為固定值，其餘各位數可以任取確定值 1、0，或不確定值*。如此一來，子串共有$l-l_s+1$個，所以個體A_i對應的模式數$n(A_i)$為：

$$n(A_i) = (l - l_s + 1)*2^{l_s - 1} \tag{10.45}$$

因此在整個群體中，n個個體中的模式總數n_s為：

$$n_s = n^*(l - l_s + 1)^*2^{l_s - 1} \qquad (10.46)$$

很顯然地，當群體的規模較大時，上式計算的模式總數存在著重複計算的問題，因為可能存在完全相同的低階模式。為了解決該問題，可選擇群體的規模 n 為：

$$n = 2^{\frac{l_s}{2}} \qquad (10.47)$$

因為模式數是按照二項式來分布的，所以階數高於 $\frac{l_s}{2}$ 和低於 $\frac{l_s}{2}$ 的模式大致各占一半，因此階數高於 $\frac{l_s}{2}$ 模式最多只會重複計算一次，所以去除重複模式後模式總數為：

$$n_s \geq \frac{n^*(l - l_s + 1)^*2^{l_s - 1}}{2} = n^*(l - l_s + 1)^*2^{l_s - 2} \qquad (10.48)$$

根據算式（10.47）和（10.48），可以得到：

$$n_s \geq \frac{(l - l_s + 1)^*n^3}{4} \qquad (10.49)$$

即：

$$n_s = o(n^3) \qquad (10.50)$$

關於有效模式處理數目的估計，Holland 稱之為隱含並行性，或簡稱隱並行性。根據算式（10.50），可得隱並行性定理。

隱並行性定理 在遺傳演算法中，設 ε 是一個小的正整數，$l_s < \varepsilon(l - 1) + 1$，群體規模為 $n = 2^{\frac{l_s}{2}}$，則生存機率為 $p_s \geq 1 - \varepsilon$，定義長度小於等於 l_s 的模式數為 $O(n^3)$。

隱並行性定理說明了，遺傳演算法在每一代中雖然只處理了 n 個個體，但實際上卻處理了 $O(n^3)$ 個模式。由此可知，在遺傳演算法的遞迴運算中，雖然高階的、定義長度長的模式在交叉運算元和變異運算元的作用下被破壞，但是遺傳演算法在處理相對數量較少個體串的同時，卻同時處理了大量的模式。隱含並行性是如此重要，以至於人們常把它作為判斷一個演算法是否是遺傳演算法的標準。遺傳演算法的隱含並行性使得遺傳演算法使用相對少的串就可以測試搜索空間裏較大範圍的區域。遺傳演算法的這種隱含並行性，使其在複雜問題的最佳化求解等方面比傳統演算法還要好。

模式定理和隱並行性是遺傳演算法的兩大理論基礎，但有人對此提出了質疑，其主要論點為：

- 結構塊從統計上來看，低階一般就不會是高適應度。因此結構塊是否存在值得研究。
- 當模式被看成是染色體的集合時，其適應度值等於池中屬於該模式的染色體的適應度的平均值。平均值只有在統計的個數達到一定程度時才有意義，而在隱並行性定理的證明中，處理的模式最多只有兩個不同的染色體，故由兩個染色體計算得到的平均值，其代表性是很值得懷疑的。這樣的平均值，不能代表對應模式的性質，而只能代表個體的性質。故隱並行性中的「有效處理模式……」的性質就不存在。

具體論述和證明可參閱相關文獻。

10.4.4 遺傳演算法的收斂性分析

遺傳演算法的收斂性通常指的是遺傳演算法所產生的群體（或其分布）收斂到某一穩定狀態（或分布），或其適應值函數的最大或平均值隨著遞迴趨於最佳化問題的最佳解。遺傳演算法的收斂性的形式化定義如下：

收斂性定義　設 $X(t)=\{x_1(t), x_2(t), ..., x_n(t)\}$ 是遺傳演算法中，當演化次數為 t 時的群體，$x_i(t)$ 為其中的個體，$Z_t=\max\{f(x_i(t))|i=1, 2, ..., n\}$ 表示群體 $X(t)$ 的最佳適應值；$f^*=\max f(x)|x\in B^{l*n}$ 表示整體最佳適應度；$p\{Z_t=f^*\}$ 表示第 t 代的最佳個體為整體最佳解的機率。

若：

$$\lim_{t\to\infty} p\{Z_t=f^*\}=1 \tag{10.51}$$

則稱遺傳演算法以機率收斂到整體最佳解。

上述定義中，B^{l*n} 為狀態空間，其中 l 是編碼串的長度，n 是群體的規模，簡單遺傳演算法所處理的狀態只與群體中個體的基因有關。

由於沒有利用梯度等資訊，因此遺傳演算法雖然適用範圍很廣，但要處理數學上比較嚴格的收斂也就比較困難，遺傳演算法的收斂基本上是啟發式的。目前採用的遺傳演算法的收斂方式有很多種，例如：根據計算時間和所採用的電腦容量限制所確定的判據，即給定遞迴次數和每一代解群中的個體的數目，或從解的品質方面確定的判據，例如：連續幾次得到的解群中的最好的解沒有變化的話，就認為遺傳演算法算是收斂的了，或是解群中最好的解的適應值與其平均適應值之差，占平均適應值的百分數小於某一給定允許值等。

模式定理，在論述選擇運算元可維持模式交叉而變異運算元會破壞模式的基礎上，提供了透過不斷的交叉低階、短的定義長度模式而可呈現指數增長的結論，但它未能確認這種呈指數增長的模式一定會向最佳解收斂。

雖然遺傳演算法在解決複雜問題時，通常都能獲得滿意的解，但基於馬可夫鏈的定量的數學證明說明了：簡單遺傳演算法並不能保證整體收斂。換句話說，無論遞迴運算多少次，遺傳演算法也並不一定能獲得整體最佳解。遺傳演算法只有在一定約束條件下才是整體收斂的，例如：採用最佳個體保存法的遺傳演算法才是整體收斂的。

遺傳演算法是不斷進行選擇、交叉和變異操作的過程，新的解群體的產生只與當前群體的狀態有關，而與以前的群體的狀態是無關的。因此遺傳演算法可以描述為一個馬可夫鏈（Markov Chain）。

馬可夫鏈　設 $\{x_t, t \geq 0\}$ 是一系列取離散值的隨機變數，離散值的全體記為 $S = \{s_1, s_2, ..., s_n\}$，$S$ 為有限狀態空間。若對任意 $n \geq 1$，$s_k \in S(k \leq n+1)$，有：

$$p(x_{k+1} = s_{i_{k+1}} | x_0 = s_{i_0}, ..., x_k = s_{i_k}) = p(x_{k+1} = s_{i_{k+1}} | x_k = s_{i_k}) \tag{10.52}$$

則稱 $\{x_t, t \geq 0\}$ 為馬可夫鏈。$p(x_{t+1} = s_j | x_t = s_i)$ 稱為在時間點 t 由狀態 s_i 轉移到狀態 s_j 的轉換機率，記為 $p_{ij}(t)$ 或 p_{ij}^t。若轉換機率與時間無關，即對任意的 $s_i, s_j \in S$ 和任意兩個時刻 t_1, t_2 有這樣的算式：

$$p_{ij}(t_1) = p_{ij}(t_2) \tag{10.53}$$

則我們稱該馬可夫鏈是齊次的，而 $P = (p_{ij})_{n \times n}$ 稱為齊次馬可夫鏈的轉移矩陣。

假設選擇、交叉和變異運算元的轉移矩陣分別記為S、C、M，則簡單遺傳演算法可表示為：

$$X(t+1)=S\cdot C\cdot M(X(t)) \qquad (10.54)$$

上式中，$X(t)$表示第t代的群體，$X(t)=\{x_1(t), x_2(t), ..., x_n(t)\}$。

適應度比例法選擇操作的作用是按照與適應度有關的機率映射到自身和其他狀態，對所有的$i\in[0, 2^{l*n}]$，有：

$$\sum_{j=1}^{2^{l*n}} S_{ij}=1 \qquad (10.55)$$

所以適應度比例法選擇操作的機率矩陣是隨機的。

交叉操作的作用則是按照一定的機率將一個群體狀態映射到另一個群體狀態，對所有的$i\in[0, 2^{l*n}]$，有：

$$\sum_{j=1}^{2^{l*n}} c_{ij}=1 \qquad (10.56)$$

同樣地，所有的機率$c_{ij}>0$，所以交叉機率為$P_c\in 0, [0,1]$的交叉操作機率矩陣也是隨機的。

因為經過變異操作，使得兩個二進位編碼串a和b'的Hamming距離等於0的機率為：

$$p(H(b,b')=0)=p_m^{H(b,b')}(1-p_m)^{1-H(b,b')} \qquad (10.57)$$

其中，$p_m\in(0, 1)$為變異機率。因此變異矩陣M為嚴格正的隨機矩陣（Strictly Totally Positive Matrices）。

按照 Markov 過程的定義，簡單遺傳演算法是一個不可約束的、正常的、非週期的 Markov 鏈。因此，簡單遺傳演算法是遍歷的 Markov 鏈，當$t\to\infty$時，存在一個與初始狀態無關的機率分布：

$$\lim_{t\to\infty}\{p_{ij}^{(t)}\}=\{p_j\} \qquad (j=1, 2, \cdots, k)$$

且滿足：

$$\begin{cases} p_i>0 \\ \sum\limits_{j=1}^{k} p_j=1 \end{cases} \tag{10.58}$$

也就是說，簡單遺傳演算法會從任一初始狀態開始，到任意狀態 j 為極限狀態的機率都大於 0，即當 $t\to\infty$ 時，簡單遺傳演算法能遍歷整個狀態空間。因此，以最佳狀態 f^* 為極限狀態的機率小於 1，即：

$$\lim_{t\to\infty} p\{Z_t=f^*\}<1 \tag{10.59}$$

因此，簡單遺傳演算法並不能將機率收斂至整體最佳解。

如果對簡單遺傳演算法進行改良，將選擇方法由最佳個體保存法代替適應度比例法，也就是取 $n-1$ 對父代進行交叉、變異，來生成下一代群體的 $n-1$ 個個體，剩下的一個個體取上一代群體中適應度值最大的個體，因此從 $i\to j$ 是可行的，即 $p_{ij}^{(t)}>0$；但是從 $j\to i$ 是不可行的，即 $p_{ij}^{(t)}=0$。由於這種選擇方法保證了群體序列的適應度值的單調不減性，因此可以保證遺傳演算法最終能收斂到整體最佳解。雖然使用最佳個體保存法的遺傳演算法能保證機率會收斂到整體最佳解，但是收斂時間卻是無法保證的，在具體應用中，可能就沒有現實意義了。

10.5 遺傳演算法的應用實例

遺傳演算法已在最佳化計算和分類機器學習方面發揮了顯著的作用。最佳化與搜索是遺傳演算法首先應用的場合，它可以避免局部最佳化，從而保證了搜索的整體收斂性。求解旅行商問題是遺傳演算法的一個典型應用。

所謂旅行商問題（Traveling Salesperson Problem，簡稱 TSP），就是已知城市間的拓樸結構（可能為一個完全圖，也可能不是），從這個圖中選出一條能夠環遊所有城市各一次的最短路徑，最後必須回到出發地。

旅行商問題被廣泛用於評價不同的遺傳操作及選擇機制的性能。之所以如此，主要有以下這些原因：

⑴旅行商問題是一個古老的問題，已經被證明是一個 NP Complete 的問題。一個問題如果不能在低於指數時間內解出，則認為這個問題是完全難解的。

⑵旅行商問題本質上就是求圖的Hamilton回路，這類問題是組合學的經典問題。1948 年經美國蘭德公司推動旅行商問題成為近代組合最佳化領域的一個典型難題。

⑶旅行商問題具有廣泛的應用背景和重要的理論價值，尤其是對於可計算理論有著重要的價值。

⑷旅行商問題的求解效率在某種程度上代表了演算法解決問題的能力，因此成為各種啟發式搜索、最佳化演算法的間接比較標準。

如果用圖論的術語來描述旅行商問題，就是：給定圖 $G=(V,E)$，V 是頂點集（各城市，假設共 n 個）、E 是邊集（城市的兩兩間的距離，記為 $w(e)$），選擇構成圖的 Hamilton 回路的 N 條邊，使得：

$$\min W(C)=\sum_{e\in E(C)} w(e) \tag{10.60}$$

旅行商問題的最直接並肯定能得到最佳解的方法就是窮舉法，就是考慮所有可能的路線，並選擇最好的一條。然而這通常是不現實的，因為從出發點到達下一個城市有 $n-1$ 種選擇，再到緊接的一個城市有 $n-2$ 種選擇，如此直到回到出發點，則所有可能的路線為：$(n-1)!$種。假設求解的問題是對稱旅行商問題，即從 i 城市到 j 城市的距離與從 j 城市到 i 城市的距離相同，則所有的路線組合數為：$\frac{(n-1)!}{2}$。

當 n 數較大時，可選的路線總數將急劇增加。如果用每秒能走 10 億個城市的電腦解有 14 個城市的旅行商問題，則約花費 1 小時 44 分鐘，再加入 1 個城市將要花費 15 倍的時間。對於僅有 20 個城市的旅行商問題，約要花費 3,857 年。

顯然在如此龐大的搜索空間使用常規演算法的效率是很低的。下面將討論如何使用遺傳演算法來解決旅行商問題。

簡單遺傳演算法 SGA 可定義為一個 8 位元組：

$$SGA=(C,E,P_0,M,F,G,Y,T) \tag{10.61}$$

其中：

C——個體的編碼方法

E——個體的適應度評價函數

P_0——初始群體

M——群體大小

F——選擇運算元

G——交叉運算元

Y——變異運算元

T——演算法終止條件

在具體應用中，相對於簡單遺傳演算法，有些遺傳演算法所使用的遺傳運算元可能會有所不同，例如：包含一些特定的或高級遺傳運算元，但設計遺傳演算法通常都包含以下幾個主要步驟：

(1)確定編碼方式。

(2)確定適應度函數：適應度函數是問題求解結果的測量函數，是衡量染色體對環境適應度的指標，也是反映實際問題的目標函數。

(3)確定選擇的策略。

(4)遺傳演算法自身的控制參數的選取：遺傳演算法中需要選擇的參數主要有編碼串的串長 l、群體大小 n、交叉機率 p_c 及突變機率 p_m 等，這些參數對遺傳演算法性能影響很大。參數選擇不好，問題求解可能不收斂，或求解早熟收斂於局部最佳點，或是進化時間遠遠超過需要的時間。

(5)遺傳運算元的設計。

(6)確定演算法的終止條件：終止條件可以是以下幾種或是其組合：

①規定進化代數，也就是最大遞迴執行次數。

②群體中某個解的適應度值達到某一預先規定的範圍內：把組成染色體的各個變數值代入目標函數用以計算出適應度值。通常初始群體的平均適應度比較低，在演算法處理過程中將逐漸提高。

③連續若干代，群體中的個體不再變化。

下面將按照上述步驟設計出具體的演算法：

1. 編碼及約束條件

路徑表示是表示旅程對應的基因編碼最自然、最簡單的表示方法。因為一條路線將經過所有城市，因此可以將每個城市表示為一個基因，城市數即為染色體的基因數（基因組）。城市編號用十進位數字表示，使用 $0 \sim n-1$ 這 n 個數碼來表示 n 個城市，一條路徑就是由這 n 個數碼組成的編碼串，其中單個數碼對應為基因，編碼串對應為染色體。例如：路徑 $t=(0, 1, 2, \cdots n-1)$ 表示從城市 0 出發，經由城市 1、城市 2……最後從城市 $n-1$ 回到城市 0。

由於要求每個城市必須走一次而且也只能走一次，因此要保證編碼串中每個數碼只能出現一次，否則，就會產生對某個城市進行了多次訪問，同樣也就有城市會被遺漏。當採用自然數編碼時，從理論上可以證明遺傳演算法的最佳群體規模的存在性。

2. 適應度函數

編碼串中每兩個相鄰城市之間距離之和（編碼串中最後一個城市與第一個城市相鄰，構成封閉路徑）為路徑長度。由於問題的目標是搜索最小路徑，即最小值最佳化問題，而遺傳演算法中，適應度值為最大化問題，因此需對目標函數進行變換，因此可定義適應度函數為 $F(t)$：

$$F(t)=\frac{n}{\mathrm{length}(t)} \qquad (10.62)$$

在這算式中，n 表示城市的個數；$\mathrm{length}(t)$ 表示路線所對應的距離，並有：

$$\mathrm{length}(t)=\sum_{i=0}^{n-2} d(v_i, v_{i+1})+d(v_0, v_{n-1}) \qquad (10.63)$$

上式中，$(v_0, v_1, \cdots v_{n-1})$ 表示路線 t 所經過的 n 個城市的順序，$d(v_i, v_{i+1})$ 表示城市與城市間的距離。

3. 選擇策略

選擇策略採用適應度比例法。

4. 參數選擇

初始群體隨機產生，其個體個數通常在 100～500 間。群體的規模對遺傳演算法的過程有影響，通常群體規模越大，效果越好，但隨之將增加計算開銷。

5. 遺傳運算元

根據適應度比例法選擇進行交叉的父代，來生成子代。

(1)交叉運算元

如同前面小節所談到的，採用普通的交叉運算元將無法保證基因碼在編碼串中僅出現一次。也就是採用上述編碼方法的情況下，無法保證每個城市都走到一次且只走一次。因此，旅行商演算法的交叉運算元需要滿足在子代中不出現重複基因碼的約束條件，前面所述的部分映射交叉、順序交叉和迴圈交叉可滿足這一約束條件，這三種操作又稱為重排操作。

(2)變異運算元

和交叉運算元類似，由於採用的染色體編碼方式中，編碼串中的異位元發生突變的常規的變異操作運算不再適用。因此在求解旅行商問題時，變異運算元常採用倒位變異、基於次序的變異或基於位置的變異。變異率通常選左右。

6. 終止條件

遞迴次數的設置分為固定和不固定兩種。固定遞迴次數有利於遺傳演算法的處理，但是設置選擇太困難，並且不利於產生最佳解。不固定遞迴次數透過對個體解的判斷來自動進行遞迴，有利於產生最佳解，並且解決了參數選擇的困難問題，但卻容易增加遺傳演算法的處理時間，尤其是當演算法發散時。旅行商問題的終止代數通常選擇為 300～500。

基於遺傳演算法求解的關於中國 31 個直轄市、省會和自治區首府城市的中國旅行商問題的實驗結果證明，求解TSP的遺傳演算法的進化策略是合理的，在求解中國 31 個城市的旅行商問題時得到了新的最佳解，路徑如下：

北京—呼和浩特—太原—石家莊—鄭州—西安—銀川—蘭州—西寧—烏魯木齊—

拉薩—成都—昆明—貴陽—南寧—海口—廣州—長沙—武漢—南昌—福州—台北—杭州—上海—南京—合肥—濟南—天津—瀋陽—長春—哈爾濱—北京

其路徑長度為 15,404 千公尺，比以前報告的解還要好，這說明了遺傳演算法是解決組合演化問題的有力工具。

雖然遺傳演算法在求解旅行商問題等難題中獲得了成功，但相對於其鮮明的生物基礎，其數學基礎則不夠完善，主要缺點為：(1)缺乏廣泛而完整的遺傳演算法收斂性理論；(2) Holland 模式定理還不能清楚地解釋遺傳演算法的早熟現象和欺騙問題；(3)遺傳演算法的搜索效率及其時間複雜性問題。因此，雖然遺傳演算法的適用面很廣，但是遺傳演算法的具體應用還是受到一定的限制。如何判斷一個演算法的好和壞，與演算法待解的問題有著緊密的關係。關於這點，Wolpert 和 Macready 提出的 No Free Lunch 定理（簡稱 NFL 定理）就明確地表述了這一點。

No Free Lunch **定理**　假定有 A、B 兩種任意（確定或隨機）演算法。對於所有問題集，它們的平均性能是相同的（性能可採用多種測量方法，例如：最佳解、收斂速率等），即：

$$\sum_f P(\vec{c}|f, N, A) = \sum_f P(\vec{c}|f, N, B) \tag{10.64}$$

其中，$\vec{c}$ 為個體適應度的機率曲線，f 為適應度函數，N 為群體大小。

舉例來說，如果遺傳演算法解決問題集 A 時的性能比模擬退火的性能好，那麼必然會有模擬退火求解問題集 B 時的性能比遺傳演算法的性能好。平均所有的情況，兩種演算法的性能是相同的。因此說沒有哪種演算法比隨機搜索演算法更好。根據 NFL 定理，演算法性能好與壞不僅與一定的問題有關，而且與個體適應度的機率曲線有關。由此可見，我們不應該盲目地將遺傳演算法用來解決各種問題。

CHAPTER 11

統計分析

在資料集當中，資料的欄位之間可能會存在某種關聯。如果這種關聯是可以用函數公式來表示的確定性關係，則稱為函數關係；如果這種關聯不能用函數公式來表示，則稱為相關關係。對這種資料間的關聯，無論是函數關係還是相關關係，都可以用統計分析技術來進行分析，例如：迴歸分析、相關分析、主成分分析等等。

統計學的任務是研究如何利用有效的方法去蒐集和使用帶隨機性影響的資料，從而對所考慮的問題做出推斷和預測。

11.1 樣本和統計推理

統計決策論是運用統計知識來認識和處理決策問題中的某些不確定性，從而做出決策。在大多數情況下，都假設這些不確定性可以被看做是一個未知的數量，由θ來表示，在對θ進行推斷時，經典統計學直接利用樣本資訊。

11.1.1 透過機率分布和密度來描述資料

隨機現象產生的結果構成了隨機事件。如果用變數來描述隨機現象的各個結果，就叫做隨機變數。隨機變數是定義在樣本空間上的函數，通常記為$X(\omega)$，$\omega \in \Omega$。由於隨機現象的結果是隨機的，因此函數$X(\omega)$的取值也是隨機的。由於隨機變數的取值由樣本點決定，而樣本點的出現有機率大小的區別，因此隨機變數的取值也有一定的機率，這一點是隨機變數與普通變數在本質上的區別。

由於許多實驗結果本身就是一個數字，例如：射擊運動員比賽時，每次射擊命中的環數。在這種情況下可以很自然地定義隨機變數：

$$X(\omega) = \omega \tag{11.1}$$

另一種情況是，當實驗結果本身不是數字時，為了方便研究，可以人為地對每種結果分別指定一個相對應的數字。例如：擲硬幣時可以規定，正面向上隨機變數取值為 1，反面向上隨機變數取值為 0。

隨機變數有有限和無限的區分，一般又根據變數的取值情況分成離散型隨機變數和非離散型隨機變數。一切可能的取值能夠按照一定順序一一列舉，這樣的隨機變數叫做離散型隨機變數；如果可能的取值充滿了一個區間，無法按照順序一一列舉，這種隨機變數就叫做非離散型隨機變數。非離散型隨機變數中最重要、應用最廣泛的就是連續型隨機變數。

假設離散型隨機變數X的所有可能的取值為x_k（$k,=1,2,\cdots$），X取各個可能值的機率為：

$$P(X=x_k)=p_k,\ k=1,2,\cdots \tag{11.2}$$

算式（11.2）稱為離散型隨機變數X的機率分布或分布律。

根據機率定義，p_k滿足：

(1)非負性：$p_k \geq 0 \quad (k=1,2,\cdots)$

(2)歸一性：$\sum p_k = 1 \quad (k=1\sim\infty)$

對於連續型隨機變數X，其取值無法像連續型隨機變數一樣能夠一一枚舉，又因為在任意一個固定點的取值機率為 0。因此，對於連續型隨機變數將研究取值落在一個區間上的機率，而不是各個可取點上的機率。

對於連續型隨機變數X，如果存在非負可積函數，則對於任意實數x：

$$F(x)=P(X\leq x)=\int_{-\infty}^{x} f(t)dt \tag{11.3}$$

我們稱函數$F(x)$為X的分布函數，$f(x)$為X的機率密度函數或機率密度。

與離散型隨機變數X的分布律類似，連續型隨機變數的密度函數$f(x)$滿足：

(1)非負性：$f(x) \geq 0$

(2)歸一性：$\int_{-\infty}^{\infty} f(x)dx=1$

假設離散型隨機變數X的分布率為$P(X=x_k)=p_k$，$k=1,2,\cdots$。若級數$E(X)=\sum x_k p_k$（$k=1\sim\infty$）絕對收斂，則稱$E(X)$為X的數學期望或均值，我們常記為μ。

同樣地，對於連續型隨機變數X，$f(x)$為X的機率密度，若積分$E(X)=\int_{-\infty}^{\infty} xf(x)dx$絕對收斂，則稱$E(X)$為$X$的數學期望或均值。

對於隨機變數X，稱$D(X)=E[X-E(X)]^2$為隨機變數X的平方差，常簡記為σ^2，而σ稱為標準差或均方差（Mean Square Error）。

很顯然地，對於離散型隨機變數：

$$D(X)=\sum [xk-E(X)]^2 p_k,\ k=1\sim\infty \tag{11.3 a}$$

而對於連續型隨機變數：

$$D(X)=\int_{-\infty}^{\infty}[x-E(X)]^2f(x)dx \qquad (11.3\text{ b})$$

從以上定義可得知，平方差和均方差描述了隨機變數與其均值的偏離程度。

$$\begin{aligned}D(X)&=E\{[X-E(X)]^2\}\\&=E\{X^2-2XE(X)+[E(X)]^2\}\\&=E(X^2)-2E(X)E(X)+[E(X)]^2\\&=E(X^2)-[E(X)]^2 \qquad (11.3\text{ c})\end{aligned}$$

算式（11.3c）是計算平方差重要的常用公式，也可記為：

$$D(X)=E(X^2)-\mu^2$$

11.1.2 信賴區間的推導

對於未知數θ，在計算其點估計 $\hat{\theta}$ 外，還經常需要估計計算誤差，即瞭解計算和推理的精確程度。一般利用一個取值空間來表示其可靠程度，該空間稱為可信空間或信賴區間。可信空間的定義如下：

假設總體分布含有一未知參數θ，若由樣本確定的兩個統計量 $\underline{\theta}(x_1, x_2, \cdots, x_n)$ 和 $\overline{\theta}(x_1, x_2, \cdots, x_n)$，對於給定值 $\alpha\,(0<\alpha<1)$，滿足

$$p\{\underline{\theta}(x_1, x_2, \cdots, x_n)<\theta<\overline{\theta}(x_1, x_2, \cdots, x_n)\}=1-\alpha \qquad (11.4)$$

則稱隨機區間（$\underline{\theta},\overline{\theta}$）是θ的（$1-\alpha$）信賴區間，$\underline{\theta}$ 和 $\overline{\theta}$ 稱為的（$1-\alpha$）可信限，並分別稱 $\underline{\theta}$ 和 $\overline{\theta}$ 為可信下限和可信上限，（$1-\alpha$）稱為可信度。

算式（11.4）的涵義是，每組樣本確定一個區間（$\underline{\theta},\overline{\theta}$），在區間內包含θ的約占（$1-\alpha$），不包含θ的約占 α。從這個算式中可知信賴區間（$\underline{\theta},\overline{\theta}$）和可信度（$1-\alpha$）間存在著對應關係，不同的信賴區間對應不同的可信度，反之亦然。很顯然地，信賴

區間的長度越大，可信度就越高；信賴區間的長度越小，可信度就越低。這與實際應用需求存在一定的矛盾，應用中希望可信度儘可能地高，這樣預測比較可靠，同時希望信賴區間的長度比較小，這樣比較精確。

在實際應用中往往需要在信賴區間和可信度之間進行權衡和折衷，因此信賴區間的問題分解為兩個子問題：⑴根據給定的可信度尋找最短信賴區間；⑵根據設定的信賴區間，計算其最高可信度。因為信賴區間和可信度之間的對應關係，這兩個問題可以統一起來。下面以常態分布（Normal Distribution）為例，討論信賴區間的計算。

1. 在常態分布中，平方差σ^2已知，求數學期望μ的信賴區間

假設$X_1, X_2, \cdots, X_n$是常態總體$N(\mu, \sigma^2)$的樣本，則樣本數學期望$\overline{X} = \frac{\sum_{i=1}^{n} X_i}{n}$是$\mu$的一個點估計，則有：

$$U = \frac{X - \mu}{\sigma / \sqrt{n}} \sim N(0,1) \qquad (11.5)$$

並且分布$N(0,1)$不依賴於μ。因此，對於給定的可信度（$1-\alpha$）有：

$$p(|U| \le u_{1-\frac{\alpha}{2}}) = 1 - \alpha \qquad (11.6)$$

可因此推得：

$$p(\overline{X} - \frac{\sigma}{\sqrt{n}} u_{1-\frac{\alpha}{2}} \le \mu \le \overline{X} + \frac{\sigma}{\sqrt{n}} u_{1-\frac{\alpha}{2}}) = 1 - \alpha \qquad (11.7)$$

因此，平方差σ^2已知時，數學期望為μ可信度為（$1-\alpha$）的可信空間為：

$$[\overline{X} - \frac{\sigma}{\sqrt{n}} u_{1-\frac{\alpha}{2}}, \overline{X} + \frac{\sigma}{\sqrt{n}} u_{1-\frac{\alpha}{2}}]$$

2. 在常態分布中，平方差σ² 未知，求數學期望μ的信賴區間

當σ^2未知時，顯然無法根據上面的公式推導μ的置信空間，但因為$X_1, X_2, \cdots, X_n$是常態總體$N(\mu, \sigma^2)$的樣本，所以$\frac{\overline{X}-\mu}{\sigma/\sqrt{n}}$與$\frac{(n-1)}{\sigma^2}S^2$相互獨立，因此有：

$$T=\frac{\frac{\overline{X}-\mu}{\sigma/\sqrt{n}}}{\sqrt{\frac{(n-1)}{\sigma^2}S^2/(n-1)}} = \frac{(\overline{X}-\mu)\sqrt{n}}{S} \sim t(n-1) \quad (11.8)$$

並且$t(n-1)$不依賴於μ。因此，對於給定的可信度（$1-\alpha$）有：

$$p(\left|\frac{(\overline{X}-\mu)\sqrt{n}}{S}\right| \leq t_{1-\frac{\alpha}{2}}(n-1))=1-\alpha \quad (11.9)$$

可推得：

$$p(\overline{X}-\frac{S}{\sqrt{n}}t_{1-\frac{\alpha}{2}}(n-1) \leq \mu \leq \overline{X}+\frac{S}{\sqrt{n}}t_{1-\frac{\alpha}{2}}(n-1))=1-\alpha \quad (11.10)$$

因此，平方差σ^2未知時，數學期望為μ可信度為（$1-\alpha$）的可信空間為：

$$[\overline{X}-\frac{S}{\sqrt{n}}t_{1-\frac{\alpha}{2}}(n-1), \overline{X}+\frac{S}{\sqrt{n}}t_{1-\frac{\alpha}{2}}(n-1)] \quad (11.11)$$

在此處，需要注意平方差σ^2與樣本平方差S^2的區別，樣本平方差的定義為：

$$S^2=\frac{\sum_{i=1}^{n}(X_i-\overline{X})^2}{n-1} \quad (11.12)$$

3. 常態分布中，求平方差σ^2的信賴區間

設$X_1, X_2, \cdots, X_n$是常態總體$N(\mu, \sigma^2)$的樣本，則：

$$\frac{(n-1)}{\sigma^2}S^2 \sim \chi^2(n-1) \tag{11.13}$$

其中，$\chi^2(n-1)$表示自由度為$(n-1)$的χ^2分布，並有：

$$\chi^2(n-1) = \sum_{i=1}^{n-1} X_i \tag{11.14}$$

因為$\chi^2(n-1)$分布與平方差σ^2無關，所以：

$$p(\chi^2_{\frac{\alpha}{2}}(n-1) \le \frac{(n-1)S^2}{\sigma^2} \le \chi^2_{1-\frac{\alpha}{2}}(n-1)) = 1-\alpha \tag{11.15}$$

可推得：

$$p(\frac{(n-1)S^2}{\chi^2_{1-\frac{\alpha}{2}}(n-1)} \le \sigma^2 \le \frac{(n-1)S^2}{\chi^2_{\frac{\alpha}{2}}(n-1)}) = 1-\alpha \tag{11.16}$$

因此，當平方差σ^2和數學期望μ未知時，平方差σ^2的可信度為（$1-\alpha$）的可信空間為：

$$\left[\frac{(n-1)S^2}{\chi^2_{1-\frac{\alpha}{2}}(n-1)}, \frac{(n-1)S^2}{\chi^2_{\frac{\alpha}{2}}(n-1)}\right]$$

11.2 迴歸分析

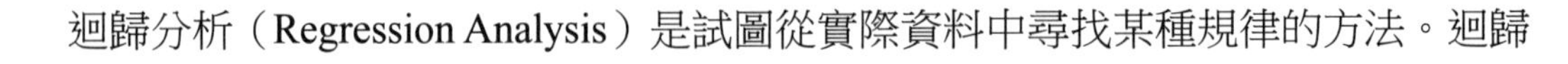

迴歸分析（Regression Analysis）是試圖從實際資料中尋找某種規律的方法。迴歸

分析用來分析某種回應 Y（因變數）和重要因數 X（對回應有影響的引數 $(X_1, X_2, \cdots, X_n)$）之間的函數關係。迴歸值代表任意一個條件期望值，在資料建立模型過程中，迴歸值經常是在給定條件變數的情形下，因變數的條件期望值。我們將預測屬性視為引數，而把預測目標視為因變數，則可使用迴歸技術來進行預測。

11.2.1 具有線性結構的迴歸模型

使用線性迴歸可以確定從屬變數和一個或多個獨立變數之間的最佳線性關係。最簡單的迴歸就是僅有一個預測目標和一個預測屬性的簡單線性迴歸，如算式（11.17）所示：

$$Y = \alpha + \beta X \qquad (11.17)$$

其中，α 和 β 稱為迴歸係數。

11.2.2 最小平方法擬合

算式（11.17）中，迴歸係數 α 和 β 可以透過樣本資料（X_i, Y_i）$i = 1, 2, \cdots, n$ 來計算。在理想情況下，應有：

$$Y_i = \alpha + \beta X_i \qquad i = 1, 2, \cdots, n \qquad (11.18a)$$

然而，在實際情況中，所觀測的樣本資料通常並不完全在一條直線上，而是有所偏離，即：

$$Y_i = \alpha + \beta X_i + E_i \qquad i = 1, 2, \cdots, n \qquad (11.18b)$$

其中 E_i 是一個隨機變數，因此應該滿足：

$$E(E_i) = 0 \qquad (11.19)$$

$$\mathrm{cov}(E_i, E_j) = 0 \qquad i \neq j \qquad (11.20)$$

很顯然地，和β的一個好的取值應該能讓實際資料（X_i, Y_i）$i=1, 2, \cdots, n$和直線$Y=\alpha+\beta X$之間的誤差儘可能地小。因此，α和β的取值直接和誤差的測量標準相關。最小平方法（簡稱 LS 法）以E_i的最小平方差為誤差標準來計算迴歸係數α和β，即：

$$\exists\alpha, \beta \quad \min\sum_{i=1}^{n} E_i^2 \tag{11.21}$$

根據算式（11.18a），即：

$$\min\sum_{i=1}^{n}(Y_i-\alpha-\beta X_i)^2 \tag{11.22}$$

當上式取得極值時，有：

$$\frac{\delta\left[\sum_{i=1}^{n}(Y_i-\alpha-\beta X_i)^2\right]}{\delta\alpha}=0 \tag{11.23}$$

$$\frac{\delta\left[\sum_{i=1}^{n}(Y_i-\alpha-\beta X_i)^2\right]}{\delta\beta}=0 \tag{11.24}$$

對算式（11.23）和（11.24）計算可得：

$$n\alpha+\beta\sum_{i=1}^{n}X_i=\sum_{i=1}^{n}Y_i \tag{11.25}$$

$$\alpha\sum_{i=1}^{n}X_i+\beta\sum_{i=1}^{n}X_i^2=\sum_{i=1}^{n}X_iY_i \tag{11.26}$$

綜合算式（11.25）和（11.26），可得：

$$\beta=\frac{\sum_{i=1}^{n}(X_1-\overline{X})(Y_i-\overline{Y})}{\sum_{i=1}^{n}(X_i-\overline{X})^2} \tag{11.27}$$

$$\alpha=\overline{Y}-\beta\overline{X} \tag{11.28}$$

其中：

$$\overline{X}=\frac{\sum_{i=1}^{n}X_i}{n} \qquad \overline{Y}=\frac{\sum_{i=1}^{n}Y_i}{n} \tag{11.29}$$

自從Gauss創立最小平方估計法以來，LS法得到了廣泛的應用，尤其是在線性模型的參數估計中，當資料滿足 Gauss-Markov 假定時，LS 法具有很多優點，其中很重要的一條是，最小平方估計是一切線性無偏類估計中，平方差一致最小的估計。只有當資料中存在孤立點或資料之間存在較嚴重的複共線性時，即設計陣X呈病態時，最小平方估計的品質才會不好，才需要對最小平方估計做改進。

11.2.3 多元線性迴歸

在實際應用中，影響物件的預測值的因數往往多於一個，也就是多個引數對應一個因變數。這種問題通常可以用多元迴歸模型來描述，多元迴歸模型如下所示：

$$Y=\alpha+\beta_1X_1+\beta_2X_2+\cdots+\beta_mX_m \tag{11.30}$$

其中，m 為引數的個數。因為模型通常只是真實世界的逼近，因此模型存在著誤差，為了表示觀測擬合誤差，因此將上式改寫為：

$$Y=\alpha+\beta_1X_1+\beta_2X_2+\cdots+\beta_mX_m+E \tag{11.31}$$

算式中，E 表示模型的隨機誤差。因此，對於樣本資料：

$$(X_{i1}, X_{i2}, \cdots, X_{im}, Y_i) \qquad i=1, 2, \cdots, n$$

根據算式（11.31）可表示為：

$$Y_i=\alpha+\beta_1X_{i1}+\beta_2X_{i2}+\cdots+\beta_mX_{im}+E_i \qquad i=1, 2, \cdots, n \tag{11.32}$$

為了簡化多元迴歸的討論，下面使用矩陣進行描述，算式（11.32）可用矩陣形式表示為：

$$Y=X\beta+E \tag{11.33}$$

其中：

$$Y=[Y_1, Y_2, \cdots, Y_n]^T \tag{11.34a}$$

$$E=[E_1, E_2, \cdots, E_n]^T \tag{11.34b}$$

$$\beta=[\alpha, \beta_1, \beta_2, \cdots, \beta_m]^T \tag{11.34c}$$

$$X=\begin{pmatrix} 1 & X_{11} & \cdots & X_{1m} \\ & \vdots & \ddots & \vdots \\ 1 & X_{n1} & \cdots & X_{nm} \end{pmatrix} \tag{11.34d}$$

與一維迴歸分析一樣，模型的迴歸係數必須滿足樣本的誤差平方和最小，即：

$$\min (Y-X\beta)^T(Y-X\beta) \tag{11.35}$$

若矩陣 X 滿秩，則矩陣 X^TX 可逆，則同樣使用最小平方法，對矩陣求導，並可得 β 的最小平方估計 $\hat{\beta}$ 為：

$$\hat{\beta}=(X^TX)^{-1}X^TY \tag{11.36}$$

11.2.4 非線性迴歸資料分析

對於線性迴歸問題，樣本點落在空間中的一條直線上或該直線的附近，因此可以使用一個線性函數表示引數和因變數間的對應關係。然而在一些應用中，變數之間的關係呈曲線形式，因此無法用線性函數來表示引數和因變數間的對應關係，而需使用非線性函數表示。

資料探勘中常用的一些非線性迴歸模型有以下幾種：

1. 漸近迴歸模型

$$Y=\alpha+\beta e^{-\gamma x}+E \qquad (11.37)$$

2. 二次曲線模型

$$Y=\alpha+\beta_1 X+\beta_2 X^2+E \qquad (11.38)$$

3. 雙曲線模型

$$Y=\alpha+\frac{\beta}{X}+E \qquad (11.39)$$

由於許多非線性模型是相同的，所以模型的參數化不是唯一的，這讓非線性模型的擬合和解釋比線性模型複雜得多。在非線性迴歸分析中估算迴歸參數，最常用的方法依然是最小平方法。

11.3 主成分分析

主成分分析也稱主分量分析。主成分分析的工作物件是樣本點×定量變數類型的資料表，其目標就是對多變數的平面資料表進行最佳整合。也就是說，要在避免資料資訊丟失最小的原則下，對高維變數空間進行降維度處理。主成分分析是無導師型線性分析方法。當我們使用迴歸分析、分群和其他的分析方法時，如果使用主成分分析，可以有效減少多元資料的變數。

11.3.1 高維度資料整合簡化的概念與原則

主成分分析經由尋找變數最大投影軸，來判斷有多少獨立變數，因而去掉一些不重要或無相關資料，並將相關的資料組合成新的變數，這可以大大地減少計算時的複雜性，同時也能儘量避免丟失資訊，也就是降低維度。

假設下列資料矩陣：

$$X=\begin{bmatrix} x_{11} & x_{12} & \cdots & x_{1m} \\ x_{21} & x_{22} & \cdots & x_{2m} \\ & & \vdots & \\ x_{n1} & x_{n2} & \cdots & x_{nm} \end{bmatrix}=(x_1, x_2, \cdots, x_m) \tag{11.40}$$

其中X表示資料集；x_{ij}表示物件（樣本）i中屬性（變數）j的值；x_i表示物件i在資料集中的向量表示。由於變數之間存在相關性，經過主成分分析整合成下列新的評價變數：

$$\begin{cases} y_1=a_{11}x_1+a_{12}x_2+\cdots+a_{1m}x_m \\ y_2=a_{21}x_1+a_{22}x_2+\cdots+a_{2m}x_m \\ \qquad\vdots \\ y_m=a_{m1}x_1+a_{m2}x_2+\cdots+a_{nm}x_m \end{cases} \tag{11.41}$$

其中y_i與y_j（$i\neq j$）互相獨立，而且y_1是$x_1, x_2,\cdots,x_m$滿足上述線性方程式的一切線性組合中平方差最大，y_2是滿足上述線性方程式的一切線性組合中平方差次大……y_m是滿足上述線性方程式的一切線性組合中平方差最小的新的評價變數。這樣確定的綜合指標y_1、y_2、…y_m分別稱為原指標的第一、第二……第m個主分量，它們的平方差依次遞減。

11.3.2 主成分分析的演算法推導

主成分分析的演算法主要可包含以下七個步驟：

1. 標準化資料集的資料矩陣

就是對資料集資料矩陣進行標準化處理，例如：矩陣中的資料不存在量綱上的不同，則只需直接進行 Z-Score 變換：

$$x'_{ij}=\frac{x_{ij}-\overline{x}_j}{S_j} \quad (11.42)$$

其中 x'_{ij} 表示 x_{ij} 被標準化處理後的值 $\overline{x}_j$ 和 S_j 的定義如下：

$$\overline{x}_j=\frac{\sum_{i=1}^{n}x_{ij}}{n}$$

$$S_j=\sqrt{\sum_{i=1}^{n}(x_{ij}-\overline{x}_j)^2} \quad (11.43)$$

2. 計算變數的相關係數矩陣

假設標準化後的資料矩陣為 A，則相關矩陣 $R=A^TA$，A^T 為 A 的轉置矩陣。
計算相關係數矩陣：

$$R=\begin{bmatrix} r_{11} & r_{12} & \cdots & r_{1m} \\ r_{21} & r_{22} & \cdots & r_{2m} \\ & & \vdots & \\ r_{n1} & r_{n2} & \cdots & r_{nm} \end{bmatrix} \quad (11.44)$$

其中：

$$r_{ij}=x'_i x_j=\sum_{k=1}^{n}X_{ki}X_{kj} \quad (11.45)$$

3. 計算變數的相關矩陣的特徵值

計算如下所示的特徵方程式的 m 個特徵值 λ_i：

$$|R-\lambda_i|=0 \quad (11.46)$$

其中$\lambda_1 > \lambda_2 > \cdots \lambda_m \geq 0$

4. 計算主成分

計算各特徵值λ_i所對應的特徵向量 $a_i = (a_{i1}, a_{i2}, \cdots, a_{im})$，因為相關係數矩陣是對稱矩陣，因此可選用 Jacobi 遞迴方法，而特徵向量滿足下面的算式：

$$a_i a_j = \begin{cases} 1 & i = j \\ 0 & i \neq j \end{cases} \tag{11.47}$$

利用特徵向量可獲取相應的主成分運算式，如下所示：

$$y_i = (a_{i1}, a_{i2}, \cdots, a_{im}) \begin{pmatrix} x_1 \\ x_2 \\ \vdots \\ x_\mathrm{m} \end{pmatrix} \tag{11.48}$$

5. 確定主成分的個數

每個主成分概括原始變數的程度，可以利用相對應的平方差貢獻率來表示。平方差貢獻率的計算可以經由下式得到：

$$f_i = \frac{\lambda_i}{\sum_{j=1}^{m} \lambda_j} \tag{11.49}$$

其中f_i 表示第 i 個主成分的平方差貢獻率，λ_i表示第 i 個主成分所對應的特徵值。假設預設的主成分貢獻度閾值為α，則按照平方差貢獻率從大到小的順序來選擇 k 個主成分，使得平方差累積貢獻率大於閾值，即：

$$\sum_{i=1}^{k} f_i \geq \alpha \tag{11.50}$$

這 k 個主成分就是確定的主成分。

6. 計算各主成分的值

可以將資料矩陣值代入步驟 4.的主成分運算式，計算各物件的各主成分的得分。由於相關係數矩陣是基於標準化資料矩陣來計算的，因此計算各物件的主成分時，不能將原始資料矩陣的值直接代入步驟 3.中的公式，而是需要將標準化資料處理後的對應值代入步驟 4.的主成分運算式中。

7. 計算主成分運算式

資料集中的物件可透過剛剛確定的主成分的綜合值來進行評價。其值的計算如下式所示：

$$F=\sum_{i=1}^{k} f_i y_i \qquad (11.51)$$

CHAPTER 12

文件和 Web 探勘

在資料探勘發展的初期，資料探勘技術主要關注在結構化資料的探勘。企業戰略規劃的制定和戰術方案的實施，都離不開對於大量非結構化資料的探勘和現有知識的管理。因此，隨著資料探勘應用的深入，非結構化和半結構化資料的探勘，將成為下一個資料探勘應用的趨勢。

文件探勘是一種典型的非結構化資料探勘，而 Web 探勘則是典型的半結構化資料探勘。所謂半結構化，是相對於完全結構化的傳統資料庫的資料而言的。文件探勘和 Web 探勘是當前資料探勘技術的研究熱潮之一。

12.1 概論

12.1.1 文件探勘的任務

我們日常生活中所接觸的資訊有 80%左右以文件的形式存在。文件探勘是一項綜合技術，涉及資料探勘、電腦語言學、資訊檢索、自然語言理解、知識管理等諸多領域。不同的研究人員從各自的角度出發，對文件探勘的涵義有不同的解釋。從資料探勘的角度來看，文件探勘是指將資料探勘技術應用在大量的文件集合上，發現其中隱含的知識的過程。

文件探勘的最大困難是文件資料缺乏結構化、組織的規律性，再加上自然語言處理技術還相當有限，很難從語義分析的角度從文件中抽取訊息量夠大而且易於處理的特徵。

12.1.2 Web 探勘的特點

網際網路（Internet）上包含了大量的 Web 站點，並且這些站點的數目呈指數成長。每一個 Web 站點就是一個資料源，這些資料源可以看成廣泛意義上的資料庫，這比傳統意義上的資料庫更大、更複雜。透過網址連結，這些內容和組織都不同的 Web 站點就構成了一個巨大的異構資料庫環境。

Web 探勘的資料通常包括三類型：

- **用戶的背景資訊**：這種資訊主要來自於用戶的註冊資訊。但許多用戶不願意透露自己的真實的個人資訊，因此就不會如實地填寫註冊表，這將降低資料探勘的原始資料品質。在這種情況下，就不得不從瀏覽者的瀏覽資訊中來推測用戶的背景資訊，進而再加以利用。
- **瀏覽資訊**：瀏覽資訊主要來自於瀏覽者的點選資料串流（Click-stream），這部分資料主要用於考察用戶的行為表現。Web 上有大量的資料資訊，人們在瀏覽網站時，包含了大量的潛在資訊，例如：個人姓名和住址、點選了哪一個連結、在哪裏瀏覽時間最多等等。一般來說，這些資訊可以分為兩種：瀏覽者自身資訊和瀏覽內容資訊。

- **網際網路自身資訊**：這種資訊來自Web自身，例如：網頁內容、Web結構等。

Web 上的資料與傳統的資料庫中的資料不同，傳統的資料庫都有一定的資料模型，可以根據模型來具體描述特定的資料。Web資料具有一定的結構性，但通常具有自我敘述性和動態可變性，因此是半結構化資料，所謂半結構化是相對於結構化和非結構化而言的，半結構化資料介於這兩者之間，也是 Web 資料的最大特點。

此外，Web是一個動態性極強的資訊源。Web不僅以極快的速度成長，而且其資訊還會不斷地更新。Web面對的是一個廣泛的形形色色的用戶群體，各個用戶可以有不同的背景、興趣和使用目的。對於任何單個用戶來說，Web上的資訊只有很小的一部分是相關的或有用的，Web所包含的其他資訊對用戶來說是不感興趣的，而且會淹沒所希望得到的搜索結果。這些都使得 Web 資料探勘有別於一般的資料探勘應用領域，而有著自身的特點和挑戰。

12.1.3 Web 探勘的任務

隨著 Web 技術的發展，要建立起一個商業網站並不困難，困難的是如何使網站有效益，能吸引用戶。網站每天都可能有大量的記錄，例如：瀏覽記錄或交易記錄、大量的日誌檔和註冊表等，如何對這些資料進行分析和探勘，充分瞭解客戶的喜好、購買模式，提供滿足不同用戶群體需要的個性化服務，進而增加其競爭力等等，這些都是 Web 探勘的任務。

Web 探勘可以廣義地定義為從 WWW 中發現和分析有用的資訊。這個定義有兩方面的意義：一方面它描述了自動地從大量的網站和線上資料庫中搜索、獲取資訊與資料，這也稱為 Web 內容探勘；另一方面，就是去發現和分析用戶訪問一個或多個網站和線上服務的模型，這也稱為 Web 使用探勘。

從應用的角度來看，Web 探勘任務可分為三種：⑴分析系統性能的 Web 探勘任務；⑵改進 Web 站台設計的探勘任務；⑶向用戶提供個性化服務的探勘任務，如圖 12-1 所示。

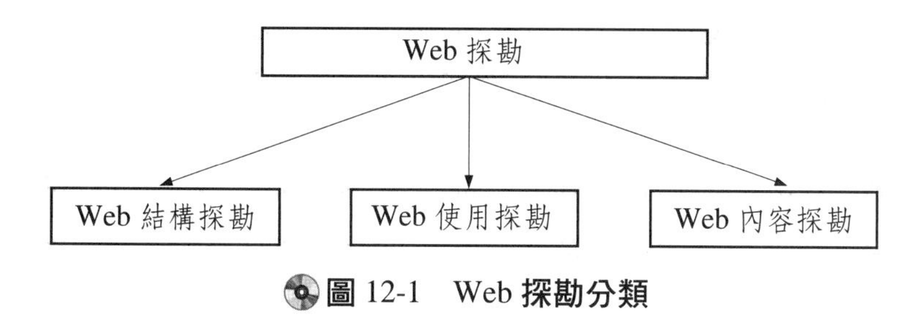

圖 12-1　Web 探勘分類

以分析系統性能為目標的探勘任務，主要從統計學的角度對日誌資料項目進行各種統計，例如：最常被點選的頁面、點選資料量隨時間分布等等。Web站台設計的探勘任務以日誌資料為依據，對Web伺服器的組織和表現形式進行自動或半自動調整。

12.2 文件探勘技術

大多數基於資料庫的資料探勘方法均可作用於文件探勘，如資料歸納、分類、群聚分析、關聯規則探勘等。文件探勘的結果既可以是對某個文件內容的概括，也可以是對整個文件集合的分類結果或群聚結果等。文件探勘由構造文件集合、文件分析和特徵選擇三個步驟所構成。

12.2.1 文件的向量空間表示

根據向量空間模型（VSM），文件內容可以看做在文件中出現字詞的「字詞集合」。由於字詞空間的維度太大，為了降低過濾分析的計算複雜度，並減少過度匹配現象，通常會選用文件中的關鍵字來代替文件中出現的字詞集合，因此文件 D_i 可表示為：

$$D_i = (T_{i1}, W_{i1}; T_{i2}, W_{i2}; \cdots; T_{in}, W_{in}) \qquad (12.1)$$

其中，T_{ij} 為文件 D_i 中第 j 個關鍵字，W_{ij} 即為關鍵字 T_{ij} 在文件中的權重。這樣，就可以將文件資訊的匹配問題轉化為向量空間中的向量匹配問題。假設用戶目標為 P，未知文件為 Q，兩者的相似程度可用向量間的夾角餘弦來計算，即：

$$\mathrm{Sim}(P,Q)=\mathrm{Cos}(P,Q)=\frac{\sum_{i=1}^{n}(W_{pi}\,g\,W_{qi})}{\sqrt{\sum_{i=1}^{n}W_{pi}^{2}}\,g\,\sqrt{\sum_{i=1}^{n}W_{qi}^{2}}} \qquad (12.2)$$

12.2.2 文件特徵的提取

文件中字詞的空間維度很高，且不同的字詞對文件內容的貢獻程度是不同的，因此需要計算各個字詞在文件中的權重，只有大於一定權重值的字詞才能作為文件內容的關鍵字。關鍵字的提取也稱為文件特徵的提取。如同前面章節所述，特徵提取可在某種程度上緩解過度匹配的現象。一個合理有效的字詞，其權重的計算方法是文件特徵提取的重要的技術基礎。

採用統計方法的模式識別，和發現使用特徵參數，可以將模式表達為特徵空間的向量，然後再使用判別函數來進行分類。隨著資料量的增加，特徵提取變得越來越困難，所謂特徵提取就是對原始資料進行分析，發現最能反映模式分類的本質特徵。隨著維數的增長，計算成本也急速增加，所以我們需要降低特徵空間的維度。因此，模式的特徵提取和選擇是這一技術的關鍵。

文件特徵提取的本質是在高維度資料中的降低維度技術，就是將高維度資料變換映射到低維度空間。降維方法的主要問題在於從高維到低維的變換有可能掩蓋資料原有的資訊。這樣一來，原先在高維空間存在明顯差異或特徵的類別，在低維的空間內會混雜在一起而難以區分。因此，從高維空間變換到低維空間的關鍵就在於尋找合適的映射，使得高維空間的目標資訊儘可能真實地映射到低維空間中。

在文件中的字詞的加權體系中，用某一權重值來表示該字詞是否出現的{0，1}二進位 boolean 表示，這樣通常具有更高的準確性。字詞在文件中的權重可利用如下公式來計算：

$$\mathrm{TFIDF}(T_i, D_j)=\mathrm{TF}(T_i, D_j)*\log\frac{|D|}{|\mathrm{DF}(T_i)|} \qquad (12.3)$$

在公式（12.3）中，T_i 代表某一特定的字詞，D_j 表示該字詞所在的文件，$\mathrm{TF}(T_i, D_j)$ 表示 T_i 在文件 D_j 中出現的頻率，$|D|$ 表示訓練集中所有文件的數目，$\mathrm{DF}(T_i)$ 表示包

含字詞 T_i 的文件數，$\log \frac{|D|}{|\mathrm{DF}(T_i)|}$ 即為 $\mathrm{IDF}(T_i)$ 值，$\mathrm{TFIDF}(T_i, D_j)$ 則為所計算的 T_i 在文件 D_j 中的權重。該算式是根據：

⑴字詞在文件中出現的次數越多，則該字詞對文件內容越有代表性。

⑵字詞所出現的文件數越多，則該字詞的區分力越小。

由於字詞在深層語義上對文件內容的貢獻是不同的，因此即使兩個字詞具有相同的TF值和IDF值，它們對文件內容的貢獻度其實也是不同的。例如：中文中的「的」、「我」、「他」、「但 是」等 等，或 是 英 文 中 的「the」、「each」、「that」、「will」等字詞在文件中具有很高的出現頻率，但涵義虛泛，這些字詞對於描述文件主題，進行文件過濾分析根本沒有參考價值，顯然地，這些字詞必須從關鍵字候選集中刪除，這樣不僅可以提高關鍵字選擇的準確性，同時也降低了計算的維度和開銷。此外，對於表示文件內容具有貢獻的字詞在所有文件中，平均出現的頻率是不同的，因此，在權重計算體系中計算字詞頻率必須有一定的參照頻率，這將可以降低關鍵字的誤選率和漏選率。

一般情況下，中文短詞具有較高的出現頻率，有著更多的涵義，是功能取向的，而長詞的出現頻率較低，是內容取向的。長詞的特有性較高，因此在計算文件中，有關中文詞的權重時應加大長詞的權重，而對於英文詞詞長為 1。

出現在網頁中的不同位置的字詞，對文件內容的貢獻也是不一樣的。我們曾對 100 篇生物學文獻進行人工統計，結果指出出現在文章標題中的字詞的重要性大概是出現在正文中的 5 倍，而出現在摘要中的字詞的重要性是正文中字詞的重要性的 3 倍。因此，對於不同位置的詞，要做不同的加權處理。因此對文中不同位置出現的字詞的權重將需調整。

當然，文件特徵的提取方法有很多種，可以使用不同的評價函數，例如：資訊增益、期望交叉熵、文件證據權、字詞頻率等等。

經由（12.3）算式，可以計算出文件中出現的所有字詞的權值，並將之排序，根據需求可以有兩種選擇方式：

⑴選擇權值最大的某一固定數 n 個關鍵字。

⑵選擇權值大於某一閾值的關鍵字。

根據實驗指出，這兩種方法各有優缺點，第一種方式可以保證關鍵字的覆蓋度，但有時可能不能選擇最合適數量的關鍵字，因為不同文件內容所涉及的主題概念皆不同，主題的分散程度也不同；第二種方式選擇的主題字詞和內容之間的關係非常緊密，但對於主題比較分散的文件，選擇的主題字詞可能過少或過多。一些實驗結果指出，人工選擇關鍵字，4～7 個比較合適，自動選取的關鍵字數在 10～15 之間通常具有最好的覆蓋度和特有性。

使用向量空間模型來表示的文件 D_1 和 D_2 的相似度 $\mathrm{Sim}(D_1, D_2)$ 可使用下式計算：

$$\mathrm{Sim}(D_1,\ D_2) = \frac{\sum_{k=1}^{n} (W_{1k} W_{2k})}{\sqrt{\sum_{k=1}^{n} W_{1k}^2} * \sqrt{\sum_{k=1}^{n} W_{2k}^2}} \quad (12.4)$$

12.2.3 文件資訊探勘系統

基於 VSM 的文件資訊探勘的一般步驟如下：

1. 確立目標樣本

由用戶選擇確定探勘目標的文件樣本，用於特徵提取模組進行探勘目標的提取。

2. 建立統計詞典

建立用於特徵提取和字詞頻率統計的主詞典和同義詞詞典、蘊含詞詞典等。

3. 特徵提取

根據目標樣本的字詞頻率分布，從統計詞典中提取出探勘目標的特徵項集並計算出相對應的權值。

4. 調整特徵向量

產生匹配閾值，並根據測試樣本的結果來調整特徵項權值和匹配閾值。

5. 特徵匹配

提取來源文件的特徵向量，並與目標特徵向量進行匹配，將符合閾值條件的文件提交給用戶。

文件探勘和 Web 探勘應用於搜索引擎的資料探勘，可以更容易解決搜索引擎對 Web 頁面的分類精準度和用戶檢索的匹配度的問題。

12.3 Web 資料探勘技術

Web資料探勘技術首先要解決半結構化資料來源模型和半結構化資料模型的查詢與合併問題。解決 Web 上的異構資料的合併與查詢問題，就必須要有一個模型能清晰地描述 Web 上的資料。針對 Web 上的資料半結構化的特點，去尋找一個半結構化的資料模型，是解決問題的關鍵所在。除了要定義一個半結構化資料模型外，還需要一種半結構化模型抽取技術，就是自動地從現有資料中抽取半結構化模型的技術。針對 Web 的資料探勘，必須以半結構化模型和半結構化資料模型抽取技術為前提。

到目前為止，Web並沒有智慧搜索、資料交換、自我適應表示和個人化的標準。Internet 必須設置資訊理解標準，以便可以搜索、移動、顯示和處理上下文中隱藏的資訊。由於 HTML 只是一種描述 Web 頁顯示的語言，所以 HTML 並不能表示資料，因此，HTML 不能提供任何基於標準的管理資料方式。

XML 是一種標記性語言，該語言提供一種描述資料結構的格式。對於有效 XML 和結構良好的 XML 而言，XML 編碼的資料是自我描述的，這是由於描述標記和資料之間是混合的。XML 的標記具有語義，可以由用戶來定義，能夠反映一定的資料涵義。XML 的文件描述的語義非常清楚，而且還可以和關聯式資料庫中的屬性一一對應起來，且能夠做到十分精確的查詢。此外，XML 使用開放的、靈活的格式，在任何需要交換和傳送資訊的地方均可使用 XML，這使得 XML 功能更加強大。因此，XML 正逐漸成為 Internet 資料組織和資料交換的標準。

Web 自身的特點讓 XML 可以進行更有意義的網上搜索，XML 能夠使不同來源的資料很容易地結合在一起。

從處理過程來看，Web 探勘可以分成四個階段：就是資源發現、資訊選擇和預先處理、模式發現和模式分析等等。資源發現就是指線上或離線檢索 Web 的過程。

而資訊選擇和預先處理是包括使用內容和結構資訊的預先處理。此階段的主要任務是，從原始日誌檔、Web 網頁內容、Web 網站結構等資料中，選取出可以讓 Web 探勘演算法使用的規範化資料，其結果將直接影響到演算法處理結果的準確度與可信度。包含在多種資料來源中的這些資訊，必須經過預先處理，先轉換成模式發現所必須的資料抽象概念，才能進一步地被探勘和分析。

資料預先處理階段包括資料篩選、用戶識別、連線識別和路徑補充等過程。資料篩選就是要刪除探勘過程中不需要的資料。

用戶識別是指用戶和請求的頁面相關聯的過程，由於代理伺服器和防火牆的存在，在 Web 日誌中記錄的只是代理伺服器或防火牆的 IP 位址。這使得識別用戶的過程變得非常複雜。使用啟發式規則可以幫助識別用戶這個動作，例如：

⑴如果 IP 相同，而代理的瀏覽器或作業系統改變了，則屬於不同的用戶。

⑵如果 IP 相同，而當前連接的頁面和已瀏覽的頁面沒有連接關係，代表存在著不同的用戶。

連線識別是將一個用戶在一段時間內所有的請求頁面進行分解，以得到用戶連線。例如：時間超過了一定限度，也就是逾時，一般為 30 分鐘左右，就認為是開始了一個新的連線。路徑補充過程就是請求頁補充完整性資訊，以補足本地或代理伺服器暫存所造成的遺漏。事務識別就是對用戶連線進行語義分組。

12.3.1 Web 結構探勘

Web 結構探勘是從 WWW 的組織結構及引用和被引用間的連接關係中推理出知識的過程。在整個 Web 空間裏，有用的知識不僅包含在 Web 頁面的內容之中，而且也包含在頁面的結構之中。Web 結構探勘，最初的目的就是為了 Web 檢索的目的，以便於向用戶提供重要的、權威的頁面。

一個 Web 頁面的權威性通常取決於它被引用的次數及連接它的頁面的權威性，利用這樣的概念來確定權威網頁的方法就稱為 hub/authority 方法。一個 hub 是指一個或多個Web頁面，它提供了指向權威網頁的連接集合。通常，好的hub指向許多好的權威網頁；好的頁面是指由許多好的 hub 所指向的頁。

HITS（Hyperlink-Induced Topic Search）演算法就是利用方法來確定權威網頁的典

型演算法，其步驟如下：

(1)先取得從搜索引擎所得到的前個頁面作為根集 S（Root Set）。

(2)在 S 中加入 S 引用的頁面和引用 S 的頁面，將 S 擴展為基本集 T（Basic Set）。

(3)對 T 中的頁面給定初始值。

若頁面 p 的 hub 值記為 $h(p)$，頁面 q 的 authority 值記為 $a(q)$，則：

$$\begin{aligned} h(p) &= 1 \\ a(q) &= 1 \end{aligned} \tag{12.5}$$

(4)對所有頁面的 hub 值和 authority 值進行遞迴性修改。

假設各個好的 hub 頁到各個好的 authority 頁之間的連接關係（p, q）的集合記為 E，則：

$$h(p) = \sum_{q:(p,q)\in E} a(q) \tag{12.6}$$

$$a(q) = \sum_{p:(p,q)\in E} h(p) \tag{12.7}$$

(5)正規化頁面修改後的 hub 值和 authority 值。

執行遞迴性修改後，針對 $h(p)$ 和 $a(q)$ 的值進行正規化處理，即：

$$h(p) = \frac{h(p)}{\sqrt{\sum_{k\in P} h^2(k)}} \tag{12.8}$$

$$a(q) = \frac{a(q)}{\sqrt{\sum_{k\in Q} a^2(k)}} \tag{12.9}$$

其中 P、Q 分別是 hub 頁和 authority 頁的集合。

(6)按照 hub 和 authority 的權重的反序排列 hub 頁和 authority 頁。

(7)輸出具有較大權重的 hub 頁和 authority 頁。

12.3.2 Web 使用記錄的探勘

探勘 Web 使用記錄，就是去發現用戶瀏覽模型（或稱為瀏覽習慣），它的資料是自動從每日的瀏覽日誌中蒐集而來的。主要的 Web 使用記錄的探勘過程包括網頁相關性分析和用戶瀏覽模式分析。Web使用記錄探勘方法包括：路徑分析、關聯規則序列模式的發現、群聚分析（Clustering）和分類（Classification）等。

網頁相關性目的是去探勘網頁之間的關係。路徑遊歷模式的發現演算法會從Web伺服器日誌中去發現頻率較高的用戶瀏覽路徑。例如：如果有很多 Web 用戶都具有 a.html→b.html→c.html 這樣的瀏覽模式，則 a.html 和 c.html 之間就有一定的關係，因此可以考慮在 a.html 上直接加上 c.html 的連接。

用戶瀏覽模式分析的目的則是去探勘 Web 用戶的興趣點和瀏覽模式。例如：有哪一些網頁，用戶只要瀏覽了其中的一頁，則也將瀏覽其他的網頁。也就是按照不同的用戶瀏覽模式，把網頁分組，得到一個一個的興趣點，因此可用於搜索引擎和Web瀏覽助手，為用戶提供推薦連接。並可進一步按照興趣點將用戶進行分類，也就是按照行為模式（具有相似的瀏覽模式）對用戶進行分類。而更進一步的資訊，例如：該路徑包含的用戶特徵、對應的潛在顧客群等等。對用戶進行合理的分類是為用戶提供個性化服務的基礎和關鍵。

用路徑分析技術來進行 Web 使用模式的資料探勘時，最常用的是圖。因為一個圖代表了定義在 Web 站台上的頁面之間的聯繫。圖最直接的探勘就是網站結構圖，我們把網站上的頁面定義成節點，而頁面之間的連結定義成圖中的邊。其他的各式各樣的圖也都是建立在頁面和頁面之間的聯繫或者是一定數量的用戶瀏覽頁面順序基礎之上的，路徑分析可以用來確定網站上最頻繁的瀏覽路徑。

頻繁瀏覽模式的發現過程與頻繁序列模式的發現過程有相似之處，但用戶在Web伺服器上的瀏覽過程帶有多種不確定性，例如：瀏覽器的本地 Cache、用戶的主觀隨意性等。這些不確定性使得不同用戶的瀏覽模式總體看起來相似，但是細節卻不同，因此需要進行事務識別。

所謂事務識別的本質，就是在對Web日誌資料進行資料探勘之前，需要把對Web頁的訪問序列，組織成邏輯單元，以代表事務或用戶會話。一個用戶會話是在該用戶瀏覽一個站點時，瀏覽的全部頁面的參照序列。尋找瀏覽事務的演算法的主要步驟如下：

⑴對日誌進行預先處理。

⑵根據每一個使用者IP，劃分日誌，就是在日誌中找到每一個使用者的瀏覽記錄。

⑶針對每一個使用者的瀏覽記錄，根據時間進行分割。找到每一個使用者的每一次瀏覽記錄。此時，每一個使用者的每一次瀏覽記錄就構成了一個瀏覽事務。

⑷所有的事務按照時間（timestamp）順序排列。

CHEN 等人提出的基於 Web 事務的探勘方法，是利用 Web 事務將日誌資料的原始序列轉換成一個瀏覽子序列集，其中每一個瀏覽子序列稱為一個開始於用戶瀏覽點的最大前向引用序列 MFR。從導出的最大前向引用序列集中產生大引用序列，也就是從導出的所有用戶的最大前向引用序列 $S^f_{\max}$ 中找到其中所有頻繁出現的連續子序列 $s \subseteq S^f_{\max}$。大引用序列的長度可以不同，有 k 個元素的大引用序列就稱為 k 維大引用序列 L_k，其產生方法和關聯規則類似。從產生的大引用序列中確定最大引用序列，這些最大引用序列 $L_k^{\max}$ 是那些沒有包含在其他任何大引用序列中的大引用序列，即 $L_k^{\max} \not\subset \forall L_i$，$i \neq k$，一個最大引用序列就是一條最常走過的路徑，也就是頻繁遍歷路徑。

頻繁遍歷路徑是滿足一定支援度（Support）的連續頁面序列，包含頻繁遍歷路徑的用戶會話的個數即為支援度，頻繁遍歷路徑的長度定義為包含的頁面數目。探勘關聯規則時所發現的頻繁項集，與探勘用戶瀏覽模式時所發現頻繁遍歷路徑之間有著顯著的區別：就是在頻繁遍歷路徑中，頁面必須形成一個連續的序列，而頻繁項集只是一個事務中項的集合，並沒有順序關係。

12.3.3 Web 內容探勘

Web 內容探勘是指從 Web 的文件內容或描述中抽取知識，它包括：從 WWW 上提取資訊的搜索引擎；從 WWW 上提取資訊的智慧搜索工具；Web 資訊結構化；HTML 頁面內容探勘。Web 內容探勘主要有兩種方式：

- 直接探勘文件的內容。
- 根據搜索引擎的查詢結果進行探勘。

按照所探勘內容的類型來劃分，Web 探勘分為 Web 文件探勘和多媒體探勘。

12.3.4 個人偏好建立模型

當用戶瀏覽 Web 站台時，相關的資料將會反映用戶的特徵。這些特徵包括人口統計特徵、心理特徵、技術特徵和條款特徵等。其中技術特徵是指使用者採用的作業系統、瀏覽器等等。條款特徵包括網路內容資訊和產品資訊等內容。分析這些資料可以幫助瞭解用戶的行為，進而為用戶提供個性化的服務。一般的瀏覽模式會追蹤那些透過sr使用記錄來瞭解用戶的訪問模式和傾向，以改進站台的組織結構。而個性化的使用記錄追蹤則傾向於分析單個用戶的偏好，其目的是根據不同用戶的瀏覽模式，為每個用戶提供特定的站台。

用戶偏好的 profile 的簡單形式可以表示為一個關鍵字的向量，即：

$$p_i = (T_{i1}, W_{i1}; T_{i2}, W_{i2}; \cdots; T_{in}, W_{in}) \qquad (12.10)$$

其中，T_{ij} 為表示用戶興趣的第 j 個關鍵字，W_{ij} 即為關鍵字 T_{ij} 在資訊文件中的權重。

系統可從用戶端直接或間接地得到反饋（Feedback）資訊，建立和修改 profile 資訊。直接反饋資訊也稱顯式反饋，顯式反饋可透過用戶註冊來獲取。用戶註冊時提交自己感興趣的資訊，從而獲得用戶初始的、相對固定的興趣主題。間接反饋資訊即隱式反饋，通常會針對用戶對他們所瀏覽的資訊所採取的行為來做自動計算的動作。一般來說，直接反饋常用於個人偏好模型的建立階段，用於創建用戶的profile資訊，而間接反饋則主要用於調整用戶的profile資訊，例如：增加新的資料、刪除舊的資料、修改資料的權值等。

一些智慧型的 Web 代理可以利用用戶的 profile 檔來查詢相關的資訊，然後再組織以及解釋這些被查詢到的資訊。還有一些代理則利用 Web 探勘技術來組織以及過濾檢索到的資訊。另外一些代理被設計成可以學習用戶的喜好，透過對用戶瀏覽事件的蒐集和分析去發現用戶導航行為——喜好，並利用這些喜好來為用戶找尋資源。

在 Web 使用探勘中，通常有兩種類型的群聚分析：使用群聚（即用戶群聚）和網頁群聚。用戶群聚主要是想把所有用戶劃分成許多組，具有相似瀏覽模式的用戶被分在一組。這類知識在為用戶提供個性化服務的應用中特別有用。而網頁群聚，則可以找出具有相關內容的網頁組合，這對網上搜索引擎及提供上網幫助的應用很有用。但上述兩類應用都只能根據用戶的查詢或過去的資訊向用戶推薦相關的資訊。

12.4 文件和 Web 探勘的應用

Web 探勘具有廣闊的應用領域，如站台最佳化、頁面推薦、電子商務網站廣告放置及產品推薦、用戶分類和個性化服務等等。

12.4.1 文件分類

文件分類是一個有指導性的學習過程，它根據一個已經被標記的訓練文件集合，找出文件屬性和文件類別之間的關係模型，然後利用這種學習得到的關係模式對新的文件進行類別判斷，就可以更制式化地對文件分類過程進行描述。假設一組文件概念類 C 和一組訓練文件 D，客觀上，會存在著一個目標概念 T：

$$T: D \rightarrow C$$

這裡，T 將一個文件實例映射為某一個分類。對 D 中的文件 d，$T(d)$ 是已知的。透過有指導地對訓練文件集的學習，可以找到一個近似 T 的模型 H：

$$H: D \rightarrow C$$

對於一個新文件 d_n，$H(d_n)$ 表示對 d_n 的分類結果，文件分類的訓練學習就是尋找一個與 T 相似的 H。

因此，文件分類的過程分為以下兩個階段：

(1)建立分類模型。
(2)使用分類模型來進行分類。

建立分類模型就是文件分類器的訓練階段，演算法的主要步驟如下：

(1)定義文件概念類 C 的集合。

(2)輸入訓練文件集 D。D 中文件 d_i 標記為概念類 C 中某一類 c_j。
(3)計算概念類 C 中每一個類 c_j 的特徵向量 $V(c_j)$。

分類器訓練完畢後，即可使用分類模型來進行分類，演算法的主要步驟如下：

(1)計算每一個測試文件 d_i 的特徵向量 $V(d_i)$。
(2)計算文件 d_i 的特徵向量 $V(d_i)$ 和每一個類 c_j 的特徵向量 $V(c_j)$ 間的相似度。
(3)相似度最大的類別將標記為測試文件所屬的類別。

一般使用召回率（Recall）和精準度來衡量文件系統的效果。召回率為類別中正確分類的文件數與實際相關文件數之比例；精準度為類別中正確文件數與類別中文件數之比例。一個好的文件分類系統應該同時具有較高的召回率和精準度。

12.4.2 自動推薦系統

可利用使用者的profile來做資訊自動推薦系統。推薦系統的處理過程包括蒐集資訊、估計用戶的反饋（計算評價函數的值）、更新使用者的profile等等。系統可從使用者直接或間接地得到反饋資訊，並以此對profile進行修改。顯示反饋的價值是根據使用者在瀏覽了所推薦的網頁資訊後，所給出的具體數值。間接反饋通常由系統分析使用者針對推薦的資訊所採取的行為自動計算的。一般來說，直接反饋常用於使用者和推薦系統交互的早期階段，用於建立使用者的profile資訊，而間接反饋則主要用於使用者和推薦系統交互的後期階段。資訊的自動推薦過程通常是一個交互的過程，也就是學習→測試→學習的迴圈過程。推薦系統會從使用者與系統的交互過程中進行學習。推薦系統的行為，也就是決定是否要向使用者提供相關資訊的決策過程，取決於系統當前的狀態函數。

一般情形下，狀態函數 ϕ 定義為在當前狀態 S 下，採取行為 a 的機率 $\phi(S,a)$。在大多數情況下，推薦系統會選擇評價函數較高的資訊，推薦給使用者。但在給定機率的情況下，也會選擇少量評價函數值低的資訊推薦給使用者，以期發現使用者感興趣的屬於意料之外的資訊。

CHAPTER 13

資料探勘的應用和發展趨勢

隨著資料庫技術的不斷發展，資料庫系統中不斷引用新的資料模型，例如：擴充關係模型、面向物件模型、物件—關係模型和演繹模型。根據資料的特性又分為空間的、時間的、多媒體的、主動的和科學的資料庫。同樣地，這些對資料探勘技術也提出了新的要求，並指出了新的發展方向。

資料探勘未來研究方向和研究焦點之一就是對各種非結構化資料的探勘，例如：對文件資料、圖形資料、視訊圖像資料等的探勘。處理的資料將會涉及到更多的資料類型，這些資料類型也許會比較複雜，也有可能是結構比較獨特。

13.1 空間資料探勘

空間資料探勘是指去發現空間資料庫中的隱含知識、空間關係或其他沒有明確儲存起來的模式，空間資料探勘是從空間資料庫中，提取出隱含的、使用者感興趣的空間和非空間的模式以及普遍特徵等等。空間資料庫中有許多與關聯式資料庫不同的顯著特徵，空間資料不僅包含空間物件的非空間屬性，而且也描述了空間物件的空間屬性，例如：圖形拓樸資訊和距離資訊等等。因此，空間資料探勘具有一些自身的特點。空間資料探勘需要綜合資料探勘與空間資料庫技術。

空間資料探勘和傳統的地理學資料分析方法有著本質的區別，空間資料探勘通常在沒有明確假設的前提下去探勘資訊，而發現出事先未知的、有效的和實用的知識。

13.1.1 空間資料庫

空間資料庫是一種重要的、特殊的資料庫，地理資訊系統（GIS）是空間資料庫發展的主體。空間資料包括資源、環境、經濟和社會等領域中一切帶有地理座標的資料。空間資料主要呈現部分是地形、地貌、水系、地物、植被等構成的自然地理資料，和由人文、教育、軍事、經濟、資源等構成的社會地理資料兩個主要方面所組成。空間物件是由空間資料類型及其空間關係所定義出來的。空間資料庫包含大量的空間和非空間屬性資料，例如：電子地圖、遙感圖像、CAD/CAM 圖形，以及任何經過Geo-Reference的物件等等。與一般的資料庫相比，空間資料庫的結構會比較複雜，例如：柵格和向量資料一般都存在著多種編碼方式，它有更加豐富和複雜的語義資訊，隱藏著豐富的知識。

在空間資料庫中，非空間屬性的資料通常儲存在普通的關聯式資料庫中，而點、線、多邊形等空間屬性資料則另外儲存，空間屬性和非空間屬性透過指標相連接，就是在非空間屬性資料中添加一個指向相關的空間屬性資料的指標。

目前最常用的空間物件表示方式是主題圖，它用來表示一種或多種屬性的空間分布狀態，其具體的表示方法有以下幾種：

(1)光域表示法：光域表示法將主題圖中的圖元直接與屬性相聯繫，例如：不同的

屬性值對應不同的圖元灰度值或顏色。

⑵向量表示法：向量表示法採用點、線、多邊形等幾何形狀來描述空間物件。

目前對空間特性的資料處理方法主要有以下幾種：

⑴框架法：將空間作為框架，同一區域範圍內不考慮空間要素。

⑵統計法：利用空間統計方法，探討空間分布的特徵。

⑶變換法：將空間要素轉化為一維屬性要素參與分析。

⑷因數法：空間要素作為屬性要素的乘積因數。

13.1.2 空間資料探勘發現的知識類型

空間資料探勘發現的知識主要包括空間的關聯、特徵、分類和群聚等規則，一般表現為一組概念、規則、法則、模式、方程式和約束等的集合。例如：在GIS資料庫等空間資料庫中，探勘發現的主要知識類型有以下幾種：

1. 空間關聯規則

空間關聯規則指空間物件間相鄰、相連、共生、包含等關聯關係。例如：村落與道路相連、道路與河流的交叉處是橋樑等。空間關係除了空間物件間相鄰、相連、包含等拓樸空間關係，還包括：順序空間關係、方位關係或度量空間關係，如物件間的距離等。

2. 空間群聚規則

空間群聚規則是指特徵相近的空間物件群聚的規則。例如：將距離很近的散布的居民點，群聚為居民區。

3. 空間特徵規則

空間特徵規則指的是一類或幾類空間物件的普遍特徵，是共同性的描述，例如：空間物件的大小、數量和形態等。

4. 空間區分規則

空間區分規則是指利用多種空間物件之間的不同特徵，即可以用來區分物件。空間分布規則是主要的空間區分規則。空間分布規則指空間物件在空間的垂直、水平或垂直一水平分布規律。

5. 空間演變規則

空間演變規則是指空間物件依照時間的變化規則。當空間資料庫是時空資料庫或存有同一地區不同時間的歷史資料時，將可以探勘出具有時間約束的空間序列規則。空間序列規則可以根據資料隨時間的變化趨勢來預測將來的值。

13.1.3 空間資料探勘方法

空間資料的特點具有一系列的方法模型，每一個模型都有自己的特點和適用範圍。空間資料探勘常用的方法有以下幾種：

1. 空間統計學分析

空間統計學依照有序的模型來描述無序事件，根據不確定性和有限資訊的分析、評價和預測空間資料。它主要運用空間自協方差結構、變異函數或與其他相關的自協變數或局部變數值的相似程度實現基於不確定性的空間探勘。但是，空間統計學的資料不相關假設在空間資料庫中往往難以滿足。當實際資料互相依賴時，將會影響分析的結果。

2. 空間資料歸納

空間資料歸納會在一定的知識背景下，對資料進行概括和綜合，從大量的空間資料中歸納出一般的規則和模式。歸納法需要的背景知識通常使用概念樹的形式。在空間資料庫探勘中，概念樹通常分為屬性概念樹和空間關係概念樹兩種。背景知識通常由使用者提供，有時候也可以從資料探勘任務的一部分自動獲取。

3. 空間資料群聚

空間資料群聚分析主要是根據空間物件的特徵對其進行群聚，按照一定的距離或

相似測度在空間資料集中識別出群聚或稠密分布的區域，將資料分成一系列互相區分的簇，以期從中發現資料集的整個空間分布規律和典型模式。

4. 空間資料關聯規則

Koperski 將事務資料庫的關聯規則擴展到空間資料庫，用來發現空間資料間的關聯規則。該方法採用一種逐步求精的方法來計算空間謂詞，首先會在一個較大的資料集上用 MBR 最小邊界矩形結構技術，針對粗略的空間進行近似空間運算，然後在裁剪過的資料集上進一步改進探勘的品質。

5. 空間趨勢分析

空間趨勢分析是指從起始物件開始，隨著距離的增大，一個或幾個非空間屬性有規律的變化。Easter 提出這樣的方法，就是將一個空間特徵定義為空間資料庫中具有空間／非空間性質的目標物件集，並以非空間屬性值出現的相對頻率和物件類型出現的相對頻率作為興趣度度量標準，並提出了基於鄰域圖（Neighbourhood Graphs）和鄰域路徑（Neighbourhood Path）概念的探勘演算法。該演算法會從一個起始點出發，去發現一個或多個非空間屬性的變化規律。

空間實體可以是點或由點擴展得到的線、面等等，因此可以用點集來統一表示。假設 SDB 是一個空間資料庫，neighbour 表示某種鄰域關係。$G=(N, E)$ 是空間資料庫中的物件按照鄰域關係所產生的鄰域圖，其中節點集合 $\{N=o_i|o_i \in \text{SDB}\}$，邊集合 $N=\{(o_i, o_j)|(o_i, o_j \in \text{SDB}) \wedge (\text{neighnbour}(o_i, o_j)=\text{true}), i \neq j\}$。如果對所有的 $o_i \in M$（$1 \leq i \leq k$）而言，neighnbour (o_i, o_{i+1}) 皆成立的話，則稱節點序列 $\{o_1, o_2, \cdots, o_k\}$ 是一條鄰域路徑，節點數 k 稱為鄰域路徑的長度。

空間趨勢分析又可分為全域趨勢分析和局部趨勢分析。全域趨勢表示沿著空間物件的所有鄰域路徑方向的變化模式。全域趨勢分析從起始物件開始，每次產生長度同樣為 k 的所有鄰域路徑，之後對這些路徑上的物件所對應的屬性值進行一次迴歸分析，如果產生的趨勢可信度大於等於最小可信度，則下一次就再從起始物件開始，同時產生長度為 $k+1$ 的所有鄰域路徑。如此遞迴執行，直到達到最大路徑長度或趨勢可信度小於最小可信度為止。而局部趨勢則是沿著某一個特定鄰域路徑方向的變化。局部趨勢分析會從起始物件開始，對每條長度大於最小路徑長度的鄰域路徑進行一次迴歸分析，若產生的趨勢可信度大於最小可信度，則繼續延伸該路徑，直到達到最大路徑長度或趨勢可信度小於最小可信度為止。

相較於一般資料探勘，空間資料探勘通常包含尺度維度（Scale Dimension）。在尺度維度上，表達了空間資料由細到粗多比例尺或多解析度的幾何變換過程。尺度越小，對空間目標表達得就越精細；尺度越大，則對空間目標表達得越粗略。面向尺度的操作，就是對空間資料由細到粗的計算、變換、概括和綜合的過程。

13.2 圖像檢索和探勘

傳統的資訊檢索主要是指文件的檢索。而隨著多媒體技術應用的普及，人們對多媒體資訊的檢索需求也就隨之而來，因此圖像的檢索也就成為了研究的熱門之一。

圖像的檢索方法通常分為以下兩類：

- **根據標註來檢索**：對所有的圖像進行關鍵字標註，然後按照關鍵字進行檢索。
- **根據圖像特徵來檢索**：按照圖像自身的特徵進行檢索，例如：顏色、紋理、形狀及圖像的語義特徵等等，當然檢索前會先根據這些特徵建立索引。

隨著網際網路（Internet）的廣泛應用和資料探勘技術的推廣，多媒體資料探勘是目前國際上資料庫、多媒體技術前端的研究方向之一，是資料探勘的一個新興且富有挑戰性的領域。

13.2.1 根據內容來檢索

根據圖像內容來檢索的系統主要包含兩個部分：

- 圖像特徵的取得。
- 分析圖像特徵並進行檢索。

由於根據標註來檢索的過程需要較多的人工參與，而且不同的人對於同一張圖像的理解也不相同，這就導致對圖像的標註沒有一個統一的標準，因此一個理想的圖像檢索系統應該根據對圖像內容的理解。圖像理解包括圖像的內容語義及上下文聯繫。

圖像的查詢本質上是一種基於內容的近似匹配。將查詢特徵與特徵庫中的特徵按

照特徵之間的距離函數來進行相似匹配。滿足一定相似性條件的一組候選結果，依照相似度大小排列後傳回給使用者。

在這種基於內容的檢索系統中，通常有兩種查詢：基於圖像樣本的查詢、圖像特徵描述查詢。基於圖像樣本查詢是指找出與給定圖像樣本相似的圖像。查詢時從樣本中取出特徵向量，與已經取出並在圖像資料庫中索引過的圖像特徵向量進行比較，找出空間距離最近的向量，也就是找出相似的圖像。圖像特徵描述查詢就是指給出圖像的特徵描述或概括，把其轉換為特徵向量，與資料庫中既有的圖像特徵向量進行匹配，找出最相近的圖像。

13.2.2 圖像資料庫探勘

如何透過內容對物件進行搜尋和檢索主要依賴於物件內容的表示法，也就是選擇的特徵表示及使用的相似度標準。為了對多媒體資料進行有效查詢和管理，解決多媒體資料模型、資料表示和資料儲存管理問題，應該對多媒體資料進行特徵抽取和知識探勘的處理，例如：多媒體資料的顏色、紋理、形狀、關鍵字、空間特徵和元資料等等。

紋理是識別不同圖像的重要的特徵之一，可用於不同表面和其他資訊，包括形狀和運動等的區分，並且可以反映一些抽象概念，例如：均勻性、密度、粗糙程度、規則性、方向、頻率等等。多媒體資料探勘要求特徵庫能支援複雜的資料結構、事務，還能定義面向特定應用的非標準操作。

多媒體資料的複雜性使得大多數現有針對數值型結構化資料的資料探勘方法不能直接用於多媒體資料探勘。多媒體探勘的常規策略是將有效的多媒體資料庫技術與現有資料探勘技術相結合：首先對多媒體資料進行特徵抽取，再利用資料工具，從特徵資料中探勘出潛在知識。

與一般探勘方法相比，圖像資料當出現多個物件時，將會產生空間關係。空間關係指的是物件之間的距離、方向關係和拓樸關係。兩個相離或相切的物件具有方向關係，其餘方向關係為其拓樸關係。方向關係包括：左、右、上、下、前、後；東、南、西、北、西北、東北、西南、東南；前、後也可與其他方向關係組合，如左前等等。拓樸關係包括相離、相切、重合、相交、內含、內含於、覆蓋、被覆蓋等。

此外，包含多個重複出現物件是圖像分析中的一個重要特徵。在經典的啤酒和尿布問題中，顧客關於啤酒和尿布到底各買多少並不是問題的關鍵，重點是考察它們之

間的關聯，而圖像分析則不同，一幅肖像有一個、兩個或多個眼睛，可是都不一樣，一個眼睛可能是機器人，兩個眼睛可能是普通人類，而多個眼睛可能是怪物。

把圖像作為事務，將物件（或子區域）的特徵描述集作為項集，也就是物件的特徵作為項目，並引入反映物件而不是圖像的度量，也就是允許項目在規則中重複地出現，因此則可得到下述兩種類型的多媒體關聯規則：

- 基於原子視覺特徵、帶有重複視覺描述的基於內容的多媒體關聯規則。
- 與空間關係相關的帶有重複空間關係的多媒體關聯規則。

允許項目在規則中重複出現的關聯規則，稱為帶有重複項的關聯規則。

13.3 時間序列和序列檢索

序列模式是由 R. Agrawal 於 1995 年首先提出的。序列模式尋找的是事件之間在順序上的相關性。例如：「凡是買了噴墨印表機的顧客，80%的人在三個月之內會再買墨水匣」，就是一個序列關聯規則。序列模式探勘在很多領域具有廣泛的應用前景，例如：交易資料庫分析、Web 訪問日誌分析及通信網路分析等領域。

時間序列的資料庫內某個欄位的值是會隨著時間而不斷變化的。時間序列資料是序列資料的一種特殊形式，序列資料庫中既可以包含時間屬性，也可以不包含時間屬性。有關時序和序列資料探勘的研究內容包括：趨勢分析、在時序分析中的相似度搜索、與時間相關資料中序列模式和週期模式的探勘等。

13.3.1 序列模式分析

序列模式分析和關聯模式類似，其目的也是為了探勘資料之間的關聯性，但序列模式分析的重點在於分析資料間的前後序列關係。在進行序列模式分析時，同樣需要用戶輸入最小可信度和最小支援度。

序列模式探勘問題的制式化描述如下：

假設DB是一個資料序列的集合，資料序列記為（Seq_ID, Trans_List），其中Seq_ID 代表序列識別，Trans_List 代表事務列表。Trans_List=(Trans s_1, Trans s_2,⋯, Trans

s_n)，Trans = (trans-time, Itemset)，其中trans-time代表交易時間，Itemset是一個項目集。列表中的事務按照事務發生的時間作升冪排列。序列s記為($s_1, s_2,\cdots, s_n$)，s_k($k = 1, 2,\cdots, n$)代表一個專案集，並表示一個長度為n的序列。若s包含在一個資料序列中，則稱該資料序列支援。一個序列s的支援度$sup\ p(s)$記為所有包含s的資料序列的總數與DB 中的資料序列總數之比。若$sup\ p(s)$大於等於最小支援度$_{\min}sup\ p$，則稱為頻繁序列或序列模式。序列模式探勘就是找出DB 中所有頻繁序列的集合。

假設$S_1 = (s_{11}, s_{12},\cdots, s_{1n})$和$S_2 = (s_{21}, s_{22},\cdots, s_{2m})$分別為兩個序列，如果存在整數$i_1 < i_2 < \cdots < i_n$，使得對於所有$s_{1j} \subseteq s_{2i_j}$，則稱$S_1$是$S_2$的子序列，記為$S_1 \leq S_2$。如果$S_1$是$S_2$的子序列，但$S_2$不是$S_1$的一個子序列，則稱$S_1$是$S_2$的一個真子序列，記為$S_1 < S_2$。如果一個序列不是任何一個其他序列的子序列，則稱該序列為最大序列。

13.3.2 時間序列資料

時間序列是一種非常廣泛也非常重要的資料，例如：電腦系統中的日誌記錄。可以抽象地把這個記錄看成是事件的一個序列，每個時間有對應的產生時間。時序資料庫是指隨時間變化的序列值或事件組成的資料庫，它的值通常是等時間間隔所測出的資料。

對原始時間序列資料進行某種合適的高級資料表示之後，可以將長序列分割成不重疊的有序的子序列集合，然後根據不同的應用，對此集合進行群聚分析、分類、索引或探勘相關規則。

時間序列分析是利用過去的值來預測未來的值。這些值的區別是變數所處時間的不同。時間序列模式尋找的是事件之中時間上的相關性，例如：對股票漲跌的分析。

13.3.3 趨勢分析

資料探勘能從資料集中發現潛在的預測資訊。因此，平常需要依賴專家的經驗和知識來進行分析的問題，現在卻可以直接從資料中找到答案。趨勢變化的資料序列就可以反映一般的變化方向。

對於一組序列資料($x_1, x_2, x_3,\cdots$)可採用n階移動平均值來計算序列的趨勢，即：

$$\frac{x_1+x_2+\cdots+x_n}{n},$$
$$\frac{x_2+x_3+\cdots+x_{n+1}}{n},$$
$$\frac{x_3+x_4+\cdots+x_{n+2}}{n}$$
$$\vdots$$

移動平均值計算可以減少資料集中的波動。

13.3.4 時序分析

時序分析根據時間序列型資料，由歷史的和當前的資料去推測未來的資料，因此可以將時序分析看做以時間為關鍵屬性的關聯分析。

時間序列採用的方法，一般是在連續的時間流中截取一個時間視窗（一個時間區段），區段內的資料作為一個資料單元，然後讓這個時間區段在時間流上滑動。例如：使用前 5 個月的資料來預測第 6 個月的值，這樣就建立了一個區間大小為 6 的區段。

時間序列相似模式匹配就是從時間序列資料集中找出與已知模式序列相似的序列或子序列。時間序列資料相似性查詢有許多應用，例如：用來識別具有相似增長模式的公司；確定帶有相似銷售模式的產品；發現具有相似股價波動的股票等。

一個好的相似模式匹配（或搜索）方法應該滿足一些要求：演算法應該是有效的，而且演算法不受查詢序列長度變化的影響，與序列的相對位置無關，支援幅度伸縮等。

一個時間序列資料的採樣點的個數稱為維數。一般來說，原始時間序列資料的採樣點較多，也就代表維數較高。一方面由於時間序列資料的維數往往較高，另一方面又由於時間序列資料庫往往較大（也就是時間序列的個數較多），因此一部分相似模式搜索的研究工作會著重於如何加快相似性搜索的進程。其中一種比較有效的方法就是先對原始序列進行預先處理（或變換），以降低時間序列的維數（就是維數縮減過程），然後再用其他方法於變換後的時間序列中進行相似性的發現。

下面為根據歐基里德距離所算出的相似標準：

已知一個閾值ε，兩個有相同長度 n 的時間序列 $\overline{X}$ 和 $\overline{Y}$，在滿足以下條件情況下，稱 $\overline{X}$ 和 $\overline{Y}$ 是相似的：

$$D(\overline{X}, \overline{Y}) = \sqrt{\sum_{i=0}^{n-1}(y_i - x_i)^2} \le \varepsilon$$

同樣地，我們可以定義平移相似，也就是序列的每個值減去序列的平均值，得到一個新的序列，再求新序列間的歐基里德距離，即：

已知一個閾值ε，兩個有相同長度 n 的時間序列，在滿足以下條件情況下，稱 $\overline{X}$ 和 $\overline{Y}$ 是 L—平移相似的：

$$D_L(X, Y) = \sqrt{\sum_{i=0}^{n-1}[(y_i - x_i) - (y_A - x_A)]^2} \le \varepsilon$$

這裏，x_A 和 y_A 分別為序列 $\overline{X}$ 和 $\overline{Y}$ 的平均值。

13.4 隱私面臨的挑戰

當我們可以在不同的角度和不同的層次上看到資料庫中的資料時，就有可能與保護資料的安全性和保護私人資料的目標相牴觸。例如：根據某用戶的信用資訊就可以瞭解許多有關該用戶的其他個人資訊。當客戶感覺到他們的個人資訊被非法授權使用時，他們會感到他們的個人隱私受到了嚴重侵害。因此在什麼情況下資料探勘將導致對私有資料造成侵犯，和採用何種措施來防止敏感資訊洩露的研究，就顯得非常重要。

資料探勘所使用的資料及探勘的結果有可能用於不道德的目的。為了防止資料被濫用，對於資料的蒐集、使用、處理和發布，以及資料的精確性和資料安全性等都有一定的要求。一旦應用了在安全和隱私上有特殊限制的資料，那麼相對應的資料探勘在安全和隱私上也就繼承了同樣的限制。

在蒐集和使用資料之前，應該告知用戶所蒐集的資料的內容，解釋為何要蒐集這些資料，以及資料的使用目的和使用範圍，而且用戶也有權拒絕這種資料蒐集的行為。企業必須對所蒐集的資料的安全負責，防止用戶的個人資訊被竊取、洩露或非法修改，並應該避免自身或第三方超出用戶許可的範圍來使用這些資料。更進一步地說，當用戶決定收回企業所蒐集資料的部分或全部使用權利時，企業也應該滿足用戶的要求，並提供相對應的機制來保證這種要求能得到滿足。

資料探勘的許多應用往往受到法律和倫理的制約。例如：人種、宗教、性別、人員所受教育程度等，在資料探勘應用中通常是一個禁忌的話題。因此，許多國家的政府已介入此事，並對允許做什麼、禁止做什麼等都制定了明確的條例，並且隨著時間的推移，陸續有新的標準出現。由於文化背景、社會體制的差別，許多國家都有不同的規定。但一般來說，許多歐洲國家關於資料探勘在隱私上的限制要比美國嚴格得多。

CHAPTER 14

商業智慧解決方案實例分析

商業智慧（Business Intelligence，簡稱 BI）的概念最早是由 Gartner Group 於 1996 年提出來的。當時將商業智慧定義為一種由資料倉儲、查詢報表、資料分析、資料探勘、資料備份和恢復等技術所組成的，以幫助企業決策為目的。

商業智慧是一種以大量資訊為基礎的提煉和重新整合的過程，這個過程與知識共用和知識創造緊密結合，以完成從資訊到知識的轉變。

14.1 商業智慧概述

當今的企業環境處在劇烈的變遷之中，這些變化直接影響著企業進行運作的方式。為了在競爭中取得優勢，因此需要將資料轉化為有用的商業智慧。市場競爭日益激烈，也因此需要快速訪問資料，以便能夠快速支援決策的資訊。

隨著電腦業務系統的普及，業務資料量急劇增長。事實上，每兩、三年資料就會加倍。資訊系統如果只是做到資料的儲存和檢索，將無法在競爭中獲得優勢，因此，需要從大量的業務資料中發現潛在的、有用的資訊。

14.1.1 傳統資訊系統的不足

傳統的資訊系統是屬於業務操作的線上事務處理系統，而分析型系統則屬於企業的決策分析。這兩種所處理的目標、所處理的資料及所涉及的技術上都有很大的不同。因此傳統的資訊系統不適用於分析處理，主要有以下原因：

1. 無法保證一致性

無法保證不同業務系統之間的資料的一致性，因為不同業務系統的資料雖然初始來源可能相同，但由於不同系統的資料的抽取標準、抽取演算法等通常都不同，而且資料在這些系統中也有不同的演化路徑，這會導致資料在不同系統間的不一致，因此而降低了資料品質。同樣地，這也可能降低分析結果的可信度。

2. 靈活性不足

傳統的企業資訊系統的報表類型和格式通常是固定的，無法靈活修改，而業務需求也經常發生變化，因此傳統的資訊系統需要花費大量的人力和物力來修改報表查詢系統。因此資料處理的效率很低，也難以將資料轉化為資訊。

3. 訊息孤島

業務系統每天蒐集大量的資料。但是不幸的是，根據最近的調查指出，93%以上的資料在商業決策過程中都是不可使用的。各個業務系統之間沒有使用資料同步和資

料共用，這樣不僅降低了資料的使用率，而且可能還會造成資料產生不一致性。

由於各業務系統資料來源是一個個資訊孤島，業務人員和資訊技術人員往往要在不同的系統中從事類似的工作。

業務系統中只儲存了與特定業務相關的資料，而沒有與決策問題有關的資料，更沒有決策分析系統所需的公共資料和 Third-party 資料。

4. 無法滿足決策分析的需要

傳統的企業資訊系統主要偏向線上事務處理方面，因此以資料為當前狀態的快照（Snapshot），通常無法保存歷史資料。因此，統計分析資料就沒有一個統一的時間基準，根據不同時間取得的資料來進行分析決策，結果肯定將大相徑庭。

決策分析通常所需的是偏向主題的高層次匯總資料。因此，操作型業務系統中的詳細資料通常不能滿足決策分析的需求。

企業進行決策分析所涉及的資料往往是整個企業範圍累積的大量資料，甚至包含一些 Third-party 資料和公共資料，這些資料通常分布在不同的業務系統中，並且這些業務系統往往採用了不同的技術。因此，決策分析往往：

- 需要編寫大量的程式。
- 每個程式都需要定制。
- 程式涵蓋了公司採用的所有技術。

由於企業的決策行為和決策需求是不斷變化的，因此以上這些繁雜的工作需要周而復始地進行。

複雜的決策查詢可能需要運行數小時甚至數十小時，這將嚴重地打擊日常業務系統的運行。操作型應用系統的資料結構、內容和應用與分析型應用迥然不同。因此，在這些原有的資訊系統上進行決策分析不僅無法很好地進行分析，而且會大大降低原有的應用系統的性能。

14.1.2 什麼是商業智慧

BI 將資訊轉換為知識。商業智慧是在正確的時間將正確的資訊交給正確的用戶，以支援決策過程的應用。

業務決策者透過商業智慧對企業資料進行分析，利用過去的資料來預測未來，也就是透過歷史資料去發現趨勢。從本質上來說，商業智慧並不是一門新技術，它是根據既有的技術組合而成的。IDC 將商業智慧定義為下列軟體工具的集合：

- **終端用戶查詢和報告工具**。專門用來支援初級用戶的原始資料處理，不包括適用於專業人士的成品報告產生工具。
- **OLAP 工具**。提供多維資料管理環境，其典型的應用是對商業問題的模型建立與商業資料分析。OLAP 也被稱為多維分析。
- **資料探勘（Data Mining）軟體**。使用那些例如：神經網路、規則歸納等技術，來發現資料之間的關係，根據資料做出適當的推斷。
- **資料市場（Data Mart）和資料倉儲（Data Warehouse）產品**。包括資料轉換、管理和存取等方面的軟體，通常還包括一些業務模型，例如：財務分析模型。
- **主管資訊系統（EIS, Executive Information System）**。

企業機構就是利用上述軟體工具在統一的 BI 平台上建立所需的企業範圍內的商業分析，因此 BI 的本質就是解決方案。

14.2 商業智慧系統的處理流程和框架

14.2.1 商業智慧系統的處理流程

採用第 2 章所談到的資料處理技術，將多個業務資料庫的資料整合到資料倉儲中；再根據資料倉儲，來進行報表查詢、多維分析和資料探勘等動作。整個流程如圖 14-1 所示。

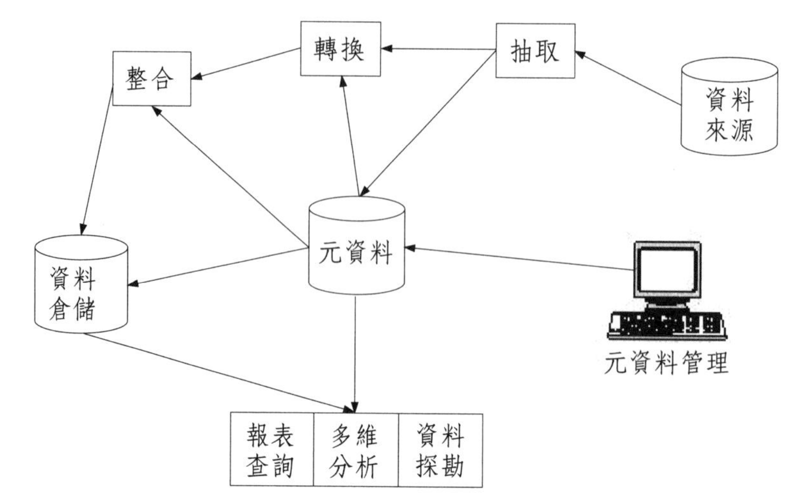

圖 14-1　商務智慧系統的處理流程

14.2.2 商業智慧系統的框架

商業智慧系統由三個子系統組成，即：資料預先處理子系統、資料倉儲子系統、根據資料倉儲的商業智慧應用子系統，如圖 14-2 所示。

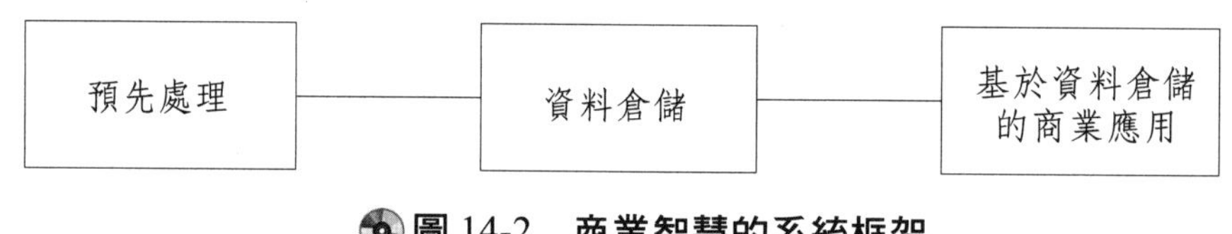

圖 14-2　商業智慧的系統框架

14.3 商業智慧解決方案

IBM提供了全面的商業智慧解決方案，包括前端工具、線上分析處理工具、資料採勘工具、企業資料倉儲、資料倉儲管理器和資料預先處理工具等。IBM商業智慧的基礎架構如圖 14-3 所示。

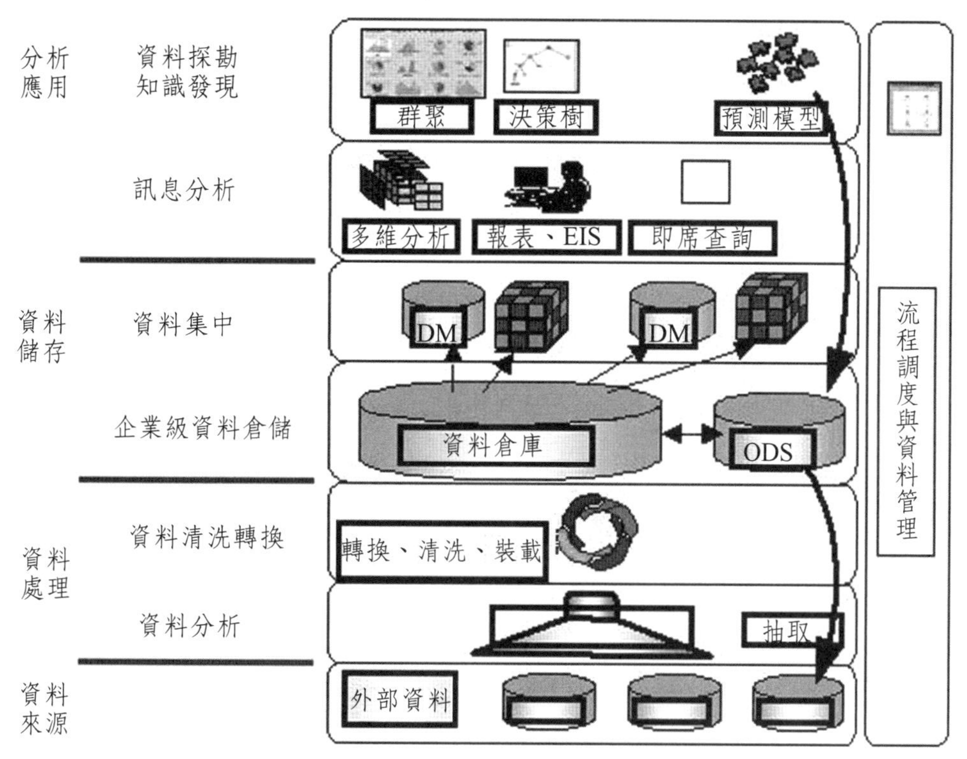

圖 14-3　IBM 商業智慧基礎架構

14.3.1 概述

IBM商業智慧解決方案可以運作在IBM或非IBM平台上，包括UNIX、Windows、Linux、AS/400、OS/390 等。IBM 商業智慧解決方案的架構如圖 14-4 所示。

14.3.2 資料倉儲

資料倉儲用來取得、整合、分布、儲存有用的資訊。資料倉儲不僅僅是資料的儲存倉庫，更重要的是它提供了豐富的工具來清洗、轉換和從各來源取得資料，使得資料倉儲中的資料進行了預先處理和格式化的過程，而易於使用。IBM在資料庫技術的研究方面一直處於領導地位。1970 年，IBM 研究中心的 E. F. Codd 提出了關聯式資料庫模型，緊接著 IBM 研究中心研發了第一個關聯式資料庫 SYSTEM R 和 SQL 語言。下述的這些 DB2 UDB8.1 技術進行進一步地增強了大型資料倉儲和線上分析的功能。

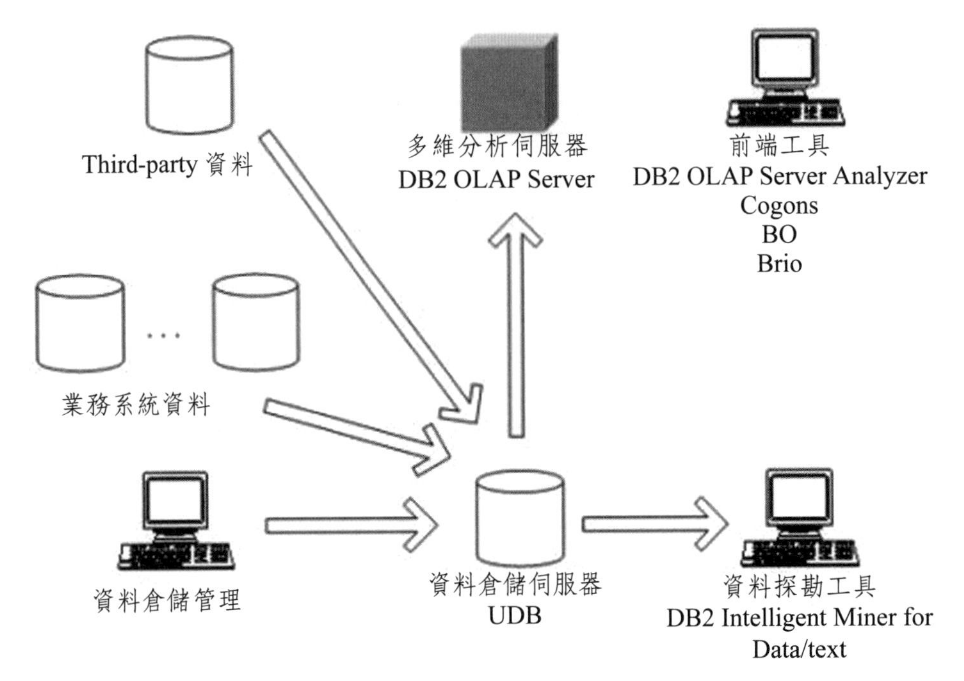

圖 14-4 IBM 商業智慧解決方案

1. 智能分區和並行查詢

有兩種類型的並行模式：分區內並行和分區間並行，UDB 支援這兩種並行機制。分區內並行指的是能夠將一個查詢細分為多個部分。這種類型的並行會將那些所謂的單一資料庫的操作細分為若干部分，例如：建立索引、資料庫載入或是 SQL 查詢，然後在一個資料庫分區內並行地執行其大多數或者全部動作。分區內並行最適合用於對稱多處理器（SMP）系統。

分區間並行指的是將一個查詢細分為多個部分，然後在一台機器或多台機器上的分區資料庫的多個分區中並行處理，分區資料庫可以在一台機器上，也可以在多台機器上，這個查詢是並行執行的。分區間並行最適合利用大規模並行處理（MPP）系統。

同樣地，共有兩種類型的並行查詢：查詢間並行和查詢內並行。

- **查詢間並行**：指的是多個應用程式可以同時查詢一個資料庫。每一個查詢獨立於其他查詢執行，但是DB2 會同時執行它們。DB2 一直都支援這種類型的查詢。
- **查詢內並行**：指的是利用分區間並行或者分區內並行，將一個查詢分為幾部分同時執行。使用查詢內並行，DB2 最佳化過程可將一個複雜的查詢拆分為幾個小部分，同時執行。

在並行環境裏，DB2 的最佳化會考慮不去真正執行一個完整的查詢，而是將這個查詢拆分為不同的部分（也稱為查詢分解）。DB2 的最佳化還會考慮到將不同的操作組發送到不同的程序或執行組中執行。這些部分叫做查詢子句（SSP），一條 SQL 語句由一個或多個查詢子句所組成。

一個查詢子句是一個或多個資料庫操作序列，它們屬於同一個 SQL 查詢，這個 SQL 查詢完成整個查詢的處理部分。一個查詢子句必須在一個 DB2 的程序或執行組內執行。一個查詢子句也可以從其他 DB2 的查詢子句接收資料，也可以將資料傳給其他查詢子句，或者把資料傳回給用戶。而最佳化還能夠複製查詢子句以加快處理的過程。

2. 超級分組

DB2 UDB 8.1 為線上分析處理提供了強大的預設的超級分組（Super Grouping）功能。單個的資料操作中可以進行多個不同聚合層次的查詢。這個特點可用來形成基於不同分組標準的聚合資料。藉由使用 Grouping Sets，使用者可以在查詢中增加一個總計數。該總數可以透過在分組集列表中添加總計數分組來計算。在一些特定的分組中，有些列值並不存在，而一旦創建了分組之後，空值就會加到這些列表中。在有些情況下，分組函數中使用的資料會包含空值。在這種情況下，區分空值和分組產生的空值是很重要的。DB2 中的分組 Grouping 就能夠識別分組產生的空值。

分組集合可以使用戶在單個的資料操作中產生多個不同層次的聚合。但是，用戶需要指定他想要的每個分組。有時用戶需要創建一個報表，該報表 j 用戶需要分組的每一列的總合。這就需要一個超級分組功能，如 Rollup。Rollup 分組可以在單個資料操作中產生多個分組。這將允許用戶考察不同級別的聚合，就好像用戶創建了一個改變報表的控制器一樣。

Cube 操作生成分組列表中分組的所有組合。Cube 操作的分組列表中的分組，將進行排列組合產生列表中所有可能的分組，建立那些用來產生資料 Cube 的各種組合。獲取的多維資料可以從多個維度進行切片（Slice）和切塊（Dice），因此用戶可以對儲存在 DB2 中的資料進行多維分析。

14.3.3 資料倉儲管理

DB2 資料倉儲中心集合了需要建立、管理、控制和存取資料倉儲的各種工具，方便、快捷的圖形化管理簡化了進行資料倉儲建立、開發和部署的過程。DB2 資料倉儲中心提供了控制查詢、分析開銷、管理資源及追蹤使用情況的功能，滿足了用戶對查詢、存取和分析資訊的需求。使用 DB2 資料倉儲中心，可以為任何規模的企業產生需要的商業報表。

資料倉儲中心被包含在 DB2 UDB V8.1 之中，它提供了構造資料倉儲所需的抽取、變換和裝載等基本功能。除此之外，資料倉儲中心還提供了一個星型模式建構器和流程建模工具來簡化為終端用戶進行資料變換的過程。

資料倉儲中心支援多種資料來源，支援遵循ODBC的各種資料來源，因此可以靈活地定義資料來源、資料目標和資料移動演算法。

除了 DB2 資料倉儲中心提供的基本功能之外，DB2 UDB 中的資料倉儲管理器還提供了以下功能：

- 資料倉儲代理程式，這可以增強資料倉儲的功能，它主要負責管理來源資料倉儲和目標資料倉儲中的資料流程。
- 可以使用Java儲存過程和用戶自行定義的函數來進行高級資料變換，具體的功能包括清除資料、生成樞紐分析表、生成主關鍵字和週期表，以及計算各種統計資訊等等。
- 在內部包含了資訊目錄管理程式，可以引導用戶找到進行決策所需的相關資訊。
- 透過 DB2 Query Patroller 可以進行查詢控制和工作負載分配。
- 產生能夠滿足絕大多數企業需要的報表。

資料倉儲管理器透過對其他類型資料來源、其他類型資料倉儲、統計變換和包含的資訊目錄的支援擴展了資料倉儲中心的功能。

DB2 資料倉儲管理器還包括Information Catalog（資訊目錄），它可以幫助用戶尋找、瞭解和訪問可用資料。

資料倉儲所面臨的一個主要的挑戰就是需要對互相獨立的產品進行合併的動作，並建立一個完整的解決方案。合併過程中的一個障礙就是大量商業資訊工具之間缺少

公共資訊的通信標準。OMG 公共資料倉儲元資料交換（CWMI）組織正在對業界領先廠商提出的元資料標準進行審查和批准，其中這些廠商包括 IBM、NCR、Oracle、Hyperion 和 Unisys。該元資料標準將定義一個交換關係型資料庫模式資訊、多維模式資訊、資料倉儲過程資訊，以及其他資訊的通用方式。作為這一提議的共同發起人，IBM 和其他廠商承諾將在其產品中支援 CWMI 標準。IBM 的資料倉儲中心就完全遵循了 CWMI 標準。CWMI 建立在 UML 和 XML OMG 標準基礎之上。這些標準將有助於減少系統合併的工作量，並加快應用系統的部署。

14.3.4 資料清洗和轉換

1. 支援廣泛的資料來源

IBM 資料清洗和轉換工具支援了大量不同類型的資料來源。不僅對 IBM 產品資料來源和遺留系統，例如：DB2 for OS/390、DB2 400、VSM、IMS、DB2 for AIX、HP、SUN 等都有很好的支援，而且對其他廠商的產品也有很好的支援，甚至包括一些平面檔。IBM 支援所有具有 ODBC 介面的資料來源，如 Oracle、Sybase、MS SQL Server、Excel、SAP 等等。

2. 資料訪問、抽取和裝載

在 IBM 商業智慧解決方案中，可以根據需求，透過不同的產品訪問業務系統中的資料或外部資料，例如：IBM DB2 Information Integrator、IBM DB2 Connect、IBM Data Propagator、MQ Series 等。

IBM DB2 Information Integrator 以開放的、可擴展的資訊合併成框架，並將那些來自整個企業的內容和資料整合在一起，如此一來，用戶就可以透過簡單、一致的介面迅速查找並處理資訊，並對不同的分散式即時資料進行查詢、操作和合併動作。DB2 Information Integrator 產品系列則由兩個主要產品所構成：DB2 Information Integrator 和 DB2 Information Integrator for Content。DB2 Information Integrator 適於結構化查詢語言、XML 或其他以 RDBMS 為中心的應用程式和工具的環境。DB2 Information Integrator for Content 則支援多種資料來源和內容來源。包括：內容資料庫，例如：IBM DB2 Content Manager 系列和 FileNET；關聯式資料庫，例如：IBM DB2 UDB、Oracle、Lotus 和 Microsoft 電子郵件系統，以及來自檔案系統和 Web 的資訊。對非結構內容具有分散式資料查詢功能。

DB2 Connect提供了針對DB2家族的資料庫的查詢，提供了從Windows、OS/2和基於 UNIX 的平台到大型資料庫的連接，可以連接到 AS/400、VSE、VM、MVS 和 OS/390 上的 DB2 資料庫。

不同的應用系統可能使用不同的資料庫，但是當要將不同格式的資料整合在一起使用時，就幾乎找不到任何的解決方案。IBM 針對這個問題推出了 DataJoiner。DataJoiner 可以整合 IMS/DB、VSAM、DB2、Oracle、Sybase、Informix、SQL Server，以及任何支援 ODBC 標準的資料庫，讓使用者可以透過單一的 SQL 介面，存取這些不同格式的資料，開發應用程式的人員也只需要面對單一的程式介面（API），簡化開發跨資料應用程式的複雜性。

Data Propagator Relational 是 DB2 資料庫之間的複製工具，所有 DB2 家族系列的資料庫，都可以通過 Data Propagator Relational 互相複製。若是將 Data Propagator Relational與DataJoiner配合使用，則可以做到異構資料來源之間的複製動作。Data Propagator Relational 可以按照使用者定義的時間將資料的變動部分複製到其他資料庫，在複製的過程也可以對資料進行加工處理。

除了在資料倉儲管理器中定義資料抽取、轉換及裝載（ETL），IBM 商業智慧解決方案也支援 Third-party 的 ETL 工具，例如：Ascetical 的 ETL 工具 Datastage。

14.3.5 線上分析

業務人員往往希望從不同的角度來審視業務數值，比如說從時間維度、地域維度來看等等。DB2 OLAP Server 是由目前最先進的 OLAP 引擎 Hyperion Essbase Engine 與 UDB 相結合的產物。DB2 OLAP Server 是一個可伸縮的、強而有力的連線分析處理軟體，用戶可以透過它對企業的資料進行非常複雜的計畫和分析，並根據分析結果做出決策。

DB2 OLAP Server提供了從企業的業務角度來審視資料倉儲中的資料的快捷途徑，它具有靈活的資料導航能力。對於大量的使用用戶，DB2 OLAP Server 可以提供快速的查詢性能。此外，在 DB2 OLAP Server 中還包含了可以幫助用戶快速部署 Web 分析程式的工具，可以方便快捷地作出企業的電子商務戰略。

DB2 OLAP Server提供了開放的API介面。透過這些API，各種前端工具如Business Object、Cognos、Brio和Excel等可以使用DB2 OLAP Server。此外，DB2 OLAP Server

還支援兩種儲存方式：

- 多維陣列。
- 關聯式星型模式。

多維陣列是特別為OLAP設計的儲存結構。如果採用這種儲存方式，資料就不是直接儲存在資料表中，而是儲存在經過最佳化的多維陣列中。因為 OLAP Server 可以直接存取編碼壓縮後的資料。因此採用多維陣列模式，OLAP Server 的資料存取和計算效率都會很高。

DB2 OLAP Server 也支援關聯式儲存特性，也就是可以自動建立以及維護星型模式。如果採用這種儲存模式，就可以透過標準 SQL 來存取 OLAP 資料。

資料抽取和生成則可以自動地由規則和資料來源所支援，可以直接進入DB2 OLAP Server 的 Cube。

14.3.6 前端工具

IBM 商業智慧解決方案支援多種前端工具，例如：DB2 OLAP Server Analyzer、DB2 Spatial Extender、QMF for Windows、Lotus 1-2-3，以及 Third-party 工具 Cognos、Business Object、Brio、Crystal Report 等。

DB2 OLAP Server Analyzer 是一個簡潔、快速的多維分析圖形工具，具有豐富的表格和圖形表示，例如：直方圖、線圖、組合圖、餅形圖、堆積圖和離散點圖等等。DB2 OLAP Server Analyzer 不只支援用戶／伺服器方式，也支援基於瀏覽器介面的用戶端。

DB2 OLAP Analyzer 可以讓用戶利用分析和報表的功能來獲得他們所需的資訊，而不會失去對資訊、資料的完整性、系統性能和系統安全的控制。DB2 OLAP Analyzer 具有功能強大的報表。

14.3.7 資料探勘

IBM主要的資料探勘工具包括DB2 Intelligent Miner for Data、DB2 Intelligent Miner for Text、DB2 Intelligent Miner Scoring、DB2 Intelligent Miner Modeling、DB2 Intelligent

Miner Visualizing。其中 DB2 Intelligent Miner for Data 將在附錄中進一步介紹。

IBM Intelligent Miner for Text 可以從文件資訊中獲取有價值的資訊。文件資料來源可以是 Web 頁面、線上服務、傳真、電子郵件、Lotus Notes 資料庫和專利庫等等。Intelligent Miner for Text 擴展了 IBM 的資料獲取功能，可以從文件檔和資料來源獲取資訊。資料來源可以包括客戶 Feedback、線上新聞服務、電子郵件和 Web 頁面。其功能包括識別檔案語言，建立姓名、用語或其他辭彙的詞典，提取文本的涵義，將類似的文件檔分組，並根據內容將文件檔歸類。新版本中還包括一個全功能的先進文件搜索引擎和非常高效的 Web 文件搜索功能。

DB2 Intelligent Miner Scoring 延伸了資料庫的功能，並允許用戶可以即時部署資料探勘分析結果。用戶使用 DB2 Intelligent Miner Scoring 可以將資料分析和探勘合併到應用程式中，應用程式就可以按照一組用資料探勘模式表示的預定標準對記錄來計分。因此這些應用程式可以為業務和消費者用戶做出更好的服務，例如：提供建議、改變過去行為的業務步驟等等。

DB2 Intelligent Miner Scoring 是 DB2 的附加服務，是由一套用戶自定義類型（UDT）和用戶自定義函數（UDF）所組成，並延伸了 DB2 的資料探勘功能，可以將探勘應用模式的功能合併到 DB2 中了。使用 DB2 Intelligent Miner Scoring UDF 可以將特定類型的資料模型導入 DB2 的表格中，並運用這些模型來處理 DB2 中的資料。運用模型所得到的結果作為計分，並根據所用模型的類型來區別內容。

為了能讓探勘模型在不同應用程式之間能交換，DB2 Intelligent Miner Scoring 充分利用了由資料探勘程式開發組公布的預測模型標記語言（PMML）。PMML 是一種標準格式，它基於 XML 並提供了一個標準，讓不同供應商的應用程式可以共用資料探勘模型。使用 PMML 標準允許利用 DB2 Intelligent Miner for Data 建立的模型被非 DB2 的資料庫使用，而且 DB2 Intelligent Miner Scoring 同樣支援 ORACLE Cartridge Extenders。

使用 DB2 Intelligent Miner Modeling 可以在不導出資料和不借助樣本資料的情況下發現資料之間的關聯性。DB2 Intelligent Miner Modeling 對於 DB2 來說是一個高級的 SQL 延伸，能允許用戶在商業應用中直接使用資料探勘的各種模型。

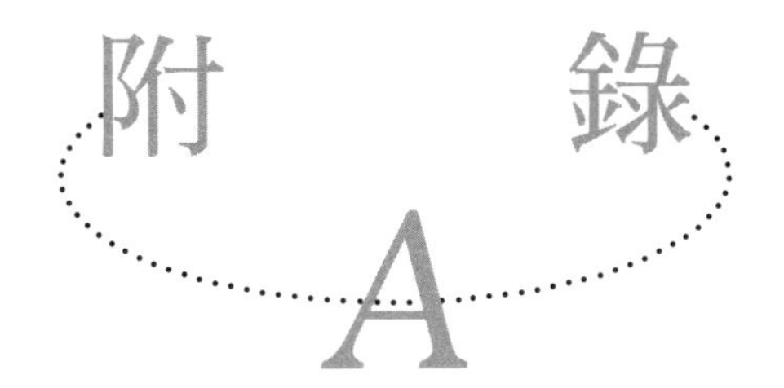

IBM DB2 Intelligent Miner 簡介

IBM 的資料探勘工具 Intelligent Miner 被評為業界最佳資料探勘工具。根據 IDC 的統計，Intelligent Miner 目前是資料探勘領域最先進的產品。IBM 的 Intelligent Miner 有一系列的產品，包括 Intelligent Miner for Data 和 IBM Intelligent Miner for Text。下面就以 Intelligent Miner for Data 為例，來介紹其功能和使用方式。

A.1 DB2 Intelligent Miner 功能簡介

IBM的資料探勘產品可提供一系列完整的資料探勘技術及功能，用於解決各類業務的需求。DB2 Intelligent Miner具有豐富的資料準備功能、有效的統計分析功能和強大的資料探勘功能。

與其他的資料探勘工具相比，Intelligent Miner for Data 提供了更為豐富的資料準備功能，以便獲得更好的探勘效果，例如：匯總功能、利用現有欄位來建立新欄位的屬性值計算功能、清除資料來源和無效資料記錄、大小寫轉換、連續數值離散化、屬性和記錄的選擇等等。而圖形化的資料準備功能可以降低資料探勘操作所需的時間和複雜度。

IBM DB2 Intelligent Miner 採用了多種統計方法和探勘演算法，主要有單邊量曲線、雙變數統計、線性迴歸、因數分析、主成分分析、分類、群聚分析、關聯、相似序列、序列模式、預測等等。

Intelligent Miner for Data 提供了一套分析資料庫的探勘過程、統計函數和查看及解釋探勘結果的視覺化工具，同時還提供了應用服務支援定制應用的開發。Intelligent Miner 通過其獨特的世界領先技術，例如：自動產生典型資料集、發現關聯、發現序列規律、概念性分類和視覺化呈現，可以自動做到資料選擇、資料轉換、資料探勘和結果呈現這一整套資料探勘操作。若有必要，對結果資料集還可以重複這一過程，直到得到滿意為止。

Intelligent Miner for Data 可以針對傳統檔案、資料庫、資料倉儲和資料中心的資料來進行探勘，並提供並行性的支援。Intelligent Miner for Data 和 DB2 資料庫管理系統緊密結合，但也可以利用 DB2 Relational Connect 的特性或 DataJoiner 產品來探勘其他類型資料庫中的資料，依然具有優異的性能。

Intelligent Miner for Data 採取用戶／伺服器架構，其支援的伺服器平台包括 AIX 和 AIX/SP、OS/390、Sun Solaris、OS/400、Windows NT、Windows 2000 等；Intelligent Miner的用戶端支援AIX、OS/2、Windows NT、Windows 95/98/Me/XP及Windows 2000 等。為了使產品具有更大的靈活性和實用性，Intelligent Miner for Data 提供了 C++類別和方法的 API，如此一來，用戶或 Third-party 開發商就可以使用這些 API 對系統進行二次開發。

A.2 DB2 Intelligent Miner for Data 使用簡介

下面舉一個實例來說明資料探勘的五個主要步驟：定義資料、建立模型、應用模型、自動處理及分析結果，我們會介紹在 Intelligent Miner for Data 中如何使用智慧探勘 Wizard 來定義資料物件、執行探勘函數及在智慧探勘器中查看探勘結果。

A.2.1 範例說明

假設某銀行提供多種服務產品，例如：常規支票、貴賓支票、旅行支票等，但貴賓支票是他們最有效益的產品，並希望增加這類型支票帳號的客戶總數。此外，銀行希望能根據貴賓支票客戶的人口統計資料（例如：年齡和收入等）來識別不同的組別，這樣就可為每個組別準備不同的廣告活動。此外，銀行還希望能識別目前還不是貴賓支票的客戶，但其人口統計資訊與貴賓支票客戶卻類似的那些用戶。

假設已獲得了一些客戶資料以解決這個業務問題，該資料集名稱為 banking.txt。它包含銀行所有分部的客戶資訊，其中包括已有貴賓支票帳戶的客戶。因此，我們可使用 IBM 智慧探勘器 Intelligent Miner for Data 來探勘資料，並為銀行提供人口統計資訊。因為資料集中的客戶資訊包括已有貴賓支票帳戶的客戶，因此可以根據已經是貴賓支票客戶的人口統計資料，使用人口統計群聚分析函數來識別不同的組別。

Intelligent Miner for Data 啟動後的主視窗如圖 A-1 所示。

在智慧探勘器主視窗中可對資料庫進行管理，並執行資料探勘任務。這裏所謂的資料庫，是指進行探勘操作的探勘物件的集合。

A.2.2 定義資料物件

定義智慧探勘器資料物件，即指定所要探勘的資料。在本例中，就是指存在於智慧探勘伺服器上的 banking.txt 文件。定義資料物件的步驟如下：

(1)在智慧探勘器主視窗點選工具欄上的Create Data圖示，啟動資料Wizard視窗。

(2)在 Wizard 的歡迎頁面上，點選【Next】按鈕繼續。

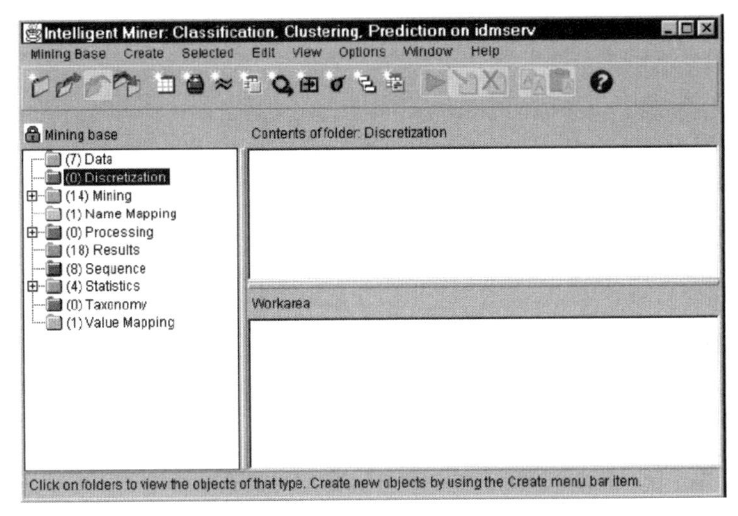

圖 A-1 **智慧探勘器主窗口**

1. 指定資料格式和物件名稱

在 Wizard 的 Data format and settings（資料格式和設定）頁面上，指定使用什麼類型的資料，並為智慧探勘器的資料物件命名。

(1)從列表中選擇 Flat files。

(2)在名字設定欄輸入資料物件的名字：Customers。

用戶也可以再加上注釋來對這個物件進行更多的描述，例如：「這是有關銀行客戶的資料。」點選【Next】按鈕繼續。

2. 指定資料物件的位置

在 Wizard 的 Flat file 頁面上，指定探勘資料的名稱和位置。

(1)點選左邊列表中的 dmtksample.n 檔案，n 是一個數字。這個檔案裏的內容會在列表中顯示。

(2)點選 Data 檔夾，這個檔夾裡的內容會在列表中顯示。

(3)在列表中選擇 blanking.txt。

(4)點選 Add file。

確認選擇了使用模式 Read only，點選【Next】按鈕繼續。

3. 指定欄位參數

在 Field Parameters（欄位參數）頁上，指定起始和結束的位置、欄位名、欄位類型和這個資料物件的可選的欄位名映射。系統將會用這個 Flat file 中的幾行資料，幫助用戶輸入每個欄位的起始和結束的位置。不需要指定這個檔案中所有欄位的參數，只要指定那些需要進行探勘的欄位就行了。

假設blanking.txt文件的欄位參數如表A-1 所示。開始和結束位置是檔案中各欄位顯示的位置。例如：在圖 A-2 中，檔案顯示出第 1～6 列是欄位 gender 的值，這個欄位的類型是 categorical。

表 A-1　Customer 資料的欄位參數

開始和結束位置	欄位名	欄位類型
1-6	gender	Categorical
10-16	age	Continuous
24-25	siblings	Continuous
30-36	income	Continuous
38-44	type	Categorical
45-45	product	Categorical

輸入欄位參數的步驟如下：

(1)在 Begin and end position 中輸入「1-6」。
(2)在 Field name 中輸入「gender」。
(3)在 Field type 中選擇「Categorical」。
(4)點選【Add】按鈕。

重複上面的步驟，根據表A-1 中的資料定義完所有欄位的參數。全部定義完後，視窗將如圖 A-2 所示。

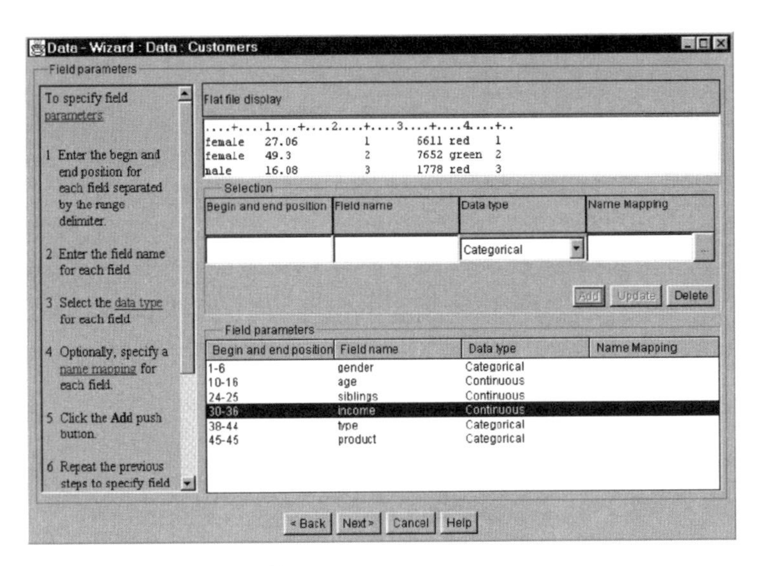

圖 A-2 欄位參數頁

點選【Next】按鈕繼續。

4. 定義計算域

因為本例中沒有用到計算域，因此不必定義計算域，點選【Next】按鈕繼續。

5. 保存資料物件

接下來是 Wizard 中的 Summary 頁，這一頁提供剛剛建立的物件參數概要。

點選【Finish】按鈕結束 Wizard。如果此時收到一個錯誤資訊，根據提示可以點選【Back】按鈕回到相對應頁面來進行修正。

透過以上各步驟就可以建立資料探勘所需的資料庫，然後保存這個資料庫。

(1)點選在主畫面工具欄上的「Save mining base as」圖示，來保存資料庫。

(2)在資料庫欄輸入「Target Marketing」。如果需要，可以輸入一個用來描述資料庫的字串。

(3)點選【Save】按鈕保存這個資料庫。

A.3 建立模型

我們可以使用人口統計群聚分析探勘函數來獲得那些已經有貴賓支票帳號的客戶資料。在群聚模式下運用這個函數將產生結果物件的模型。該函數會對輸入資料進行群聚分析。相關的群聚資訊會儲存在結果物件之中，用戶可以使用群聚觀察器來查看。

產生一個用來建立模型的設定物件。

⑴點選主視窗工具欄上的【Create mining】按鈕，會顯示出一個 Wizard 的歡迎頁面。

⑵點選【Next】按鈕繼續。

1. 指定探勘函數和名字

在探勘函數和設定頁面上，選擇所要建立的設定物件類型，並為它指定一個名字，並可給出一個說明註釋。

⑴在探勘函數列表中選擇 Clustering-demographic。

⑵假設物件名定義為 Build Mode1，可以選擇是否加上有關這個設定物件的描述。

⑶選擇 Show the advanced pages and controls Checkbox。

在 Wizard 的進階控制頁面中，可以為設定物件添加一些附加設定。例如：可以指定輸入記錄的過濾條件，在執行探勘函數時可以過濾掉那些符合條件的記錄資料。這裏點選【Next】按鈕繼續。

2. 指定輸入資料

在 Wizard 的 Input data 頁面上，為指定探勘函數輸入資料。

⑴在可用的資料列表中，選擇在前面步驟中所建立的 Customers 資料物件。

⑵選擇 Optimize mining run for 中的 Disk space。

⑶在 Advanced options 裏，點選【…】按鈕進入 Filter records condition，為設定物

件的輸入資料設定過濾。

假設在本例中，要獲取有貴賓支票帳戶的客戶，因為客戶支票帳戶的代號是 1，所以過濾條件可以表示為 product=1，操作步驟如下：

(1)點選【And】按鈕，運算式建立器會給出一個運算式的範本，顯示為((Arg1= Arg2))。
(2)在 Category 列表中，點選 Field Names，Value 列表顯示所有可用在運算式中的欄位。
(3)在 Value 列表中，選擇 product 欄位。
(4)點選【Arg1】按鈕，把 product 欄位作為運算式的第一個變數。
(5)在 Category 列表中選擇 Constants。
(6)點選 Value 列表中的<new constant>。
(7)輸入一個新的值為 1。
(8)一個新的常數值就會加入到常數列表中。
(9)在 Value 列表中，選擇常數 1。
(10)點選【Arg2】按鈕，把常數 1 作為運算式的第二個變數。
(11)點選【OK】按鈕返回到資料登錄 Wizard 頁。

點選【Next】繼續。

3. 設定模式參數

在Mode parametersWizard頁上指定探勘函數的模式參數。有兩種執行模式來執行 Demographic Clustering 探勘函數：群聚模式和應用模式。

在群聚模式下，函數會識別那些相似的記錄組。該函數還有其他參數可以用來指定結果資料，例如：最大群聚參數、最多遍數、精確度和相似度閾值。假設在本例中，使用它們的預設參數。

最多遍數：預設值 2

最大群聚數：預設值 9

精確度：預設值 2

相似度閾值：預設值 0.5

要設定這些模式參數的話，必須先在 Clustering mode radio box 選上點選【Next】按鈕。

4. 指定輸入欄位

在 Input fields 的 Wizard 頁面上指定這個設定物件的主欄位和輔助欄位。Demographic Clustering 探勘函數為具有相似性的記錄搜索輸入資料，再把這些相似的記錄集作為群聚。指定的主欄位用來判斷資料記錄是否相似。指定的輔助欄位統計也包含到結果中，但它們不用於判斷相似性。

例如：客戶資料中有一個 gender 欄位，如果你指定 gender 欄位作為主欄位，Demographic Clustering 探勘函數就會用它來作為判斷兩個客戶是否相似的標準。事實上，你不會把 gender 作為主欄位，因為銀行的行銷方針政策中不會用到性別資訊，但可使用像收入、年齡、家屬這樣的資訊。要查看 gender 是如何在群聚中分布的，可以把性別作為一個輔助欄位來使用。

(1)從 Available fields 列表中選擇 age、income、siblings 和 type。點選【>】按鈕把它們加入到 Active fields 列表中。

(2)從 Available fields 列表中選擇 gender。點選【>】按鈕把它們加入到 Supplementary fields 列表中。

當指定了主欄位和輔助欄位後，Wizard 頁面將如圖 A-3 所示。

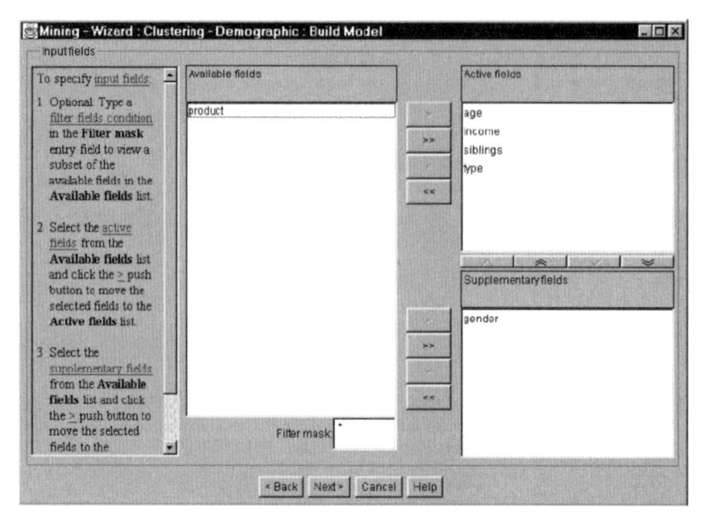

圖 A-3　輸入欄位頁

點選【Next】按鈕繼續。

5. 指定進階參數

下面的幾個頁面是進階設定。在本例中使用它們的預設值，但在其他一些具體應用中，用戶可以設定相對應的值：

(1)在 Field parameters 的 Wizard 頁面中，直接點選【Next】按鈕繼續。
(2)在 Additional field parameters 的 Wizard 頁面中，直接點選【Next】按鈕繼續。
(3)在 Outlier treatment 的 Wizard 頁面中，直接點選【Next】按鈕繼續。
(4)在 Similarity matrix 的 Wizard 頁面中，直接點選【Next】按鈕繼續。

6. 指定其他參數

假如探勘伺服器是並行版本，此時將會出現一個併發參數頁面，在本例中進行如下設定：

(1)確認 Run the serial mode of the function 這個 radio box 已經選取。
(2)點選【Next】按鈕進入到輸出欄位頁面。

在輸出欄位頁面，可進行以下操作：

(1)確認 Create output data 這個 radio box 沒有選取。
(2)點選【Next】按鈕繼續。

7. 指定結果對象名稱

每次在群聚模式下執行 Demographic Clustering 探勘函數，都會產生一個結果物件，並以本頁面中指定的名字來保存它。探勘是一個反覆執行的過程，可能多次執行一個設定物件，所以允許這個設定物件用相同的名字來替換結果物件，因為一個已存在並具有相同名字的結果物件可能是這個設定物件以前執行所產生的。

指定結果物件名的步驟如下：

(1)假設給結果物件取名為 Model，可以給它加一段說明文字，這可加可不加。
(2)選擇 If a result with this name exists，overwrite 這個 checkbox。

(3)點選【Next】按鈕。

(4)在探勘 Wizard 的 Summary 頁面中，可以設定物件定義的各種參數。選擇 Run this settings immediately Checkbox。

(5)點選【Finish】按鈕完成。

完成探勘 Wizard 的每一個步驟後，智慧探勘系統會執行設定物件，並在進程指示器中顯示出來，讓你能夠監控到探勘函數的執行狀態。成功執行完探勘函數後，會通過設定物件產生一個結果物件。

本例中設定物件產生一個名為Model的結果物件，它描述了具有貴賓支票帳號的客戶的群聚。每個群聚中的客戶在 income、age、type 和 siblings 欄位上有類似特徵。是否在產生結果物件後智慧探勘器立即顯示它，是根據筆記本的雜項頁上的喜好設定。我們可以指定結果在產生以後馬上可以看到。如果智慧探勘系統沒有馬上顯示結果物件，可以經由點選主畫面上的結果目錄中的結果物件，或者點選進程指示視窗中的 View Results。

8. 解釋產生的結果

探勘函數所產生的結果如圖 A-4 所示，該圖將幫助用戶瞭解結果中的各個群聚。

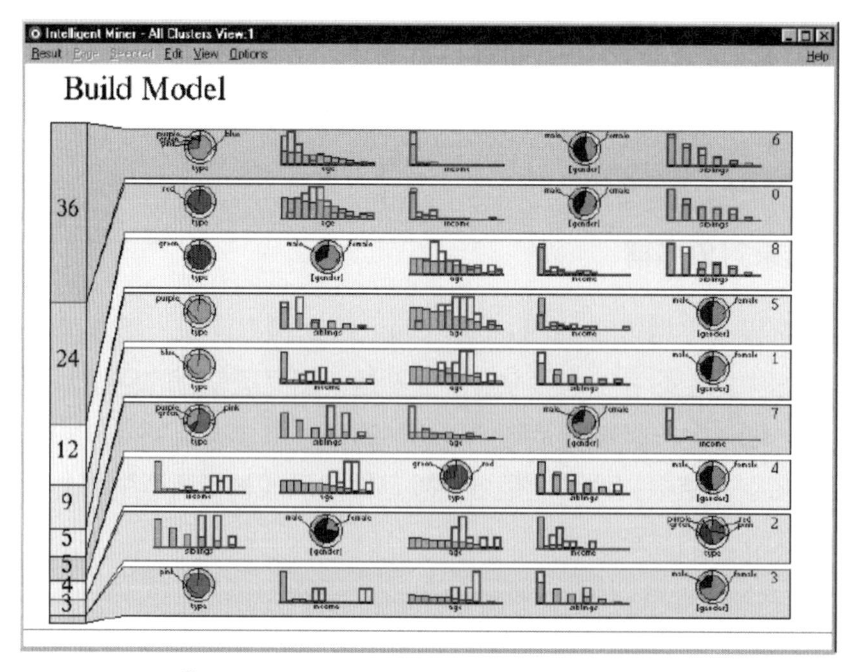

圖 A-4　建立模型設定物件的結果顯示

這裏一共顯示了九行。分別描繪了九個經由探勘所產生出來的群聚。在每個群聚中，都用餅形圖表和直條圖表來描繪各自的主欄位和輔助欄位。本例中，組成群聚的欄位中影響最大的顯示在左邊，影響最小的顯示在右邊。左下邊的資料用百分比的形式來描繪群聚的大小。例如：最上面的那個群聚占了總資料量的 36%，下面一個是 24%，依次類推。右下邊的數字是群聚的 ID。

最上面一行的群聚統計了最多的客戶資訊，占了 36%。每個餅形圖和直條圖顯示了各個欄位在群聚中即所有貴賓支票（product 1）客戶的分布狀態。欄位名用方括號括起來的是輔助欄位。

可以點選行中的圖表來顯示有關這個群聚的更詳細的資訊。圖 A-5 中顯示的是最上方的那個群聚，也是最大的群聚。這個群聚包含了帳戶的 type、age、gender 和 siblings 欄位。假設帳目類型定義了客戶購買的可選項，用顏色來表示不同銀行。點選任何一個圖表來單獨顯示它。

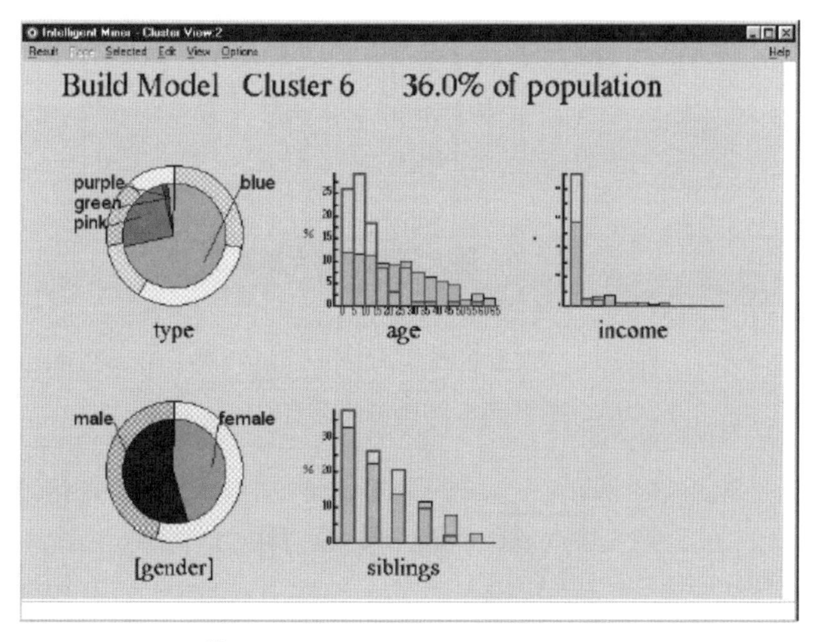

圖 A-5 **結果物件中的最大群聚**

圖 A-5 包括一個用來顯示 gender 欄位的餅形圖，每個餅形圖都可以顯示兩種分布狀態。外圈顯示的是在整個資料中的分布，內圈顯示的是在該群聚內的分布狀態。例如：圖 A-5 中的一個餅形圖，它的外圈顯示的是男性和女性在所有貴賓支票客戶中的分布狀態，內圈則是在本群聚內客戶男、女性別的分布。從圖表中可以看出，該群聚中男性所占的比例比在全部資料中所占的比例稍微大一些。回頭看圖 A-4，將可看出群聚 2 男性多，而群聚 7 女性多。

圖 A-6 顯示了第一個群聚中的年齡分布狀況。實心的柱形部分描繪全體資料中每個年齡組中人員的比例，而下方的空心柱形部分表示在群聚 6 中所占的比例。透過圖形可以看到，在群聚 6 中，如果和全體貴賓支票客戶人數比較的話，15 歲以下人口占的比例更大。

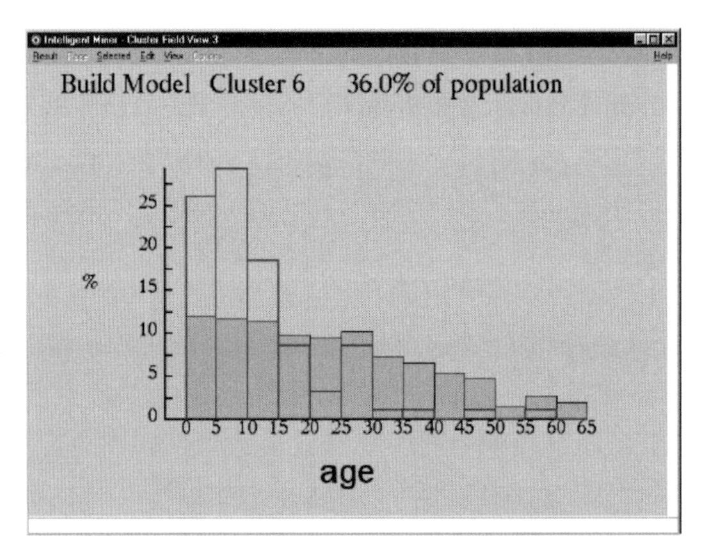

圖 A-6　**最大群聚中的年齡資訊**

觀察群聚結果可以直接地得到貴賓支票客戶子組的特徵。結果物件包含了詳細的統計資訊，可以把它作為模型應用到本例後續的步驟中。

A.4 模型應用

名稱為 Model 的結果物件包含了已經擁有貴賓支票帳戶的客戶的九個群聚的資訊。應用上面所產生的群聚模型，我們為模型應用建立設定物件。

⑴點選主介面工具欄中的【Create mining】按鈕，顯示出一個 Wizard 歡迎頁面。
⑵點選【Next】按鈕繼續。

1. 指定設定對象和名稱

再次執行 Demographic Clustering 探勘函數來應用前面建立的模型。

(1)在探勘函數的列表裏選擇 Clustering-Demographic。
(2)假設名字為 Apply Mode1，可以為這個物件加上文字說明，也可以不加。
(3)選擇 Show the advanced pages and controls 的 radio box。

點選【Next】按鈕繼續。

2. 指定輸入資料

先前建立的設定物件可以使用相同的客戶資料。在很多情況下，可以用一組資料建立一個模型，然後把模型應用到其他的資料集中。在本例的 flat file 中，包含了有貴賓支票帳號的客戶資訊，以及沒有貴賓支票帳號的客戶資訊，要用智慧探勘器過濾特徵將客戶資訊分割成兩部分。

(1)在可用的輸入資料列表中選擇 Customers 資料物件。
(2)確認最佳化供探勘執行的磁碟空間。
(3)在 Advanced parameters 中，點選【…】按鈕，進入 Filter records condition，過濾統計函數所用的資料。
智慧探勘器顯示過濾記錄的運算式產生器，選擇那些沒有貴賓支票的客戶。運算式為（（product< >1））,下面是建立這個運算式的步驟：
①點選【And】按鈕，運算式建立器會給出一個運算式的範本，顯示為（(Arg1=Arg2))。
②在 Category 列表中，點選 Field Names，Value 列表顯示所有可用在運算式中的欄位。
③在 Value 列表中，選擇 product 欄位。
④點選【Arg1】按鈕，把 product 欄位作為運算式的第一個變數。
⑤點選【< >】按鈕，把操作符號設為「不等於」。
⑥在 Category 列表中選擇 Constants。
⑦在 Value 列表中，選擇 1。

⑧點選【Arg2】按鈕，把 1 作為運算式的第二個變數。定義完的運算式是這樣的：（(product< >1)）

(4)點選【OK】按鈕返回到資料登錄 Wizard 頁面。

點選【Next】按鈕繼續。

3. 設定模式參數

前面在群聚模式下執行 Demographic Clustering 探勘函數。這次將在應用模式下執行這個探勘函數。在應用模式下，這個探勘函數評價兩個最相似的貴賓支票的客戶群聚到底有多相似。

下面我們來設定模式參數：

(1)點選 Application mode 這個 radio box。

(2)在 Application mode 組下面的應用模式容器中選擇結果物件 Model。

點選【Next】按鈕繼續。

4. 指定輸入欄位

從 Available fields 列表中選擇 age、income、siblings 和 type。點選【>】按鈕把它們加入到 Active fields 列表中，點選【Next】按鈕繼續。

5. 指定進階參數

下面的頁面是進階設定，本例中都使用它們的預設值：

(1)在 Field parameters 的 Wizard 頁面中，點選【Next】按鈕繼續。

(2)在 Additional field parameters 的 Wizard 頁中，點選【Next】按鈕繼續。

(3)在 Outlier treatment 的 Wizard 頁面中，點選【Next】按鈕繼續。

(4)在 Similarity matrix 的 Wizard 頁面中，點選【Next】按鈕繼續。

6. 指定併發參數

如果探勘伺服器為並行版本，將會看到一個併發參數頁面。

(1)確認 Run the serial mode of the function 這個 radio box 已經選取。

(2)點選【Next】按鈕進入到 Output fields 頁面。

7. 指定輸出欄位

在輸出欄位 Wizard 頁面選擇輸出資料要包含的欄位。輸出資料包括了群聚 ID、得到的記錄和通過探勘函數所產生的資料。在本例中，記錄中的資料是測量群聚中的客戶資訊相似程度的值。

(1)選擇「>>」把所有可供使用的欄位都加到輸出欄位列表中。

(2)在 Cluster ID field name 欄中輸入 clusterID。

(3)在 Record score field name 欄中輸入 score。

(4)在 Confidence field name 欄中輸入 conf。

輸出欄位頁將如圖 A-7 所示。

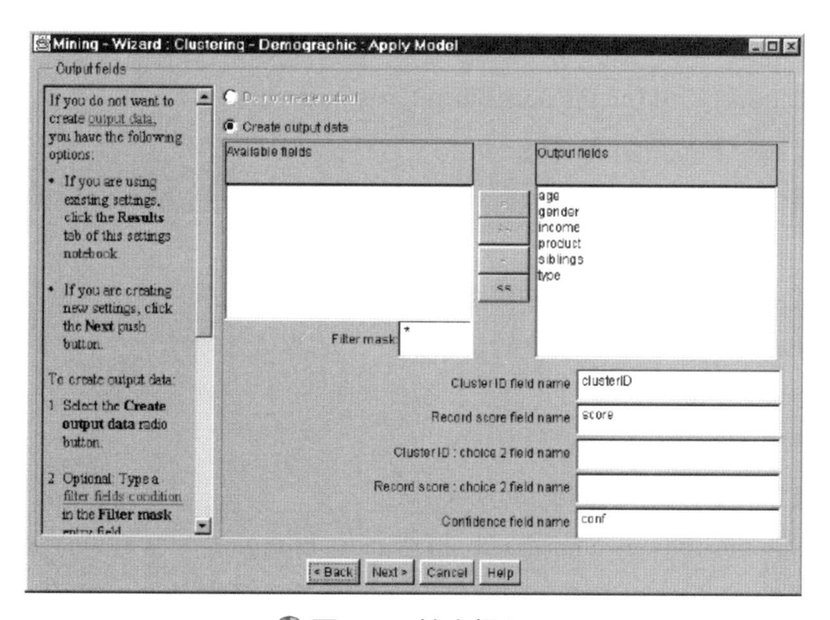

圖 A-7　**輸出欄位頁**

點選【Next】按鈕繼續。

8. 指定輸出資料物件名稱

在輸出資料 Wizard 頁面中，為這個設定物件指定輸出物件的名字。本頁將顯示當前資料庫中既有的資料物件。因為要保存客戶資料物件，所以需要建立一個資料物件，它包含名為 Scored customers 的輸出物件。在探勘 Wizard 頁面中打開一個資料 Wizard，定義資料物件，然後返回到探勘 Wizard 頁面。

(1)點選 Create data，打開 Wizard 歡迎頁面。
(2)點選【Next】按鈕繼續。
(3)選擇 Flat files 項目。
(4)在設定名稱欄中填入Scored customers，可以根據需要加上描述這個資料物件的文字。
(5)點選【Next】按鈕繼續。
(6)在 Flat files 頁面上，改變存放 blank.txt 檔的路徑。
(7)在 Path and file name 欄裏添加 scored.txt 到路徑下。
(8)點選 Add file。
(9)選擇 The specified flat file does not yet exist radio box。
(10)點選【Next】按鈕繼續。
(11)在資料 Wizard 的 Summary 頁面，點選【Finish】按鈕繼續。

定義完輸出資料物件後，返回到輸出資料 Wizard 頁繼續定義探勘物件，將可以看到在 Available output data 容器中的資料物件，如圖 A-8 所示。

(1)選擇 Scored customers 資料物件。
(2)點選【Next】按鈕，打開 Summary 頁面。
(3)選擇 Run this settings immediately 這個 radio box。
(4)點選【Finish】按鈕繼續。智慧探勘器將會執行探勘函數並顯示一個進程指示器，讓用戶能夠監控到探勘函數的執行狀態。
(5)當探勘函數執行結束後，點選進程指示器視窗中的【OK】按鈕。

現在就有了一個flat file，它包含了與貴賓支票客戶相似的客戶資訊及相似度的列表。

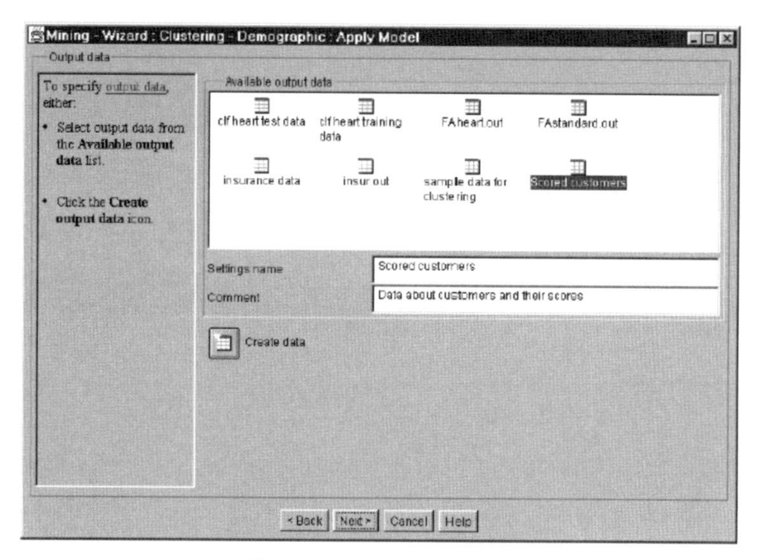

圖 A-8 **輸出資料頁**

9. 建立一個序列

現在已建立了一些函數供探勘使用。可以建立一個序列讓這些函數按照指定的順序來執行。使用序列物件的好處是可以把多個步驟合併為一個。如果將多個函數合併到了一個序列物件中，只需執行這一個序列物件，就會執行其中的所有函數。

建立一個序列的步驟如下所示：

⑴點選主視窗工具欄中的【Create sequence】按鈕。

⑵在序列 Wizard 歡迎頁面裏，點選【Next】按鈕。

⑶在 Setting name 欄裏填入 Target Marketing，作為這個序列對象的名字。

⑷點選【Next】按鈕。

⑸在序列 Wizard 的參數設定頁面中，可以使用資料庫的樹型導航視圖來選定要包含到序列中的物件，該頁面如圖 A-9 所示。因為第一個要執行的物件是建模設定物件，點選 Mining 目錄上的「+」，展開這個目錄。

⑹點選 Clustering 檔案夾，檔案夾包含的內容被顯示出來。

⑺選擇名為 Build model 的設定物件，並把它拖曳到 Sequence 工作區域。這個建立模型物件就作為第一個執行的對象加入到序列裏面。

⑻在 Contents of folder 區域，選擇探勘物件 Apply model，並把它拖曳到 Sequence 工作區域。它就作為這個序列裏的第二個對象，在 Build model 後執行。

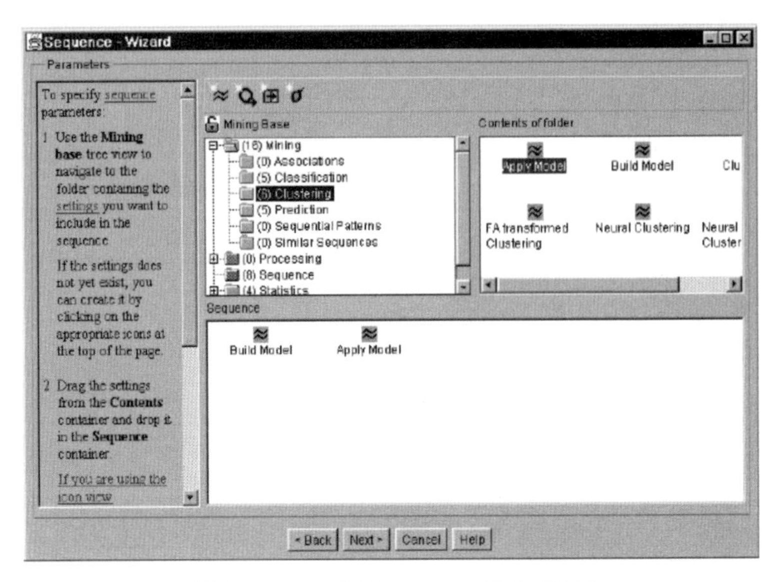

圖 A-9　序列 Wizard 的參數頁

(9)點選【Next】按鈕。

(10)在序列 Wizard 的附加參數頁面裏，選擇 If a settings object in the sequence fails 和 continue running the sequence 這個 radio box。

(11)點選【Next】按鈕。

(12)在 Summary 這個 Wizard 頁面裏，選擇 Run this settings immediately 這個 radio box。

(13)點選【Finish】按鈕。

A5 建立統計函數

建立一個 Bivariate Statistics 函數，這個函數可以對產生的資料欄位進行統計。

(1)點選主介面工具欄中的【Create statistics】按鈕，打開統計 Wizard。

(2)點選【Next】按鈕繼續。

1. 指定統計函數和它的名字

在統計函數設定頁面上，選擇所要建立的函數的類型，並為它指定一個名字，還

可以加上說明文字。

⑴確認統計函數列表中的 Bivariate Statistics 已經被選取。
⑵設定它的名字為 Analyze，你還可以填寫一段說明文字來描述它。
⑶選擇 Show the advanced pages and controls 這個 radio box。

點選【Next】按鈕繼續。

2. 為統計函數指定輸入資料

指定統計函數的輸入資料。

⑴從可用輸入資料列表中，選擇前面產生的名為 Scored customers 的資料物件。
⑵在進階選項下面，點選【…】按鈕進入 Filter records condition 頁面，對這個統計函數的輸入資料進行過濾。
智慧探勘器會為過濾記錄提供一個運算式產生器。在前面，已經建立了一個輸入資料記錄的記分值。它的範圍是從 0 到 1，越高的數值代表相似度越高。而在這裏，蒐集記分值高於0.7的客戶的輸入資料。下面建立這個運算式：（(score>0.7)）。
①點選【And】按鈕，運算式建立器會給出一個運算式的範本，顯示為（(Arg1=Arg2)）。
②在 Category 列表中，點選 Field Names 項目。
③在欄位名列表中選擇 score 項目。
④點選【Arg1】按鈕，把 score 欄位作為運算式的第一個變數。
⑤點選【>】按鈕。
⑥在 Category 列表中選擇 Constants 項目。
⑦點選 Value 列表中的<new constant>。
⑧輸入一個新的值為 0.7。
⑨按【Back】鍵。
⑩在 Value 列表中選擇 0.7。
⑪點選【Arg2】按鈕，運算式顯示為：（(score>0.7)）。
⑶點選【OK】按鈕返回到統計 Wizard 的輸入資料頁面，如圖 A-10 所示。

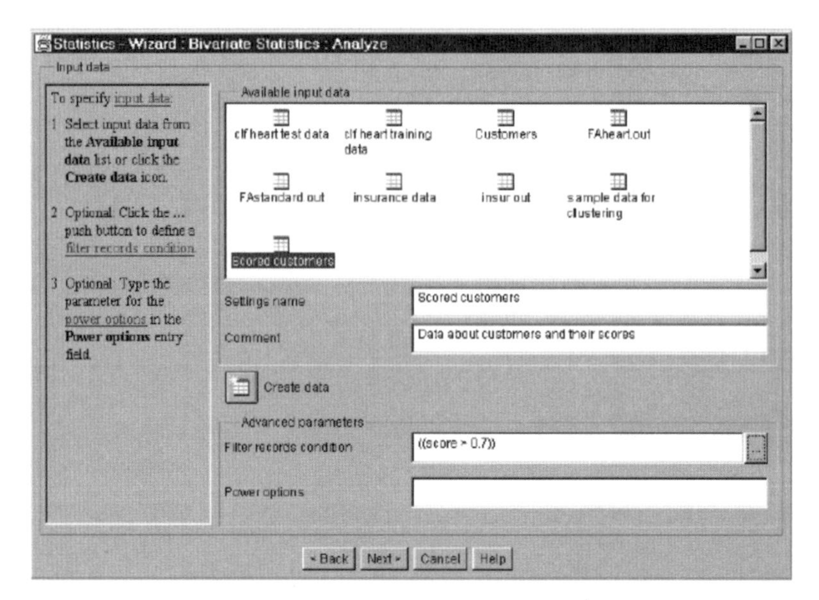

圖 A-10　**統計 Wizard 的輸入資料頁**

(4)點選【Next】按鈕。

(5)在統計 Wizard 的併發參數頁面中，確認是在智慧探勘伺服器結點的 serial 模式下執行。

(6)點選【Next】按鈕。

3. 計算統計量、分位元數或者樣本

指定是否要計算統計量。在本例中，對所選的輸入資料進行單邊統計量計算。

(1)選擇 Compute statistics。

(2)選擇 age、clusterID、conf、gender、income、product、score 和 siblings，點選【>】按鈕，對這些欄位進行統計。

(3)點選【Next】按鈕繼續。

(4)在本例中無須計算分位數，點選【Next】按鈕。

(5)在本例中無須建立樣本，點選【Next】按鈕。

4. 指定輸出欄位

選擇是否建立輸出資料，並選擇輸出資料中包含哪些欄位。輸入資料中只有那些滿足設定的過濾條件的輸入資料才能被包含到輸出資料中。輸出資料將包含那些記分

值超過 0.7 的客戶資訊。

⑴點選 Create an output table。

⑵點選【>>】按鈕把所有可用的欄位加到輸出欄位列表中。

⑶點選【Next】按鈕繼續。

5. 指定輸出資料物件名

在這個 Wizard 頁面裏，指定統計函數的輸出物件的名字。在進行處理之前，這個輸出物件必須已經存在。因為還沒有定義輸出物件，所以在這裏就需要定義一個。

⑴點選【Create data】按鈕，打開 Wizard。

⑵點選【Next】按鈕繼續。

⑶選擇 Flat files 項目。

⑷輸入 Target customers，作為資料物件的名字，說明文字可寫可不寫。

⑸點選【Next】按鈕繼續。

⑹在 Flat file 頁面裏，改變包含 banking.txt 文件的路徑名。

⑺在 Path and file name 欄裏，添加 target.txt 到路徑中。

⑻點選【Add file】按鈕。

⑼點選 The specified flat file does not yet exist 這個 radio box。

⑽點選【Next】按鈕。

⑾在資料 Wizard 的 Summary 頁面上，點選【Finish】按鈕。回到統計 Wizard，繼續定義統計物件。

⑿在輸出資料 Wizard 頁面上，從 Available output data 欄位中選擇 Target customers 資料物件。

點選【Next】按鈕繼續。

6. 指定結果對象名

在統計 Wizard 的結果頁面上，為統計函數產生的結果物件取名。

⑴在 Results name 欄填入 Target customer demographics。

(2)選擇 If a result with this name exists, overwrite itradio box。

(3)點選【Next】按鈕進入 Summary 頁面。

7. 執行統計函數

要執行統計函數，選擇Run this settings immediately這個radio box，點選【Finish】按鈕繼續。智慧探勘器開始執行統計函數，進程指示器會顯示函數執行的狀態，智慧探勘器也會自動顯示函數的結果。在主視窗上保存資料庫，點選 Save Mining Base 圖示，因此產生了一個輸出資料檔案，名稱為 Target customer demographics。這個檔案中包含了那些與貴賓支票帳號的客戶相似度記分高的客戶資訊，因而可以對結果進行分析。

A.6 解釋探勘結果

統計分析函數的執行結果如圖 A-11 所示。這幾個圖形顯示了所選擇的統計欄位的分布情況。點選圖形，可以看到更多詳細的資訊。這個 Bivariate Statistics 函數通過統計分析向用戶提供客戶的相關資訊。從圖形中可以看出，和典型的貴賓支票帳戶客戶相似的那些客戶在其他各類服務產品上的分布比較均勻。

探勘和統計物件計算的詳細統計資訊可以在詳細頁面上看到。詳細頁面的上面部分是有關統計分析函數產生的輸出結果的資訊，如圖 A-12 所示。

使用【View】功能表中的 Details for all partitions 可開啟該頁面。在圖中可以看到，可能有 1,792 個客戶沒有貴賓支票，315 個有 0.7 以上的記分。這些人和購買了貴賓支票的客戶的情況比較相似，因此可以判斷出如果過濾條件設為 0.6，分析資料中將包含更多的客戶。

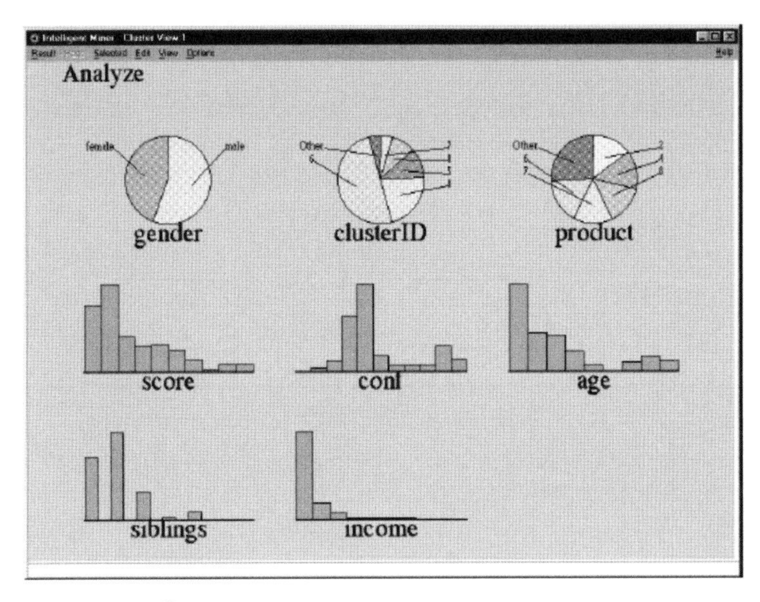

圖 A-11　統計分析函數的輸出結果

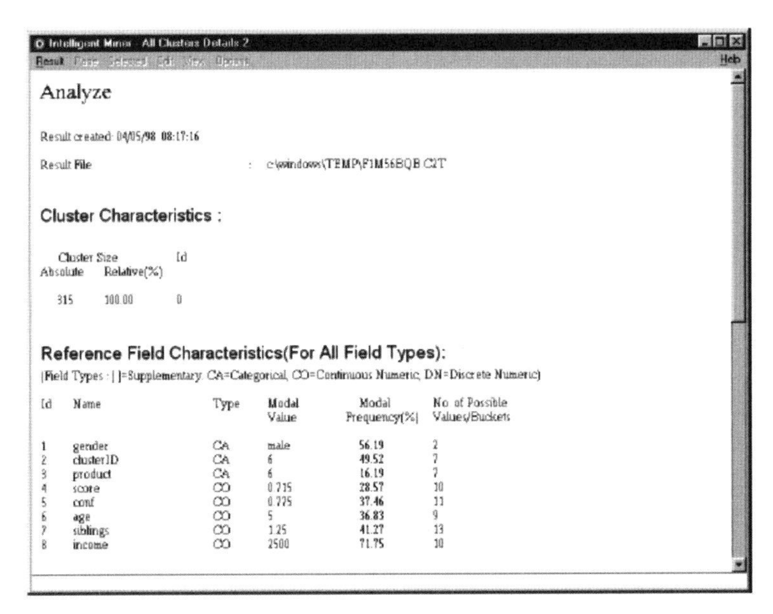

Id	Name	Type	Modal Value	Modal Frequency(%)	No. of Possible Values/Buckets
1	gender	CA	male	56.19	2
2	clusterID	CA	6	49.52	7
3	product	CA	6	16.19	7
4	score	CO	0.715	28.57	10
5	conf	CO	0.775	37.46	11
6	age	CO	5	36.83	9
7	siblings	CO	1.25	41.27	13
8	income	CO	2500	71.75	10

圖 A-12　統計分析函數的輸出結果的詳細資訊

參考文獻

1. Jiawei Han, Micheline Kamber， 范明、孟小峰等譯， 資料探勘概念與技術， 機械工業出版社，2001 年 8 月第 1 版
2. 史忠植編著， 知識發現， 清華大學出版社，2002 年 1 月第 1 版
3. 陳京民編著， 資料倉庫與資料探勘技術， 電子工業出版社，2002 年 8 月第 1 版
4. David Hand, Heikki Mannila, Padhraic Smyth 著，張銀奎、廖麗、宋俊等譯， 資料探勘原理， 機械工業出版社，2003 年 4 月第 1 版
5. 陳文偉編著， 智慧決策技術， 電子工業出版社，1998 年 6 月第 1 版
6. 靳藩編著， 神經計算智慧基礎原理方法， 西南交通大學出版社，2000 年 1 月第 1 版
7. Joseph Giarratano、Gary Riley，印鑒、劉星成、湯庸譯， 專家系統原理與編程， 機械工業出版社，2000 年 5 月第 1 版
8. 吳泉源、劉江寧編著， 人工智慧與專家系統， 國防科技大學出版社，1995 年 3 月第 1 版
9. 施鴻寶編著， 神經網路及其應用， 西安交通大學出版社，1993 年 12 月第 1 版
10. http://bbs.nju.edu.cn/vd9670537/main.html
11. http://www.dmgroup.org.cn/
12. http://www.ibm.com/
13. IBM 公司編著， IBM DB2 Intelligent Miner for Data Tutorial, Version 6 Release 1
14. 戴奎編著， 神經網路實現技術， 國防科技大學出版社，1998 年 7 月第 1 版
15. 張立明編著，人工神經網路的模型及其應用，復旦大學出版社，1993 年 7 月第 1 版
16. 胡守仁主編，沈清、胡德文、時春編著，神經網路應用技術，國防科技大學出版社，1993 年 12 月第 1 版
17. 韓力群編著，人工神經網路理論、設計及應用，化學工業出版社，2002 年 1 月第 1 版
18. 焦李成編著，神經網路系統理論，西安電子科技大學出版社，1990 年 12 月第 1 版
19. Tom M, Mitchell，機器學習，機械工業出版社，2003 年 1 月第 1 版
20. R. S. Michalski、J. G. Carbonell、T. M. Mitchell 著，王樹林等譯，機器學習，科學出版社，1992 年 5 月第 1 版
21. R. Groth 著，何迪、宋擒豹譯，資料探勘——構築企業競爭優勢，西安交通大學出版社，2001 年 8 月第 1 版
22. J. P. Marques de Sa 著，吳逸飛譯，模式識別——原理、方法及應用，清華大學出版社，

2002 年 11 月第 1 版

23. 孟慶生編著，資訊理論，西安交通大學出版社，1986 年 12 月第 1 版
24. 浙江大學數學系高等數學教研組編，概率論和數理統計，高等教育出版社，1979 年第 1 版
25. S. Weisberg 著，王靜龍、梁小筠、李寶慧譯，應用線性回歸，中國統計出版社，1998 年 3 月第 1 版
26. James O. Berger 著，賈乃光譯，統計決策論及貝葉斯分析，中國統計出版社，1998 年 5 月第 1 版
27. 王林書、鮑蘭平、趙瑞清編著，概率論與數理統計，科學出版社，1999 年 8 月第 1 版
28. 中國人民大學統計學系數據探勘中心，資料探勘中的決策樹技術及其應用，統計與資訊理論壇，2002 年 3 月，第 17 卷，第 52 期
29. 郭建生、趙奕、施鵬飛，一種有效的用於資料探勘的動態概念聚類演算法，軟體學報，2001 年，第 12 卷，第 4 期
30. 姚莉秀、楊傑、葉晨洲、陳念貽，用於特徵篩選的最近鄰（KNN）法，電腦與應用化學，第 18 卷，第 2 期，2001 年 3 月
31. 周水庚、俞紅奇、胡江滔、付辛、胡運發，基於相鄰字對資訊的中文文檔分類研究，小型微型電腦系統，第 22 卷，第 4 期，2001 年 4 月
32. 王克宏、湯志忠、胡蓬，知識工程與知識處理系統，清華大學出版社，1994 年 4 月第 1 版
33. 周明、孫樹棟編著，遺傳演算法原理及應用，國防工業出版社，1999 年 6 月第 1 版
34. 陳國良、王煦法、莊鎮泉、王東生編著，遺傳演算法及其應用，人民郵電出版社，1996 年 6 月第 1 版
35. 潘正君，康立山、陳毓屏編著，演化計算，清華大學出版社、廣西科學技術出版社，1998 年 7 月第 1 版
36. 劉勇、康立山、陳毓屏編著，非數值平行算法——遺傳演算法，科學出版社，1995 年 1 月第 1 版
37. 韓楨祥、文福拴，類比進化優化方法及其應用遺傳演算法，電腦科學，1995，Vol.22, No.2
38. 王小平、曹立明編著·遺傳演算法——理論、應用與軟體實現，西安交通大學出版社，2002 年 1 月第 1 版
39. 陸松年，資料結構教程——抽象資料類型描述，科學出版社，2002 年 2 月第 1 版
40. 耿新、陳兆乾、周志華，空間資料探勘綜述，電腦科學，2002，Vol.29，No.9（專刊）
41. 王實、高文，資料探勘中的聚類方法，電腦科學，2000 年，第 27 卷，第 4 期

42. 惲為民、席裕庚，遺傳演算法的運行機理分析，控制理論與應用，1996 年 6 月，第 13 卷，第 3 期
43. 段玉倩、賀家李，遺傳演算法及其改進，電力系統及其自動化學報，1998 年 3 月，第 10 卷，第 1 期
44. 戴曉暉、李敏強、寇紀淞，遺傳演算法理論研究綜述，控制與決策，2000 年 5 月，第 15 卷，第 3 期
45. 孫承意、餘雪麗、王皖貞，遺傳演算法求解 TSP 的進化策略，太原重型機械學院學報，1996 年 6 月，第 17 卷，第 2 期
46. 韓煒、廖振鵬，關於遺傳演算法收斂性的注記，地震工程與工程振動，1999 年 12 月，第 19 卷，第 4 期
47. 惲為民、席裕庚，遺傳演算法的全域收斂性和計算效率分析，控制理論與應用，1996 年 8 月，第 13 卷，第 4 期
48. 張鈴、張鈸，遺傳演算法機理的研究，軟體學報，2000，11 (7)：945-952
49. 張曉績、方浩、戴冠中，遺傳演算法的編碼機制研究，資訊與控制，1997 年 4 月，第 26 卷，第 2 期
50. 陳恩紅，遺傳演算法的若干理論問題研究，軟體學報，1997 年 6 月增刊
51. 曾黃麟，粗集理論及其應用㈠粗集理論基礎，四川輕化工學院學報，1996 年 3 月，第 9 卷，第 1 期
52. 曲建華、劉希玉，增強學習在個性化資訊過濾中的應用，電腦科學，2002，Vol.29，No. 9（專刊）
53. 李萌、魏長華，一種基於差別矩陣的屬性約簡演算法，電腦科學，2002，Vol.29，No.9（專刊）
54. 錢衛甯，周傲英，針對海量複雜資料的聚類分析技術研究，電腦科學，2002，Vol.29，No.9（專刊）
55. 張文宇、薛惠鋒、張洪才、彭文祥，粗糙集在資料探勘分類規則中的應用研究，西北工業大學學報，2002 年 8 月，第 20 卷，第 3 期
56. 趙衛東、李旗號，粗集在資料開採中的應用，系統工程學報，2002 年 8 月，第 17 卷，第 4 期
57. 趙軍、王國胤、吳中福、李華，基於粗集理論的資料離散化新演算法，重慶大學學報（自然科學版），2002 年 3 月，第 25 卷，第 3 期
58. 孫立新、高文、王實，資料探勘中的三維縮減，電腦科學，2000 年，第 27 卷，第 7 期
59. 肖利、金遠平、徐宏炳、王能斌，一個新的探勘廣義關聯規則演算法，東南大學學報，1997 年 11 月，第 27 卷，第 6 期

60. 任若恩、王惠文，多元統計資料分析——理論、方法、實例，國防工業出版社，1997年6月第1版
61. 陳莉，資料探勘與虛擬資料庫，四川師範大學學報（自然科學版），1998年11月，第21卷，第6期
62. 丁夷，資料探勘——技術與應用綜述，西安郵電學院學報，1996年9月，第4卷，第3期
63. 劉明吉、王秀峰、黃亞樓，資料探勘中的資料預處理，電腦科學，2000年，第27卷
64. 劉莉、徐玉生、馬志新，資料探勘中資料預處理技術綜述，甘肅科學學報，2003 年 3月，第15卷，第1期
65. 郝先臣、張德幹、高光來、趙海，資料探勘工具和應用中的問題，東北大學學報（自然科學版），2001年4月，第22卷，第2期
66. 高敏，資料探勘應用現狀與產品分析，微電腦應用，2002年9月，第23卷，第5期
67. 劉宇、曲波、朱仲英、施頌椒，空間資料探勘理論與方法的研究，微型電腦應用，2000年，第16卷，第8期
68. 李德仁、王樹良、李德毅、王新洲，論空間資料探勘和知識發現的理論與方法，武漢大學學報資訊科學版，2002年6月，第27卷，第3期
69. 李德仁、王樹良、史文中、王新洲，論空間資料探勘和知識發現，武漢大學學報資訊科學版，2001年12月，第26卷，第6期
70. 吳信才，劉少雄，基於鄰接關係的空間資料探勘、電腦工程，2002年7月，第28卷，第7期
71. 周海燕、郭建忠、王家耀，知識發現和資料視覺化技術淺析，資訊工程大學學報，2002年12月，第3卷，第4期
72. 周海燕、王家耀、吳升，空間資料探勘技術及其應用，測繪通報，2002年，第2期
73. 裴韜、周成虎、駱劍承、韓志軍、汪闖、秦承志、蔡強，空間資料知識發現研究進展評述，中國圖像圖形學報，2001年9月，第6卷（A版），第9期
74. 喻建平、謝維信，數位城市及其關鍵技術，半導體技術，2002年4月，第27卷，第4期
75. 劉武、朱明富，構建知識管理系統地探討，電腦應用研究，2002年，第4期
76. 石教英、蔡文力編著，科學計算視覺化演算法與系統，北京：科學出版社，1996年
77. 余世銀、樂嘉錦、張侃，資料探勘視覺化研究，東華大學學報（自然科學版），2001年4月，第27卷，第2期
78. 陳湘暉、朱善君、吉吟東，與特徵選取和離散化集成的決策規則探勘方法，系統工程理論與實踐，2001年11月，第11期
79. 劉同明、劉偉，基於物件立方體結構的物件類泛化方法研究，華東船舶工業學院學報，

2000年6月，第14卷，第3期
80. 陳國萍、車巍、劉仲英，資料探勘中概念樹的標準、生成和實現，電腦工程，2000年12月，第26卷，第12期
81. 邢平平、施鵬飛、趙奕，基於本體論的資料探勘方法，電腦工程，2001年5月，第27卷，第5期
82. 慕春棣、戴劍彬、葉俊，用於資料探勘的貝葉斯網路，軟體學報，2000，11(5)
83. 劉振岩、王萬森、張豔寧，急切分類與懶散分類的比較，小型微型電腦系統，2002年12月，第23卷，第12期
84. 史東輝、張春陽、蔡慶生，離群資料的探勘方法研究，小型微型電腦系統，2001年10月，第22卷，第10期
85. 周斌、吳泉源、高洪奎，用戶訪問模式資料探勘的模型與演算法研究，電腦研究與發展，1999年7月，第35卷，第7期
86. 鄒濤、黃源、張福炎，基於 WWW 的文本資訊探勘，情報學報，1999年8月，第18卷，第4期
87. 王實、高文、李錦濤，Web數據探勘，電腦科學，2000年，第27卷，第4期
88. 陸麗娜、魏恒義、楊怡玲、管旭東，Web日誌探勘中的序列模式識別，小型微型電腦系統，2000年5月，第21卷，第5期
89. 陳莉、焦李成，Internet/Web資料探勘研究現狀及最新進展，西安電子科技大學學報（自然科學版），2001年2月，第28卷，第1期
90. 吳穎、夏仁華、左勁，資料探勘應用在專題情報價值識別中的一種新思路，電信技術研究，2000年，第12期
91. 張娥、馮秋紅、宣慧玉、田增瑞，Web 使用模式研究中的資料探勘，電腦應用研究，2001年，第3期
92. 宋擒豹、沈鈞毅，Web 日誌的高效多能探勘演算法，電腦研究與發展，2001年3月，第38卷，第3期
93. 韓家煒、孟小峰、王靜、李盛恩，電腦研究與發展，2001年4月，第38卷，第4期
94. 陳恩紅、徐湧、王煦法，Web使用探勘：從Web資料中發現用戶使用模式，電腦科學，2001年，第28卷，第9期
95. 施建生、伍衛國、陸麗娜、楊怡玲，Web日誌中探勘用戶流覽模式的研究，西安交通大學學報，2001年6月，第35卷，第6期
96. 彭四明、王偉、柳樣雲，資料探勘技術在互聯網時代的應用，廣東自動化與資訊工程，2001年，第4期
97. 曹加恒、張凱、舒風笛、劉茂福、彭敏，多媒體資料探勘的相關媒體特徵庫方法，武漢

大學學報（自然科學版），2000 年 10 月，第 46 卷，第 5 期
98. 舒風苗、毋國慶、王敏，圖像資料關聯規則探勘，小型微型電腦系統，2001 年 11 月，第 22 卷，第 11 期
99. 鄒翔、張巍、蔡慶生、王清毅，大型資料庫中的高效序列模式增量式更新演算法，南京大學學報（自然科學），2003 年 3 月，第 39 卷，第 2 期
100.鄭誠、歐陽為民、蔡慶生，一種有效的時間序列維數約簡方法，小型微型電腦系統，2002 年 11 月，第 23 卷，第 11 期
101.George Baklarz、Bill Wong 著，龔玲、張雲濤、王曉路譯，DB2 UDB v8.1 for Linux, UNIX, Windows 資料庫管理，機械工業出版社，2003 年 8 月第 1 版
102.林南暉，IBM 商業智慧解決方案，2003 IBM 軟體年會，中國
103.W.H.Inmon著，王志海、林友芳等譯，資料倉庫，機械工業出版社，2003 年 3 月第 1 版
104.http://www.Chinabyte.com/20020809/1624474.shtml
105.http://www-900.ibm.com/developerWorks/cn/dmdd/support/redbooks/pdfs/sg246271-07.pdf

國家圖書館出版品預行編目資料

資料探勘原理與技術／張云濤，龔玲著. -- 二版.
-- 臺北市：五南， 2019.09
面； 公分
ISBN: 978-957-763-635-5（平裝）

1.資料探勘

312.74 108014511

5R04

資料探勘原理與技術

編　著 — 張云濤、龔　玲
校　訂 — 胡凱智
發行人 — 楊榮川
總經理 — 楊士清
總編輯 — 楊秀麗
主　編 — 高至廷
責任編輯 — 金明芬
封面設計 — 姚孝慈
出版者 — 五南圖書出版股份有限公司
地　址：106 台北市大安區和平東路二段 339 號 4 樓
電　話：(02)2705-5066　傳　真：(02)2706-6100
網　址：http://www.wunan.com.tw
電子郵件：wunan@wunan.com.tw
劃撥帳號：01068953
戶　名：五南圖書出版股份有限公司

法律顧問　林勝安律師事務所　林勝安律師

出版日期　2007 年 4 月初版一刷
　　　　　2019 年 9 月二版一刷
定　價　新臺幣 450 元